생물학의 역사

생각하는 청소년을 위한

생물학의 역사

정완상 지음

성림원북스

저는 2004년부터 지금까지 초등학생을 위한 과학·수학 도서를 집필해 왔습니다. 이번에는 초등학생뿐 아니라, 중·고등학생과 일반인들도 흥미롭게 읽을 수 있는 과학 역사 시리즈를 선보이고자 합니다. 이 시리즈는 과학의 거의 모든 분야를 다루되, 어려운 수식과 전문용어에 익숙하지 않은 독자도 부담 없이 읽을 수 있도록 쉽고 명료한 언어로, 흐름과 맥락을 놓치지 않도록 구성했습니다.

저는 1992년, 한국과학기술원(KAIST)에서 이론물리학, 그중에서도 초중력이론으로 박사 학위를 받았고 같은 해, 서른의 나이에 경상국립대학교 물리학과 교수로 임용되어 현재까지 재직 중입니다. 지금까지 세계적인 학술지(SCI 저널)에 300여 편의 논문을 발표했으며, 틈틈이 과학과 수학을 쉽고 재미있게 전달하는 글쓰기를 즐깁니다.

이번 시리즈를 준비하며 수학과 과학의 역사에 관한 수십 권의 책을 읽고, 도서관 자료를 폭넓게 검토했습니다. 그 과정에서 연대기식으로 업적을 나열하거나 난해한 용어를 사용하는 기존 책들의 한계를 확인했습니다. 이에 저는 방대한 과학사를 '주제별 소역사'로 재구성하고, 과학자들의 삶을 동시대의 세계사와 나란히 배치하여 큰 흐름을 한눈에 파악할 수 있도록 했습니다. 핵심은 "어떤 개념이 왜 태어나고 어떻게 자라났는가"를 이야기의 뼈대로 세우는 일입니다.

이 책은 생물학의 역사를 주제별로 탐구합니다. 고대 이집트와 메소포타미아의 초기 기록에서 시작해, 아리스토텔레스와 테오프라스토스가 세운 고대 그리스·로마의 생명 질서를 살펴봅니다. 이어 종교와 의학이 얽힌 중세를 지나, 다빈치와 베살리우스 등이 인체 해부학의 부활을 이끈 르네상스 시대의 새로운 관찰 세계를 다룹니다.

식물학에서는 린네의 분류 체계를, 곤충학에서는 파브르로 이어지는 작은 생명의 계보를 추적합니다. 또한 훅과 슐라이덴 등이 완성한 세포설의 탄생부터 하비와 파블로프가 밝혀낸 인체 생리학의 여정까지 폭넓게 담았습니다. 생물 분류학의 확장은 다윈과 라마르크의 진화론적 깨달음으로 이어지며 생명 이해의 지평을 넓힙니다.

아울러 로렌츠와 틴베르헌의 동물 행동학, 파스퇴르가 연 미생물학의 역사까지 조명하며 보이지 않는 생명의 신비를 밝힙니다. 각 장은 핵심 사례를 통해 개념의 인과관계를 명확히 보여 주고, 그 배경이 된 시대적 맥락을 함께 짚어냅니다. 이야기의 흐름을 따라가다 보면 생물학적 개념의 위치와 의미를 자연스럽게 체득하게 될 것입니다.

이 책의 목적은 분명합니다. 누구나 이해할 수 있도록 쉽고 명료하게 과학을 전하고, 주제별 소역사로 개념의 뼈대를 세우며, 독자가 스스로 사고하는 힘을 기를 수 있도록 돕는 것입니다. 이를 통해 빠르게 다가오는 시대에 필요한 기초 과학 소양과 합리적 사고의 토대를 마련하는 데 작은 디딤돌이 되고자 합니다.

끝으로 이 책의 출간을 결정해 주신 성림원북스 이성림 사장님, 그리고 책을 아름답게 만들어 주신 편집자 신대리라 님과 디자이너 노영현 실장님에게 깊은 감사를 드립니다.

2026년 따뜻한 봄에
이론물리학자 정완상 드림

1장

생물학의 시작

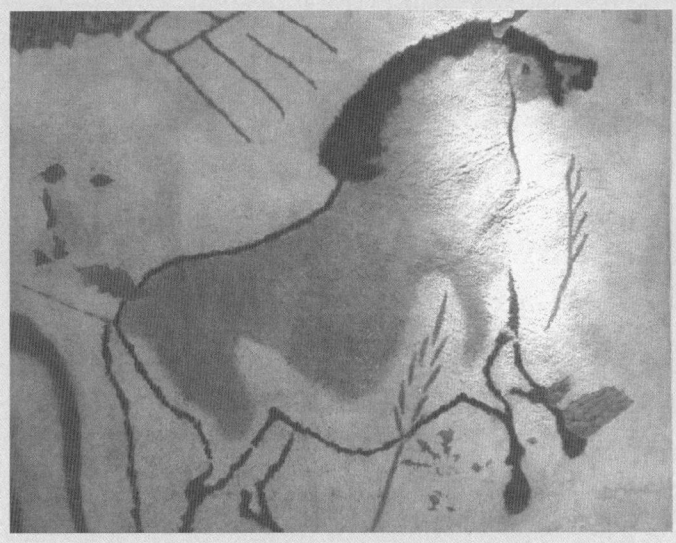

프랑스 라스코 동굴 벽화

정교수의 pick

◆ 신석기 혁명 ◆ 관찰과 경험 ◆ 농업의 시작
◆ 에드윈 스미스 파피루스 ◆ 에버스 파피루스
◆ 아유르베다

살아남기 위해 시작한 과학

수학이 수를 세기 위해 태어났고, 물리학이 자연의 움직임을 설명하려고 등장했으며, 화학이 물질의 변화를 이해하려는 시도에서 출발했다면, 생물학은 살아남기 위해 반드시 알아야 했던 지식에서 시작된 과학이었습니다.

초기 인류에게 가장 중요한 질문은 단순했습니다. 무엇을 먹어도 되는지, 무엇을 먹으면 위험한지 구별해야 했어요. 또 어떤 동물은 사냥해도 되고, 어떤 동물은 피해야 하는지도 알아야 했지요. 사냥을 하며 사람들은 동물의 이동 경로와 습성, 먹이 활동, 계절에 따른 행동 변화를 자세히 관찰했어요. 이런 관찰이 쌓이면서 동물에 대해 체계적으로 이해하기 시작했지요. 농사를 짓기 시작하면서부터 인류의 관심은 식물로 옮겨갔어요. 어떤 씨앗이 어느 땅에서 잘 자라는지, 비와 햇빛이 성장에 어떤 영향을 미치는지를 살펴보며 식물에 대한 지식 또한 축적되었지요.

프랑스의 라스코 동굴 벽화는 이런 생물학적 시선을 잘 보여 줍니다. 약 1만 7천 년 전 구석기 시대에 그려진 이 벽화에는 들소, 사슴, 말 같은 동물이 주인공으로 등장해요. 이는 인류가 생물을 단순한 존재가 아니라, 이해해야 할 대상으로 인식했음을 알려주지요.

관찰이 지식으로 쌓인 선사 시대

　생물학 지식이 체계적으로 축적되기 시작한 시점은 약 1만 년 전, 신석기 시대였습니다. 이 시기에 사람들은 이리저리 떠돌아다니지 않고 한곳에 정착하게 되었어요. 우리는 이걸 '신석기 혁명'이라고 부르지요.

　정착을 위해서는 먹을 것을 안정적으로 얻을 방법이 필요했어요. 그래서 식물을 직접 기르기 시작했고, 이때부터 농업이 시작돼요. 사람들은 어떤 씨앗이 잘 자라는지, 어떤 계절에 심어야 하는지를 하나하나 알아갔어요. 또 물이 얼마나 필요하고, 어떤 땅에서 잘 자라는지도 관찰했지요. 농사를 지으며 인간은 식물의 성장과 번식 과정을 자연스럽게 익혔어요. 이렇게 얻은 지식은 생활 속에 자연스럽게 스며들었습니다.

　사람들은 곧 동물도 길들이기 시작했습니다. 양과 염소, 개처럼 비교적

신석기 시대의 생활 모습을 보여 주는 디오라마

온순하고 인간과 공존하기 쉬운 동물들이 선택되었고, 그중에서도 성격이 얌전한 개체를 반복적으로 선택해 기르는 과정이 이어졌어요.

이런 선택의 축적은 훗날 찰스 다윈이 설명한 '인위적 선택'과 정확히 맞닿아 있습니다. 생물학은 이처럼 생활 속에서 이루어진 선택과 관찰의 누적으로 발전해 왔어요.

몸을 이해하려 했던 이집트

고대 이집트 문명은 기원전 약 3150년경, 나일강 유역에서 시작되었습니다. 나일강은 해마다 범람하며 비옥한 토양을 남겼고, 사람들은 이 물과 땅 덕분에 안정적으로 농사를 지을 수 있었어요. 그 결과 의학과 생물 지식이 축적될 수 있는 환경이 마련되었지요.

고대 이집트는 의학 분야에서 눈부신 성과를 남겼습니다. 현재까지도

역사 속으로

신석기 혁명

신석기 혁명은 인류가 이동 생활을 벗어나 한곳에 정착하며 농업과 목축을 시작한 변화를 가리키는 말입니다. 이 변화는 약 기원전 1만 년경, 서아시아의 비옥한 초승달 지대를 중심으로 나타났어요. 구석기 시대의 사람들은 사냥과 채집에 의존하며 살아갔기 때문에, 계절과 먹잇감을 따라 이동해야 했지요. 하지만 신석기 시대에 들어서면서 일부 집단은 특정 지역에 머물며 식물을 재배하기 시작했어요. 이 시기에 밀과 보리 같은 곡물이 재배되었고, 사람들은 씨앗을 심는 시기와 수확 시기를 경험을 통해 익혀 갔어요.

신석기 혁명은 단기간에 이루어진 사건이 아니라, 지역과 환경에 따라 오랜 시간에 걸쳐 진행된 변화였습니다. 이 시기를 거치며 인류는 정착 생활, 농업, 목축이라는 새로운 생활 방식을 갖게 되었고, 이후 문명의 형성으로 이어졌어요.

여러 점의 고대 의학 파피루스가 전해지는데, 그중에서도 에드윈 스미스 파피루스는 지금까지 발견된 가장 오래된 수술 안내서로 알려져 있어요. 1862년, 수집가 에드윈 스미스Edwin Smith가 이집트에서 구입한 고대 이집트 의학 문헌으로, 이후 그의 이름을 따서 불리게 되었지요. 이 파피루스는 기원전 약 1600년경에 필사된 것으로 추정되는데, 그 안에 담긴 의학 지식은 고왕국 시대까지 거슬러 올라간다고 해요. 문서에는 머리와 목, 척추, 어깨, 가슴 등에 발생한 48건의 외상 사례가 체계적으로 정리되어 있으며, 골절과 탈구, 상처, 종양에 대한 진단과 치료 방법이 담겨 있어요.

길이가 약 4.68미터에 이르는 이 파피루스는 주로 외상과 수술에 초점을 맞추고 있어요. 각 사례는 원인, 증상, 진단, 치료, 예후의 순서로 서술되어 있는데, 이런 구성은 고대 문헌으로서는 매우 이례적인 방식이었지요. 이러한 점에서 에드윈 스미스 파피루스는 고대 이집트 의학이 단순한 주술이나 신앙에만 의존한 것이 아니라, 실제 관찰과 경험을 바탕으로 체계적으로 발전해 왔음을 보여 주는 중요한 증거로 평가되고 있어요.

또 하나의 중요한 문헌은 에버스 파피루스입니다. 이 파피루스는 1873~1874년 겨울, 독일의 이집트학자 게오르크 에버스Georg Ebers가 이집트 룩소르에서 구입한 것으로, 그의 이름을 따서 오늘날까지 '에버스 파피루스'라고 불리고 있어요. 현재 이 문서는 독일 라이프치히 대학교 도서관에 소장되어 있지요.

기원전 약 1550년경에 작성된 것으로 추정되는 이 문서에는 약 900여 건의 약 처방이 담겨 있습니다. 감기나 두통, 소화불량처럼 비교적 일상적인 증상은 물론, 심장과 관련된 증상이나 기생충 감염처럼 보다 복잡한 문제에 대해서도 다루고 있지요. 치료 방법도 매우 다양했는데, 밀가루를 섞어 상처에 바르거나, 특정 식물의 뿌리를 말려 가루로 만들어 복용하는 방식이 등장합니다. 이런 방법들은 단순한 주술에 그치지 않고, 자연에서 얻은 재료의 효과를 경험적으로 활용한 것으로, 오늘날의 관점에서 보아도 상당히 합리적인 치료 방식이었다고 볼 수 있어요.

에버스 파피루스는 고대 이집트인들이 자연과 인간의 몸을 세심하게 관찰하며 축적해 온 의학 지식을 담고 있는 문헌이에요. 다양한 약초와 치료법이 체계적으로 정리되어 있어, 고대 이집트 약초학의 '백과사전'이라 할 수 있지요.

이 파피루스에는 심장과 혈관, 호흡과 소화와 관련된 기록도 남아 있습니다. 비록 오늘날의 생리학과는 다르지만, 이는 인체의 기능을 체계적으로 이해하려 했던 초기 생리학적 사고를 엿볼 수 있는 중요한 자료라고 할 수 있어요.

또한 우리는 에버스 파피루스를 통해 고대 이집트인들이 단순히 병의 증상만을 다룬 것이 아니라, 인간의 몸과 자연환경의 관계를 경험적으로 이해하고 있었음을 알 수 있습니다. 그들은 질병을 오직 저주나 운명의 탓으로만 보지는 않았고, 음식이나 기후, 생활 방식의 변화로 몸의 균형이 깨질 때 병이 생긴다고 생각했어요. 그래서 치료에는 약초 요법, 식이 조절, 기도와 정화 의식이 함께 사용되기도 했지요.

에버스 파피루스

더알아보기

고대 이집트의 미라

고대 이집트인들은 사람이 죽은 뒤에도 몸이 보존되어야 한다고 믿었습니다. 이런 믿음에 따라 시신의 부패를 막기 위한 방부 처리 기술이 발달했지요. 이렇게 만들어진 것이 미라예요.

미라를 만들기 위해서는 먼저 시신에서 내부 장기를 분리해야 합니다. 뇌는 코를 통해 제거했고, 간·폐·위·장과 같은 장기는 따로 꺼내어 처리한 다음, 카노푸스 단지에 보관했어요. 심장은 사후 세계에서 중요한 역할을 한다고 여겨져, 몸 안에 남겨 두는 경우가 많았지요. 장기가 제거된 시신은 나트론이라 불리는 천연 소금을 사용해 건조했어요. 수분을 제거해 부패를 늦추기 위함이었지요. 건조가 끝난 뒤에는 향유나 수지를 바르고, 여러 겹의 천으로 감싸 마무리했어요.

이 모든 과정은 종교적 의례의 일부로, 사후 세계에서의 삶을 준비하기 위한 것이었습니다. 하지만 이런 의례가 오랜 시간 반복되면서, 사람의 몸을 다루는 경험이 자연스럽게 쌓이게 되었어요. 그 결과 고대 이집트의 미라는 종교적 신앙의 산물이면서, 동시에 인체의 구조를 관찰하며 얻은 경험이 남아 있는 흔적이 되었답니다.

신의 뜻과 관찰이 공존하던 메소포타미아

우리가 흔히 바빌로니아 문명이라고 부르는 지역은, 보다 정확히 말하면 메소포타미아 문명입니다. 이 지역은 티그리스강과 유프라테스강 사이의 비옥한 평야로, 기원전 약 6000년경부터 정착 문명이 발달했어요.

메소포타미아 문명은 이집트 문명과는 다른 환경에서 발전했습니다. 이집트는 사막 지대와 나일강 유역의 지형적 조건 때문에 외부와의 접촉이 상대적으로 제한되었고, 방어에 유리한 면이 있었어요. 이런 조건은 오랜 기간 문화의 연속성이 유지되는 데에도 영향을 주었습니다.

반면 메소포타미아는 티그리스강과 유프라테스강 사이의 넓은 평야를 중심으로 형성된 지역이었어요. 여러 집단의 이동과 침투, 정복이 반복되면서 다양한 도시 국가와 왕국이 흥망을 거듭했지요. 그 결과 이 지역에서는 서로 다른 문화가 섞이고 변화하는 일이 자주 일어났어요.

고대 메소포타미아 사람들은 자연 세계를 과학적으로 설명하려 하기보다는, 신들이 세상을 어떻게 다스리는지를 이해하려는 데 더 큰 관심을 두었어요. 그래서 번개나 홍수 같은 자연 현상과 다양한 사건들을 신의 의지로 해석했고, 이를 읽어 내기 위한 점복(占卜, 신의 뜻이나 미래의 일을 여러 징조를 통해 알아보려는 행위)이 중요한 역할을 했지요. 사람들은 신들의 의지를 읽어 내기 위해 여러 징조를 해석했는데, 그중 하나가 동물의 장기를 살펴 미래를 점치는 방식이었어요. 특히 양의 간을 관찰해 신의 메시지를 읽는 간점은 바빌로니아와 아시리아에서 널리 이루어졌고, 왕의 정책 결정과 같은 중요한 판단에도 활용되었어요. 또한 동물의 행동이나 출현을 징조로 해석하는 전통도 있었고, 이런 관찰 역시 예언과 판단을 위한 자료로 활용되었지요.

하지만 그렇다고 해서 메소포타미아에 의학이 없었던 것은 아닙니다. 사람이 병에 걸리면 약초나 광물 같은 재료로 만든 약을 쓰기도 했고, 주문과 의식을 함께 행하기도 했어요. 예를 들어, "이 약초를 달여서 마시고, 동시에 이 주문을 외우세요"라는 식이었지요. 오늘날처럼 '과학'과 '마술'을 엄격하게 갈라 생각하기보다는, 병의 원인을 몸의 문제와 보이지 않는 힘의 영향이 함께 작용한다고 보고 치료도 여러 방식으로 병행한 거예요.

메소포타미아에서 가장 오래된 의학적 처방으로 알려진 것은 우르 제3왕조 시기(기원전 약 2100년 무렵)의 처방을 적은 점토판이에요. 이 점토판에는 여러 가지 재료를 섞어 만든 처방이 짧은 글로 정리되어 있지요.

또한 고대 메소포타미아 의학을 대표하는 문헌으로는 '증상'을 뜻하는 사키쿠(SA.GIG)로 알려진 진단 시리즈가 있습니다. 이 진단 시리즈는 기원전 11세기, 바빌로니아 왕 아다드-아플라-이딘나Adad-apla-iddina가 통치하던 시기에 학자 에사길-킨-아플리Esagil-kin-apli가 정리·편집한 것으로 전해지며, **병의 증상과 병명, 예후, 원인에 대한 설명**을 체계적으로 담고 있어요. 그래서 현대 연구자들은 이 문헌을 '진단 핸드북'이라고도 부르지요.

이런 의학적 기록이 실제 치료로 이어지기 위해서는, 병을 다루는 역할을 맡은 사람들이 필요했습니다. 고대 메소포타미아에는 서로 다른 방식으로 치료에 참여한 전문가들이 있었어요. 사람들은 가장 존경받는 치료자를 아시푸ašipu라고 불렀는데, 주문과 의식, 진단을 통해 병의 원인과 경과를 해석하는 데 중요한 역할을 했어요. 이 직업은 세습으로 이어졌고 사회적으로 높은 지위를 가진 아시푸도 있었다고 해요.

아시푸가 병의 원인과 의미를 해석하는 역할을 했다면, 실제로 몸을 치료하는 일에 더 가까이 다가간 사람들도 있었습니다. 이들은 아수asû라고 불렸는데, 약초와 동물성 재료, 광물 등을 활용해 약을 만들고, 몸에 직접 작용하는 치료를 맡았다고

기원전 18세기에 만들어진 의학에 관한 내용을 담은 점토판

전해져요. 또한 이들은 찜질이나 관장 같은 방법을 사용했고, 연고나 약제를 상처에 바르거나 천으로 감싸는 처치도 했어요. 또 골절이나 상처가 생겼을 때는 뼈를 고정하거나 상처를 묶는 등 기본적인 외과적 처치도 수행했지요.

이처럼 메소포타미아 의학은 오늘날의 기준과는 달랐지만, 증상을 관찰하고 분류하며 치료법을 기록으로 남겼다는 점에서, 고대 사회가 질병을 이해하고 다루려 했던 중요한 흔적이라고 할 수 있어요.

생명을 조화로 이해한 고대 중국과 인도

자연과 인간의 건강에 대한 관찰과 이론은 서양 문명만의 전유물이 아니었습니다. 중국과 인도와 같은 아시아의 고대 문명들은 생명을 분해하기보다는 전체의 조화 속에서 이해하려고 했지요.

중국의 전통 의학은 한 사람의 연구로 만들어진 것이 아니었어요. 약초학자와 의사, 연금술사, 철학자 등 여러 분야의 사람들이 오랜 시간에 걸쳐 쌓아 온 지식이 함께 어우러져 형성되었지요. 예를 들어, 도교 연금술은 단순한 물질 변환을 넘어서, 장수와 건강이라는 인간의 근본적인 바람을 실현하려는 시도였어요. 도교 전통에서 건강이란 단순히 병이 없는 상태가 아니라, 자연의 흐름과 조화를 이루며 살아가는 삶을 의미했지요. 기원전 4세기 무렵의 철학자 장자 역시 생명을 고정된 본질로 보지 않았어요. 그는 생명체가 환경과 조건에 따라 끊임없이 변화하고, 서로 다른 모습으로 전환될 수 있다고 생각했지요. 이런 사고는 오늘날의 과학적 진화론과 직접적으로 같다고 볼 수는 없지만, 생명을 변화와 적응의 과정으로 이해했다는 점에서 닮은 면이 있다고 할 수 있어요.

[고대 인도의 의학]

고대 인도의 의학은 아유르베다로 대표할 수 있습니다. 아유르베다는 삶이라는 뜻의 산스크리트어 아유르Ayur와 지식이라는 뜻의 베다Veda가 합쳐진 말로, '삶에 대한 지식', 또는 '생명의 과학'이라는 뜻이에요. 이 전통은 베다 사상에 뿌리를 두고, 오랜 시간에 걸쳐 의학·철학·자연 관찰의 경험이 축적되며 체계화되었지요. 아유르베다는 인간의 몸을 다섯

가지 자연 요소, 즉 공기·불·물·흙·에테르로 이루어진 존재로 보았어요. 이 다섯 요소는 서로 결합해 세 가지 생명 에너지, 곧 도샤를 이룬다고 설명했지요.

- 바타Vata: 공기와 에테르의 결합으로 움직임과 신경, 순환
- 피타Pitta: 불과 물의 결합으로 소화와 대사, 체온 조절
- 카파Kapha: 물과 흙의 결합으로 몸의 안정과 구조 유지

아유르베다에서는 이 세 도샤의 균형이 건강의 핵심이며, 균형이 깨질 때 질병과 정신적 혼란이 나타난다고 설명했어요.

또한 아유르베다 전통에서는 생명체의 탄생을 네 가지 방식으로 구분했어요. 자궁에서 태어나는 생명Jarāyuja, 알에서 태어나는 생명Andaja, 열

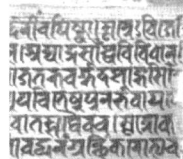

야자잎에 새겨진 『수슈루타 삼히타』의 일부분

과 습기에 의해 생긴다고 여긴 생명Svedaja, 그리고 씨앗에서 자라는 생명 Udbhijja으로 나누었지요. 이는 생명을 탄생 방식에 따라 분류하려는 이른 시도의 하나로 볼 수 있어요.

아유르베다의 의사들은 외과 치료에서도 중요한 전통을 남겼습니다. 해부학적 연구는 제한적이었지만, 경험과 전승을 바탕으로 수술 도구와 절차, 응급처치법이 정리되었지요. 기원전 6세기경 편찬된 『수슈루타 삼히타Sushruta Samhita』에는 수술 방법과 상처 치료, 그리고 수백 종에 이르는 약용 식물과 광물, 동물성 재료를 활용한 약물 조제법Materia medica이 기록되어 있어요. 이 문헌은 단순한 처방전을 넘어, 생명과 몸을 이해하려 한 인도 의학의 전통을 보여 주는 중요한 자료로 평가돼요.

생물학의 시작은 살아 있는 것을 이해하지 않으면 살아남을 수 없었던 인간의 절박한 필요였습니다. 선사 시대의 관찰에서 시작해, 고대 문

다양한 외과 수술 절차와 수술 도구에 대한 내용이 담겨 있는 『수슈루타 삼히타』의 한 페이지

명의 의학과 철학으로 이어진 생물학은 생명을 이해하려는 가장 오래된 사유의 역사라고 할 수 있어요. 인간은 언제나 생명을 이해하려 했고, 그 과정에서 관찰을 기록으로 남기고, 경험을 지식으로 정리해 왔지요. 이렇게 쌓인 생물학의 기록은 이후 그리스의 학문과 중세의 의학, 근대 과학으로 이어지며 점점 더 정교해졌어요.

생각의 가지

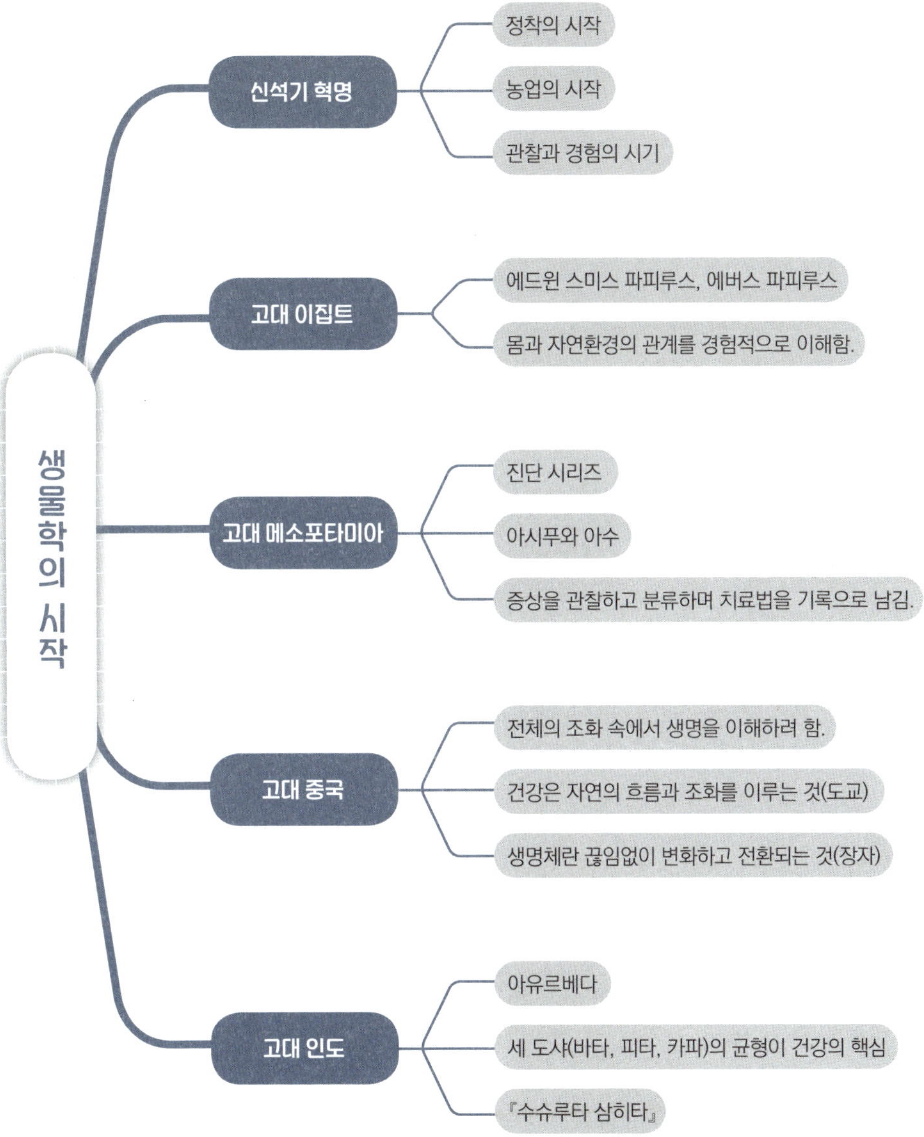

생물학의 시작

신석기 혁명
- 정착의 시작
- 농업의 시작
- 관찰과 경험의 시기

고대 이집트
- 에드윈 스미스 파피루스, 에버스 파피루스
- 몸과 자연환경의 관계를 경험적으로 이해함.

고대 메소포타미아
- 진단 시리즈
- 아시푸와 아수
- 증상을 관찰하고 분류하며 치료법을 기록으로 남김.

고대 중국
- 전체의 조화 속에서 생명을 이해하려 함.
- 건강은 자연의 흐름과 조화를 이루는 것(도교)
- 생명체란 끊임없이 변화하고 전환되는 것(장자)

고대 인도
- 아유르베다
- 세 도샤(바타, 피타, 카파)의 균형이 건강의 핵심
- 『수슈루타 삼히타』

2장

관찰과 해부로 시작된 생물학

의사가 지켜야 할 윤리와 책임을 담은 히포크라테스 선서

정교수의 pick

◆ 아스클레피오스 ◆ 히포크라테스 ◆ 사원소설
◆ 사체액설 ◆ 예방 의학 ◆ 아리스토텔레스
◆ 켈수스 ◆ 갈레노스 ◆ 해부와 생리 연구

신의 치유에서 자연의 의학으로

고대 그리스와 로마의 생물학은 '생명을 어떻게 이해할 것인가'라는 질문을 처음으로 체계화한 시기였습니다. 이 시대의 사람들은 질병과 몸, 자연과 인간의 관계를 막연한 신의 영역으로만 두지 않고, 관찰과 이성, 경험을 통해 설명하려 했지요. 물론 처음부터 의학이 과학의 모습으로 등장한 것은 아니었어요. 고대 그리스에서는 오랫동안 치유가 신과 연결되어 있었고, 사람들은 의술의 신 아스클레피오스를 섬기며 신전에서 치료를 받았어요. 치유는 기도와 의식, 자연 요법이 어우러진 종교적 경험이었지요. 하지만 동시에, 질병을 신의 벌이 아니라 자연적인 현상으로 이해하려는 새로운 시도도 조금씩 나타나기 시작했습니다.

이 변화의 중심에는 인간의 몸을 직접 관찰하고, 증상을 기록하며, 원인을 추론하려는 의사들과 철학자들이 있었어요. 히포크라테스 전통은 질병을 자연의 질서 속에서 설명하려 했고, 아리스토텔레스는 생물을 분류하고 구조와 기능을 비교하며 생물학을 독립적인 탐구 영역으로 확장했지요. 이후 알렉산드리아에서는 해부와 생리 연구가 본격화되었고, 로마 시대에 이르러서는 그리스 의학 지식이 정리·체계화되어 오랫동안 서양 의학의 기준이 되었어요.

이 장에서는 신화적 치유에서 출발해, 관찰과 기록, 분류와 이론으로 이어진 고대 그리스·로마 생물학의 흐름을 따라가 보려 합니다. 생명을 이해하려는 인간의 시도가 어떻게 종교에서 철학으로, 철학에서 과학으로 옮겨갔는지 함께 살펴보도록 해요.

아스클레피오스와 치유 성소

고대 그리스에서 의학의 상징으로 가장 널리 알려진 존재는 아스클레피오스였습니다. 그는 신화에서 의술과 치유의 신으로 숭배되었고, 그 상징으로는 지팡이에 뱀 한 마리가 감긴 '아스클레피오스의 지팡이Rod of Asclepius'가 전해져요. 오늘날 의료의 상징으로 널리 쓰이는 표지 역시 이 전통과 연결되어 있지요.

사람들은 아스클레피오스를 기리기 위해 여러 지역에 치유 성소를 세웠는데, 이런 성소를 아스클레피에이온Asclepieion이라고 불렀어요. 이곳은 단순히 제사를 드리는 공간만은 아니었습니다. 방문자들은 정화 의식과 봉헌을 하고, 성소 안에서 휴식과 치료를 받았다고 전해져요. 이러한

아스클레피오스

신전들은 마치 오늘날의 요양 병원처럼, 치유 과정에서 중요한 역할을 했다고 볼 수 있어요. 이곳에서 공통적으로 이루어진 의식 가운데 하나가 바로 엔코이메시스Encoimesis였어요. 이는 성소(聖所, 신성한 존재를 모시거나 신에게 제사를 드리는 거룩한 장소)에서 잠을 자며 꿈을 꾸고, 그 꿈을 통해 신으로부터 치유의 방법이나 계시를 얻으려는 수면 의례였지요.

고대 그리스의 아스클레피오스 성소 가운데 가장 유명한 곳은 에피다우로스에 있습니다. 이곳은 단순한 신전이 아니라, 실제로 치료를 받은 환자들의 이름과 병, 치료 과정을 기록으로 남긴 장소로도 잘 알려져 있

더 알아보기

치유 성소에서는 어떤 치료가 이루어졌을까?

고대 그리스의 아스클레피오스 성소는 단순한 신전이 아니라, 치유를 위한 종합적인 공간이었습니다. 페르가몬에 있었던 아스클레피오스 성소에는 지하에서 솟는 샘물이 있었고, 방문자들은 그 물을 마시거나 몸을 씻으며 회복을 기대했어요. 목욕, 휴식, 산책 같은 생활 관리도 치료의 중요한 일부였지요. 환자들은 신전에서 하룻밤을 보내며 꿈을 꾸었고, 그 꿈의 내용은 다음 날 사제나 의사에 의해 해석되었어요. 치료는 이 해석을 바탕으로 이루어졌지요. 아스클레피오스 성소에는 개가 치유의 상징으로 등장하기도 했어요. 일부 기록에서는 개가 환자의 상처를 핥는 장면이 언급되는데, 이는 개의 침이 치유에 도움이 된다고 여겼던 당시의 믿음을 보여 줘요. 오늘날에는 개의 침에 항균 성분이 포함되어 있다는 사실이 알려져 있지요.

이처럼 고대 그리스의 치유는 신앙, 의례, 자연환경, 생활 관리가 함께 작동하는 방식이었어요. 아스클레피오스 성소는 질병을 단순히 고치는 곳이 아니라, 몸과 마음을 동시에 돌보는 회복의 공간이었던 셈이에요.

어요. 이를 '이아마타Iamata', 즉 치유 비문이라고 불러요. 오늘날까지 약 70건 안팎의 치유 비문 사례가 확인되는데, 농양을 절개하거나 몸속 이물질을 제거하는 외과적 처치도 포함되어 있어요. 이 기록들은 오늘날에도 고대 의학과 종교적 치유가 어떻게 결합되어 있었는지를 보여 주는 중요한 사료로 활용되고 있지요.

병은 자연에서 온다, 히포크라테스

고대 그리스 의학을 이야기할 때 빼놓을 수 없는 인물이 바로 히포크라테스입니다. 그는 기원전 5세기 무렵 활동한 의사로 오늘날까지도 '의학의 아버지'라 불리고 있어요. 그 이유는 단순히 뛰어난 의사였기 때문이 아니라, 질병을 바라보는 관점을 근본적으로 바꾸었기 때문이에요. 전해지는 이야기로는, 히포크라테스는 아스클레피아드Asclepiads라 불린 의사 가문에서 태어났다고 해요. 이들은 고대 그리스 의술

히포크라테스

의 신 아스클레피오스의 후손임을 자처한 의사 집단으로, 의술을 신성한 전통으로 여겼지요. 이들은 치유가 신과 연결된 신성한 행위라고 믿으면서, 동시에 오랜 경험과 관찰을 바탕으로 실제 치료 활동도 꾸준히 이어 갔어요.

히포크라테스가 살던 시대에는 병을 신의 분노나 저주로 설명하는 생각이 널리 퍼져 있었습니다. 병에 걸리면 신전에서 기도를 드리거나, 의식을 통해 악령을 쫓아내는 방식이 일반적이었지요. 하지만 히포크라테스는 질병이 초자연적인 존재 때문이 아니라, 자연적인 원인, 다시 말해 몸의 상태와 생활 환경에서 비롯된다고 보았어요. 예를 들어, 당시에는 '신의 병'으로 여겨졌던 간질도, 히포크라테스 전통에서는 신의 벌이 아니라 뇌에서 비롯된 자연적인 질환으로 설명했어요. 이는 질병을 신의 영역이 아닌 인간의 몸과 자연의 문제로 이해하려는, 당시로서는 매우 혁신적인 시각이었지요. 이처럼 그는 병을 신의 영역에서 인간의 관찰과 이성의 영역으로 끌어내린 인물이었어요.

히포크라테스는 환자의 식습관, 생활 방식, 기후와 계절, 거주 환경, 심리 상태까지 함께 살펴보아야 한다고 생각했어요. 몸과 마음, 그리고 인간을 둘러싼 환경이 서로 연결되어 있다는 인식은 그의 의학 사상의 핵심이었지요. 이런 관점은 오늘날의 예방 의학이나 통합 의학과도 자연스럽게 이어져요.

히포크라테스 의학 전통은 철학자 엠페도클레스가 제시한 사원소설의 영향을 받았습니다. 사원소설이란 세상의 모든 것이 물, 불, 흙, 공기라는 네 가지 기본 요소로 이루어져 있다는 생각이에요. 이러한 사상 위에서, 고대 그리스 의사들은 인간의 몸 역시 자연과 마찬가지로 일정한 질서와 균형에 의해 유지된다고 보았어요. 그래서 인간의 건강은 네 가지 체액, 즉 피, 가래, 노란 담즙, 검은 담즙이 서로 조화를 이루는 상태에서 유지된다고 생각했지요. 이 네 체액이 조화를 이룰 때 사람은 건강하지만, 어느 하나가 지나치게 많아지거나 부족해지면 질병이 생긴다고 생각한 거

예요. 예를 들어, 피가 많으면 몸
이 따뜻해지고 활력이 넘친다고
여겼고, 검은 담즙이 많아지면 우
울하고 침착한 상태가 나타난다
고 이해했어요. 이러한 설명은 오
늘날의 의학적 사실과는 다르지
만, 당시에는 몸과 마음의 상태를
함께 설명하려는 시도였어요.

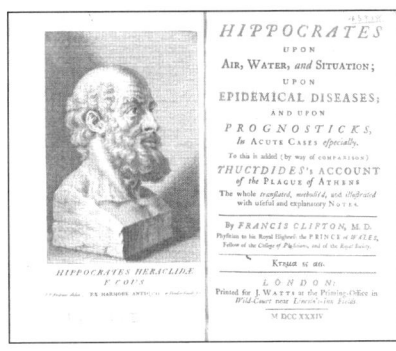

히포크라테스의 『공기와 물과 장소에 대하여』

체액 이론은 단순한 생리 설명에 그치지 않았습니다. 고대 그리스 의
사들은 질병을 개인의 몸 안에서만 찾지 않고, 자연환경과 생활 조건까
지 함께 고려했어요. "병은 나쁜 공기에서 생긴다"라는 독기 이론瘴氣說,
Miasma Theory도 이런 맥락에서 등장했는데, 이는 감염 개념이 없던 시대
에 환경의 영향을 설명하려는 일종의 환경의학적 사고였다고 볼 수 있어
요. 그래서 히포크라테스 전통을 따르던 의사들은 환자를 진단할 때 기
후, 식수의 상태, 바람의 방향, 식습관, 생활 방식, 정신 상태까지 함께 살
폈어요. 치료 역시 약을 쓰는 데 그치지 않고, 생활 조건을 조절하고 몸
의 균형을 회복하는 방향으로 이루어졌지요.

체액 이론은 고대 그리스 의학에서 철학과 자연관, 윤리가 함께 어우
러진 하나의 세계관이었어요. 오늘날 의학에서는 이 이론이 받아들여지
지 않지만, 환자를 몸과 마음, 환경을 포함한 전체로 바라보려는 태도는
여전히 중요한 의학적 관점으로 남아 있어요.

히포크라테스가 남긴 여러 책, 『질병에 대하여』, 『식이요법에 대하여』,
『공기와 물과 장소에 대하여』 등에서도 이러한 태도가 분명하게 드러납

니다. 이 책에서 히포크라테스는 병의 원인을 설명할 때 신의 개입을 배제하고, 기후와 바람, 물의 성질, 생활 조건 같은 자연적 요인을 중심으로 설명하려 했어요. 예를 들어, 특정 지역에서 어떤 병이 자주 나타나는 이유를 그 지역의 공기나 물, 계절적 특성과 연결 지어 해석했지요.

히포크라테스 의학의 또 다른 중요한 특징은 관찰과 기록입니다. 그는 병이 시작되는 순간부터 회복에 이르기까지의 과정을 세심하게 기록해야 한다고 강조했어요. 증상이 어떻게 변하는지, 어떤 처치가 어떤 결과를 낳는지 꾸준히 살펴보는 일은 의사의 가장 중요한 임무라고 보았지요.

히포크라테스의 이름과 함께 전해지는 히포크라테스 선서도 이러한 의학관을 잘 보여 줘요. 이 선서는 의사가 환자에게 해를 끼치지 말아야 한다는 윤리적 원칙과 자신의 지식을 책임 있게 사용해야 한다는 태도를 담고 있어요. 오늘날 의과 대학 졸업식에서 이 선서가 여전히 인용되는 이유도, 의학이 단순한 기술이 아니라 인간을 다루는 학문이라는 점을 일깨워주기 때문이에요.

물론 히포크라테스의 이론 가운데에는 오늘날 기준으로 보면 틀린 부분도 많아요. 그럼에도 불구하고, 병을 자연 현상으로 이해하고, 관찰과 경험을 통해 설명하려 했다는 점에서 그는 의학의 방향을 바꾼 인물이라 할 수 있어요. 신과 주술의 영역에 머물러 있던 치유를, 인간의 이성과 책임의 영역으로 옮겨 놓은 것, 이것이 히포크라테스가 남긴 가장 큰 유산이에요.

운동과 의학을 엮은 생활 처방, 헤로디쿠스

기원전 5세기 무렵, 고대 그리스에는 운동과 건강의 관계를 강조한 사람이 있었습니다. 그의 이름은 헤로디쿠스Herodicus로, 의사이자 체육 교사였어요. 그는 지금으로 치면 스포츠 의학의 선구자, 혹은 운동 치료의 창시자라 할 수 있지요. 그는 **단지 질병을 치료하는 데서 그치지 않고, 건강을 지키는 습관 자체에 깊은 관심을** 가졌어요.

헤로디쿠스

고대 그리스에서는 대부분의 의사가 운동의 효용에 무관심했습니다. 운동은 체육관에서 체조 교사들이 가르치는 것이고, 의사는 신전이나 집에서 진단하고 약을 쓰는 일이 일반적이었어요. 하지만 헤로디쿠스는 달랐어요. 그는 운동 전문가이면서 동시에 의사였기 때문에, 운동이 건강에 얼마나 중요한지 누구보다도 잘 알고 있었지요. 그는 병든 사람에게도 맞춤형 운동을 처방했어요. 격렬한 활동을 견디지 못하는 레슬링 선수나 권투 선수를 관찰하면서, 운동이 잘못 사용되면 해롭지만, 올바르게 사용되면 강력한 치료 수단이 된다고 보았어요.

헤로디쿠스의 사상은 단지 육체에만 머물지 않았습니다. 그는 소화와 체액 균형, 운동이 내부 장기에 미치는 영향까지 고려했어요. 그가 말한 '날카롭고 쓴 체액의 불균형'이라는 개념은 히포크라테스의 체액 이론과 매우 유사하지요.

하지만 헤로디쿠스의 방식이 늘 환영받은 것은 아니었습니다. 플라톤이나 아리스토텔레스 같은 동시대인들은 그가 처방한 운동량이 지나치다고 비판했어요. 예를 들어, 환자에게 아테네에서 메가라까지, 약 30킬로미터나 되는 거리를 걸으라고 했다는 일화는 오늘날로 치면 의사가 환자에게 마라톤을 시키는 것과도 같은 충격이었어요. 실제로 어떤 사람들은 그의 운동법이 환자를 회복시키기는커녕 죽게 했다고 비난하기도 했지요.

그럼에도 불구하고, 헤로디쿠스는 운동을 질병의 예방과 관리에 적극적으로 활용하려 했습니다. 병이 생긴 뒤에만 치료하는 것이 아니라, 일상적인 생활 관리로 건강을 지키려는 그의 관점은 오늘날의 예방 중심 의학을 떠올리게 해요.

살아 있는 세계를 기록한 아리스토텔레스

아리스토텔레스Aristotle는 오늘날 그리스 북부 테살로니키에서 동쪽으로 약 55킬로미터 떨어진 칼키디케 반도 스타기라에서 태어났습니다. 그의 아버지 니코마코스Nicomachus는 마케도니아 왕가의 주치의였어요. 아버지의 영향으로 아리스토텔레스는 어릴 때부터 생물학과 해부학에 관심을 가지며 자유롭게 학문을 연구할 수 있었습니다.

어린 나이에 부모를 모두 잃은 아리스토텔레스는 후견인 프록시누스Proxenus의 보살핌을 받으며 성장합니다. 프록시누스는 그에게 학문과 교

양뿐 아니라 세상을 보는 눈을 길러 주었
어요.

아리스토텔레스

17살 무렵, 아리스토텔레스는 아테네로
가 플라톤의 아카데미에서 공부합니다. 플
라톤은 그를 가리켜 '학교의 정신'이라 부
를 만큼 그의 학문적 열정과 통찰을 높이
평가했어요. 이후에는 소아시아 아소스
Assos 등지를 거치며 연구를 이어 갔는데,
이곳에서는 아타르네우스의 헤르미아스
의 후원 아래 머물며, 동료이자 후계자인 테오프라스토스와 함께 식물과
해양 생물에 대한 연구를 시작했어요. 두 사람은 근처의 레스보스섬까지
가서 해안 생태계와 다양한 동물들을 직접 관찰했습니다. 아리스토텔레
스는 수백 종의 동물을 관찰하며, 그들의 기관과 기능을 기준으로 비교
하고 체계적으로 분류했어요. 특히 그는 동물을 혈액의 유무에 따라 두
집단으로 나누는 방식을 제시했는데, 붉은 피를 가지고 있는 동물을 '혈
액이 있는 동물Enhaima'이라 불렀어요. 여기에는 사람, 물고기, 새, 파충류
처럼 오늘날 우리가 척추동물이라고 부르는 생물들이 포함되었어요. 반
대로 붉은 피가 보이지 않는 동물들은 '혈액이 없는 동물Anhaima'로 분류
했는데, 곤충이나 갑각류, 연체동물처럼 몸속에 붉은 혈액이 없는 생물
들이 여기에 속했지요.

기원전 343년 무렵, 아리스토텔레스는 마케도니아의 왕 필리포스 2세
의 요청을 받아, 알렉산더 왕자의 교육을 맡게 됩니다. 그는 펠라 인근의
미에자Mieza라는 왕실 영지에서 알렉산더에게 윤리와 정치, 문학과 철학

왼쪽이 플라톤, 오른쪽이 아리스토텔레스

을 가르쳤어요. 이때 아리스토텔레스는 호메로스의 『일리아드』에 주석을 달아 알렉산더에게 선물했다고 전해져요. 알렉산더는 이 책을 전쟁터에서도 늘 곁에 두고 다녔다고 하지요. 아리스토텔레스의 수업에는 프톨레마이오스와 카산드로스 같은 마케도니아의 젊은 귀족들도 함께했어요. 훗날 이들은 각지에서 왕과 통치자가 되어, 헬레니즘 세계를 이끌어가는 중심인물로 성장하게 됩니다.

기원전 336년, 필리포스 2세가 암살되고 알렉산더가 왕이 되자, 아리스토텔레스는 다시 아테네로 돌아옵니다. 그는 아테네 시민권자가 아닌 메테익(외국인 거주자)이었기 때문에 토지나 건물을 직접 소유할 수 없었어요. 그래서 아폴론 리케이오스 신전 인근의 리케이온에서 자신의 학교를 엽니다. 이곳에서 형성된 학문 공동체는 훗날 '페리파토스 학파'로 불리게 되었어요. '페리파토스'는 산책로를 뜻하는 말로, 아리스토텔레스가 걸으며 토론하고 강의하던 방식에서 유래한 이름이에요.

리케이온에서 아리스토텔레스는 학생들과 함께 연구와 토론을 이어 갔습니다. 그의 제자들 가운데에는 식물 연구로 알려진 테오프라스토스, 논리학과 과학사를 다룬 에우데무스, 음악 이론을 발전시킨 아리스토케누스 등이 있었어요. 이들은 자료를 모으고 분류하며, 학문을 공동으로 탐구하

아리스토텔레스와 알렉산더 왕자

는 체계를 만들어 갔고, 리케이온은 고대에서 보기 드문 조직적인 연구 공동체로 자리 잡았어요.

알렉산더는 평생 아리스토텔레스를 존경했지만, 나중에는 정복지 통치 방식과 정치 철학을 둘러싸고 견해 차이를 보였다고 해요. 기원전 323년에 알렉산더가 갑작스럽게 세상을 떠나자, 아테네에서는 반마케도니아 분위기가 다시 거세졌고, 이 과정에서 아리스토텔레스는 불경죄로 고발당합니다. 결국 그는 에우보이아의 칼키스로 피신했고, 그해 말 그곳에서 생을 마쳐요.

[아리스토텔레스의 생물학]

아리스토텔레스는 자연 세계를 이해하기 위해 당시 널리 받아들여지던 이론에 자신의 관찰을 더합니다. 그는 엠페도클레스가 제시한 사원

소설, 즉 세상의 모든 것이 물, 불, 흙, 공기라는 네 가지 원소로 이루어져 있다는 생각을 받아들였어요. 하지만 아리스토텔레스는 여기에 한 걸음 더 나아가, 원소가 지닌 성질에 주목했어요.

그가 정리한 기본 성질은 네 가지. 차가움, 뜨거움, 축축함, 건조함이었습니다. 그는 각각의 원소가 이 성질 가운데 두 가지씩을 지닌다고 보았어요. 물은 차가움과 축축함을, 흙은 차가움과 건조함을, 불은 뜨거움과 건조함을, 공기는 뜨거움과 축축함을 가진다고 설명했지요. 이러한 성질의 조합이 변하면 원소 역시 서로 전환될 수 있다고 믿었는데, 예를 들어 불의 '건조함'이 '축축함'으로 바뀌면 불은 공기가 될 수 있다고 생각했습니다.

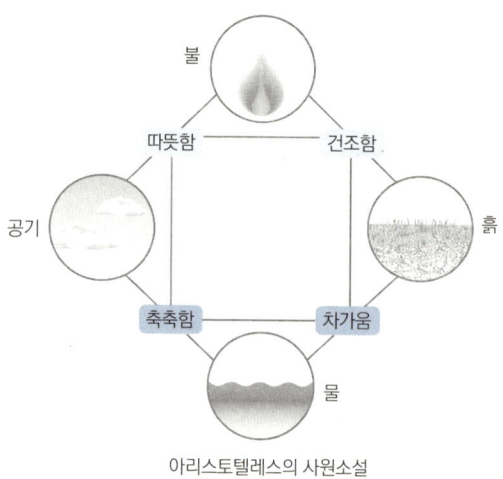

아리스토텔레스의 사원소설

아리스토텔레스는 약 20년 동안 플라톤의 아카데미에서 공부했지만, 스승과는 다른 방향을 선택했습니다. 플라톤이 눈에 보이지 않는 이데아의 세계를 중시했다면, 아리스토텔레스는 눈으로 보고 손으로 만질 수 있는 생물과 자연 현상을 연구의 출발점으로 삼았어요. 그의 생물학은 철학적 사유에서 출발했지만, 결국은 경험과 관찰로 향했습니다.

기원전 340년대 초, 그는 에게해의 레스보스섬에 머물며 본격적인 생물 관찰을 진행했어요. 특히 피라Pyrrha 석호와 인근 해안에서 물고기, 조개, 해면, 해파리, 문어, 갑각류 등 다양한 해양 생물을 살펴보았습니다. 그는 단순히 생김새를 나열하는 데 그치지 않고, 내부 장기, 번식 방식, 이동 방식, 생식 기관 등을 비교하며 체계적으로 기록했어요. 이 과정에서 아리스토텔레스는 동물을 '혈이 있는 동물'과 '혈이 없는 동물'로 나누었습니다. 이는 오늘날의 척추동물과 무척추동물 구분과 비슷하며, 기능과 구조에 따라 생물을 분류하려는 중요한 시도였어요. 그의 이런 연구는 생물학을 독립적인 탐구 분야로 만드는 데 중요한 역할을 했습니다.

레스보스섬 지도

아리스토텔레스의 동물 연구는 그가 쓴 책 가운데 약 4분의 1을 차지합니다. 『동물의 역사』, 『동물의 부분에 대하여』, 『동물의 발생』은 모두 직접 관찰한 내용을 바탕으로 쓰인 책들이에요. 그는 이 책들에서 생물의 공통점과 차이를 비교하며, 자연에 일정한 질서가 존재한다고 보았습니다. 그는 새를 깃털과 부리, 날개를 지니고 단단한 껍질의 알을 낳으며 따뜻한 피를 가진 동물로 정의했어요. 그리고 조류 중에도 두루미, 참새, 독수리처럼 다양한 하위 범주가 존재한다고 설명했습니다. 이런 분류 방식은 생물을 무작위로 나열하던 이전과는 분명히 달랐어요. 아리스토텔레스는 실제로 문어, 오징어, 메기 등을 해부했고, 상어와 가오리를 연골어류Selache라는 별도의 집단으로 묶었습니다. 그는 소와 같은 반추 동물이 여러 개의 위를 가진다는 사실을 알고 있었고, 작은 상어류인 도그피시의 난소 발달 과정도 비교적 정확하게 기술했어요.

또한 그는 고래에 대해서도 중요한 관찰을 남겼습니다. 고래는 바다에서 살아가지만 알을 낳지 않고 새끼를 낳는다는 점에 주목해 고래를 일반적인 물고기와는 구별되는 동물로 이해했어요. 그는 "헤엄친다고 모두 물고기는 아니며, 날아다닌다고 모두 새는 아니다"라고 보았습니다. 예를 들어, 박쥐는 날아다니지만 조류가 아니라 포유류이고, 타조는 날지 못하지만 조류이지요. 그는 생물 분류가 단순히 겉모습에만 의존해서는 안 되며, 각 생물이 가진 구조와 기능, 그리고 삶의 방식까지 함께 고려해야 한다는 점을 분명히 했어요. 즉, 비슷하게 생겼다고 해서 같은 부류로 묶는 것이 아니라, 몸속 기관이 어떻게 이루어져 있는지, 어떤 방식으로 먹고 숨 쉬며 번식하는지 같은 생물의 본질적인 특징을 기준으로 분류해야 한다고 본 거예요.

아리스토텔레스는 바다 생물 중에서도 전기가오리에 특별한 관심을 보였습니다. 이 물고기가 다른 생물을 마비시키는 능력을 지니고 있다는 사실을 관찰했기 때문이에요. 그는 전기의 개념을 알지 못했지만, 이 현상을 '기묘한 힘'으로 기록하며 자연 속에 아직 설명되지 않은 작용이 존재한다고 보았습니다.

아리스토텔레스의 생물학은 오늘날의 기준으로 보면 오류도 적지 않아요. 하지만 생물을 직접 관찰하고, 서로 비교하며, 일정한 기준에 따라 분류하려는 그의 방식은 이후 생물학의 중요한 출발점이 되었지요. 동시에 생명을 더 이상 신화나 전설의 이야기로만 바라보지 않고, 연구하고 기록할 수 있는 대상으로 바꾸어 놓았어요.

[아리스토텔레스의 의학]

아리스토텔레스에게 의학은 생물학과 분리된 학문이 아니었습니다. 그는 인간의 몸을 이해하려면 먼저 생명이 어떻게 유지되는지를 알아야 한다고 보았지요. 그래서 아리스토텔레스의 의학은 단순히 질병을 치료하는 데 머무르지 않았어요. 그는 인간의 몸을 하나의 유기적인 전체로 보고, 먹고 마시고 숨 쉬며 살아가는 모든 과정이 몸 전체의 기능과 어떻게 연결되는지를 이해하는 데 더 큰 관심을 두었어요.

아리스토텔레스는 생명을 열과 물질이 끊임없이 흐르고 순환하는 체계로 이해했습니다. 그는 우리가 음식을 먹고 호흡하는 행위가 단순한 생존 활동이 아니라, 몸속에서 조직이 만들어지고 유지되는 근본적인 과정이라고 보았어요.

그는 『동물의 부분에 대하여』에서 동물이 음식을 섭취한 뒤, 그것이 몸속에서 어떻게 변해 가는지를 하나의 연속적인 흐름으로 설명했어요. 그의 설명을 정리하면 다음과 같아요.

1. 음식이 들어오면 피와 섞인다.

음식은 단순히 배를 채우는 물질이 아니라, 몸을 유지하는 데 필요한 재료이자 열의 근원이 된다고 보았어요.

2. 피는 몸을 이루는 물질로 바뀐다.

아리스토텔레스는 피가 살, 뼈, 치아, 연골, 힘줄 같은 신체 조직의 바탕이 된다고 생각했어요. 피는 생명의 중심적인 물질이었지요.

3. 남은 피는 지방이 된다.

지방은 몸 곳곳에 저장되며 부드럽게 퍼진 지방도 있고, 단단하게 굳은 지방도 있다고 설명했어요. 그는 소나 양의 콩팥 주변에 붙은 단단한 지방과 돼지의 몸통에 쌓인 지방을 구분해 설명하기도 했어요.

4. 지방은 생식 물질로 이어진다.

아리스토텔레스는 지방이 정액 형성으로 이어진다고 보았고, 이를 통해 생명이 다음 세대로 전달된다고 설명했어요.

5. 남은 불의 성질은 열로 발산된다.

이 열은 단순한 온기가 아니라, 살아 있는 몸이 지닌 생명력의 표시로 여겨졌어요.

6. 찌꺼기는 몸 밖으로 배출된다.

고체 찌꺼기는 대변으로, 액체는 소변으로, 혼탁한 것은 담즙의 형태로 몸을 떠난다고 설명했어요.

아리스토텔레스는 특히 체온과 호흡의 관계에 깊은 관심을 가졌습니다. 그는 『청춘과 노인, 삶과 죽음』과 『호흡에 관하여』에서 동물이 어떻게 일정한 체온을 유지하는지를 설명하려 했어요. 그의 설명을 따라가 보면 이렇습니다.

1. 음식이 소화되어 심장에 도달하면 새로운 피가 만들어지고, 이 과정에서 열이 생긴다.
2. 피가 뜨거워지면 심장의 온도가 올라간다.
3. 심장이 뜨거워지면 폐가 팽창하고, 차가운 공기가 몸 안으로 들어온다.
4. 들어온 공기는 심장의 열을 식힌다.
5. 온도가 내려가면 폐는 다시 수축하고, 호흡도 줄어든다.

아리스토텔레스는 이 과정을 통해 몸 안의 열이 지나치게 높아지지 않도록 조절되는 구조가 있다고 보았어요. 오늘날의 말로 표현하면 음성 피드백Negative feedback 개념과 비슷해요. 그는 호흡을 단순히 숨을 쉬는 행위가 아니라, 생명의 열을 조절하는 장치로 이해했어요. 물론 그의 설명은 오늘날의 생리학과는 다르지만, 체온·호흡·영양을 하나의 순환 과정으로 묶어 이해하려 했다는 점에서 중요한 의미를 지녀요. 아리스토텔레스에게 의학은 단순히 병을 고치는 기술이라기보다, 살아 있는 몸이 어떻게 스스로 균형을 이루고 조화롭게 작동하는지를 이해하려는 탐구에 가까웠다고 할 수 있어요.

해부와 생리로 의학을 바꾼 헤로필로스와 에라시스트라투스

프톨레마이오스 왕조 시기의 알렉산드리아는 헬레니즘 세계에서 과학과 의학이 가장 활발히 발전하던 도시였습니다. 이곳에서는 도서관과 박물관Mouseion을 중심으로 철학자, 수학자, 의사들이 함께 연구하며 자연을 체계적으로 이해하려는 시도가 이어졌어요.

이곳에서 활동한 헤로필로스Herophilus와 에라시스트라투스Erasistratus는, 아리스토텔레스의 생리학을 비판적으로 계승·수정하며 고대 의학을 한 단계 발전시킨 인물들로 평가받아요.

[헤로필로스: 뇌와 신경을 발견하다]

'해부학의 아버지'로 불리는 헤로필로스는 소아시아의 칼케돈Chalcedon에서 태어났습니다. 이후 알렉산드리아로 이주해 연구와 진료를 이어 간 그는 인체 구조를 직접 관찰하는 해부학에 깊은 관심을 가졌고, 이를 통해 이전보다 훨씬 정밀한 인체 이해를 시도했지요.

헤로필로스는 정맥과 동맥을 구분하고, 눈·간·생식 기관·췌장 등 여러 장기의 형태와 위

헤로필로스

치를 체계적으로 기록한 것으로 전해져요. 특히 그는 생식 기관에 대해

매우 상세한 기술을 남겼는데, 이 설명은 이후 수 세기 동안 중요한 참고 자료로 활용되었어요.

무엇보다 중요한 업적은 신경계에 대한 연구예요. 헤로필로스는 신경을 혈관이나 힘줄과 명확히 구분했고, 신경이 감각과 운동을 전달하는 통로라는 점을 분명히 했어요. 그는 몸 전체에 퍼진 신경이 뇌로 연결된다는 사실에 주목하며, 뇌가 신체 활동과 감각의 중심 기관이라고 보았지요. 이러한 관점은 심장을 인간의 사고와 통제의 중심으로 여겼던 아리스토텔레스의 견해와는 분명히 다른 것이었어요. 헤로필로스의 연구는 인간의 지각과 운동이 뇌와 신경을 통해 이루어진다는 생각을 의학적으로 뒷받침하는 중요한 전환점이 되었어요.

[에라시스트라투스: 몸을 기계처럼 이해하다]

키오스 출신의 에라시스트라투스는 인체를 보다 기능적인 관점에서 이해하려 한 의사였습니다. 그는 심장을 생명의 열이 만들어지는 장소로 보았던 전통적 관점에서 벗어나, 혈액의 흐름을 조절하는 장치, 즉 펌프와 유사한 기관으로 이해했어요.

또한 에라시스트라투스는 정맥과 동맥의 역할을 구분하려 했습니다. 그는 정맥이 음식

에라시스트라투스

물에서 비롯된 영양을 운반하고, 동맥은 공기 또는 생명력으로 여겨진 프뉴마Pneuma를 전달한다고 보았어요. 오늘날의 혈액 순환 개념과는 다르지만, 혈관마다 서로 다른 기능이 있다는 생각은 당시로서는 매우 의미

있는 접근이었지요. 그는 또한 정맥과 동맥이 어딘가에서 연결되어 있을 가능성을 가정하기도 했어요.

신경에 대해서도 그는 중요한 주장을 남겼습니다. 에라시스트라투스는 신경이 뇌에서 시작되어 몸 전체로 퍼진다고 보았고 감각과 운동이 뇌에서 비롯된다고 설명했어요. 이는 정신 활동과 신체 반응을 뇌와 연결해 이해하려는 관점으로, 이후 신경계 이론의 중요한 토대가 되었지요.

헤로필로스와 에라시스트라투스의 의학은 오늘날 기준으로 보면 불완전하고, 일부 가설은 잘못된 부분도 있습니다. 그러나 두 사람은 직접 관찰과 해부를 통해 인체 구조와 기능을 설명하려 했다는 점, 그리고 질병을 신화나 추상적 원리보다 신체의 구조와 작용에서 이해하려 했다는 점에서 분명한 전환을 이뤘어요. 이들의 연구를 통해 고대 의학은 철학적 추론 중심의 단계에서 벗어나, 해부와 생리라는 구체적 탐구의 영역으로 한 걸음 더 나아가게 되었지요.

알렉산드리아는 그렇게, 의학이 눈으로 보고 손으로 확인하는 학문으로 변해 가던 결정적인 무대가 되었습니다.

의학 지식을 정리해 남긴 켈수스

히포크라테스가 의학의 기초를 세웠다면, 그 지식을 체계적으로 정리해 후세에 전해 준 인물로 켈수스를 빼놓을 수 없습니다. 아울루스 코르넬리우스 켈수스Aulus Cornelius Celsus는 기원전 1세기에서 1세기 초반에 로마에서 활동했던 지식인이자 문필가였어요. 그는 로마의 교양 있는 엘리트 계층에 속한 저술가로, 농업·군사·법률·철학·의학 등 여러 분야의 지식을 정리했지요. 이 가운데 오늘날까지 전해지는 유일한 작품이 바로 의학서 『의학에 관하여De Medicina』예요.

켈수스

『의학에 관하여』는 총 여덟 권으로 구성된 라틴어 의학서로, 서양에서 전해지는 가장 중요한 고대 의학 문헌 중 하나로 평가받아요. 이 책은 그리스 의학 전통, 특히 히포크라테스 학파의 이론과 임상 경험을 로마 사회에 맞게 정리한 결과물이었어요. 중세와 르네상스 시대에 이 책은 의사들에게 표준 교과서처럼 읽히며 큰 영향을 끼쳤지요.

| 1권 — 의학의 역사와 기본 원리

켈수스는 히포크라테스를 포함해 고대 의학자 80명 이상을 언급했어요. 이 가운데 상당수는 오늘날 다른 문헌에서는 이름조차 남아 있지 않아, 이 책이 과거의 이야기가 담긴 중요한 역사적 기록이 되었지요. 그는 의학의 목적과 의사의 태도, 건강 관리의 철학을 설명하며, 운동·식사·목욕·계절에 따른 생활 습관 같은 예방 중심의 건강법을 강조했어요. 또한 건강은 자연과의 조화 속에서 유지된다고 보았고, 의학은 이를 돕는 기술이라고 생각했지요.

| 2권 — 일반 병리학

2권은 병의 원인과 종류, 그리고 질병이 진행되는 과정을 다루고 있어요. 열병, 염증, 종양, 부종처럼 신체 전반에 나타나는 질환들이 중심이에요. 켈수스는 병의 원인을 체액의 불균형으로 설명했지만, 단순한 이론 제시에 그치지 않고 증상에 따른 관찰과 분류를 중시했어요.

| 3권 ─ 특정 질병

3권은 위·간·폐·신장 등 내부 장기별 질환을 구분해 설명했어요. 각 질병의 증상, 경과, 진단 기준을 비교적 상세하게 기록했고, 환자와의 대화, 식이요법, 경과 관찰의 중요성도 함께 다뤘지요.

| 4권 ─ 신체 부위별 질환

4권에서 켈수스는 눈·귀·입·피부·손발 등 신체 부위에 따라 나타나는 질병을 정리했어요. 탈장, 치질, 구내염, 귀통증 등 오늘날 이비인후과·피부과·외과 영역과 겹치는 질환들이 다수 포함돼 있어요.

| 5·6권 ─ 약리학

5권과 6권에서는 식물성·동물성·광물성 약재 약 200종을 소개했어요. 복용 방법과 용량, 배합법, 주의점까지 비교적 체계적으로 설명했지요. 약재를 따뜻한 성질과 차가운 성질, 완화제와 수렴제 등으로 나누는 방식은 당시 의학의 전형적인 분류법이었어요. 켈수스는 약의 효능과 위험성을 함께 인식하며, 치료에는 신중한 판단이 필요하다는 점을 거듭 강조했지요.

| 7권 ─ 외과 수술

7권은 농양 치료, 상처 봉합, 종양 제거, 관절 탈구 정복, 절단 등 외과적 처치에 대해 다루고 있어요. 칼·겸자·바늘 같은 수술 도구와 봉합법, 출혈을 줄이는 방법, 수술 후 관리까지 서술한 점이 특히 중요해요.

| 8권 — 골절과 관절 치료

8권은 골절과 탈구, 관절 손상의 진단과 치료에 대한 내용을 담고 있어요. 뼈를 맞추는 도수 정복, 부목 사용, 회복 과정의 관리까지 다루고 있지요. 이러한 내용은 이후 고대 후기와 중세 유럽 외과술 발전에 중요한 기초 자료가 되었어요.

켈수스는 의학을 단순한 기술로 보지 않았습니다. 그는 의사가 단지 병을 고치는 사람에 그치는 것이 아니라, 환자를 대하는 태도와 책임감, 그리고 상황에 맞는 올바른 판단력을 갖추는 것이 중요하다고 강조했지요. 또한 의사가 냉정함과 절제, 분명한 말, 신중한 손놀림과 담대한 결단력을 갖추어야 한다고 보았어요. 이러한 이상적인 의사상은 중세와 르네상스 시대 의학 윤리에 큰 영향을 주었지요.

고대 의학을 완성한 체계의 설계자, 갈레노스

오늘날 병원에서 이루어지는 진료와 처방, 약물의 조합, 해부학 수업에서 배우는 근육과 신경의 이름까지 그 뿌리를 따라가다 보면, 고대 로마 시대의 한 의사에게 이르게 됩니다. 바로 갈레노스Galen예요.

갈레노스는 고대 그리스와 로마 의학 전통을 종합해 약리학·해부학·

생리학·병리학을 하나의 체계로 정리한 인물입니다. 그의 의학은 이후 중세 유럽과 이슬람 세계에서 오랫동안 기준으로 자리잡아요.

갈레노스

갈레노스는 서기 129년경, 오늘날 튀르키예의 베르가마Bergama, 고대 로마 제국의 페르가몬에서 태어났습니다. 그의 아버지 아엘리오스 니콘은 건축가이자 교양인이었고, 어린 갈레노스에게 글쓰기, 수학, 운동, 독서를 두루 가르쳤어요. 기록에 따르면, 아버지는 아스클레피오스 신전과 관련된 꿈을 꾸고, 아들에게 의학을 배우게 했다고 해요. 그래서 10대 중반의 갈레노스는 신전 의학 전통 속에서 수련을 시작했어요.

당시 의학은 지금과는 달랐습니다. 약초를 이용한 치료나 식이 요법뿐 아니라, 점성술이나 꿈 해석과 같은 방법도 의학의 일부로 여겨졌어요.

아버지가 세상을 떠난 뒤, 갈레노스는 본격적으로 의학을 공부하기 위해 여행에 나섭니다. 그는 스미르나(오늘날 튀르키예의 이즈미르), 코스

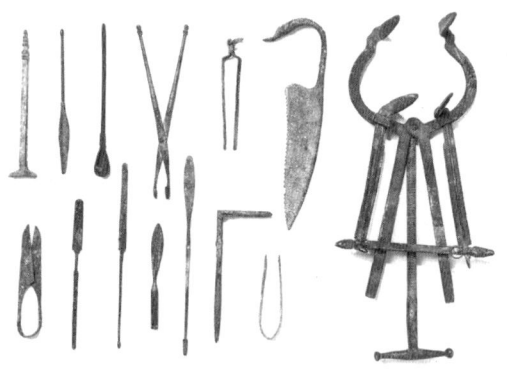

고대 그리스의 외과용 의료 도구들

섬, 알렉산드리아 등 당시 의학으로 유명한 도시들을 돌며 공부했어요. 당시 알렉산드리아는 헬레니즘 세계 최고의 학문 도시였고, 해부와 생리 연구가 비교적 활발했던 곳이에요. 다만 갈레노스가 활동하던 시기에는 인체의 직접 해부가 일반적으로 허용되지 않았기 때문에, 갈레노스는 소·돼지·원숭이 같은 동물을 해부하며 인체 구조를 유추했어요. 이 과정에서 그는 골격, 장기, 신경과 혈관의 구조에 대한 방대한 지식을 쌓았지요.

[훈련소의 의사에서 황제의 주치의로]

20대 후반, 갈레노스는 고향 페르가몬의 검투사 훈련소 의사로 일하게 되었습니다. 검투사들은 극심한 외상과 출혈, 골절을 당하는 경우가 많았고, 빠르고 정확한 처치가 생명을 좌우했지요. 이곳에서 갈레노스는 상처 봉합, 골절 고정, 출혈 관리 같은 외과적 기술을 반복적으로 경험하며 숙련도를 높였어요. 이러한 임상 경험은 이후 그의 이론이 단순한 책 속 지식에 머물지 않게 만든 중요한 기반이 되었지요.

이후 30대 초반, 갈레노스는 로마로 건너가 상류층 환자들을 치료하며 명성을 얻게 됩니다. 결국 그는 황제 마르쿠스 아우렐리우스와 그의 아들 콤모두스의 주치의가 되었어요. 이 시기 그는 강의와 집필을 병행하며 자신의 의학 체계를 본격적으로 정리하기 시작합니다.

[해부와 생리 실험의 확대]

갈레노스는 동물 해부를 통해 정맥과 동맥의 차이, 심장의 구조, 뇌신경의 기능, 장기의 역할을 연구했습니다. 그는 성대를 묶어 발성이 멈추

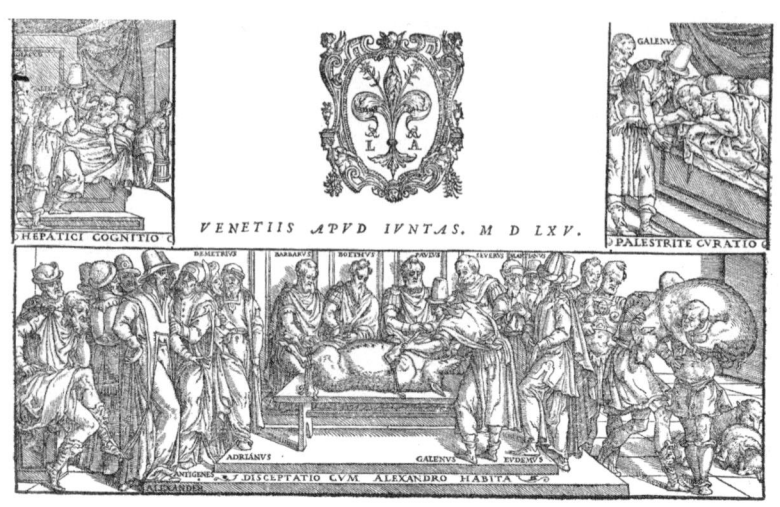

갈레노스의 돼지 해부

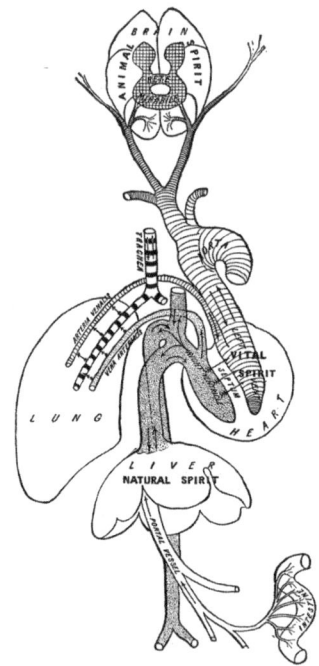

갈레노스의 해부도

는 현상을 관찰하거나, 척수 손상과 운동 기능의 관계를 살피는 실험도 했다고 전해져요. 오늘날 기준으로는 윤리적 문제가 있지만, 당시로서는 기능을 실험적으로 이해하려는 진보적 시도였어요.

[갈레노스 의학 체계의 핵심]

갈레노스는 히포크라테스의 사체액설을 계승하면서, 여기에 세 가지 정기Spiritus 개념을 결합했어요.

- 자연 정기: 간에서 만들어져 성장과 영양을 담당
- 생명 정기: 심장과 폐에서 형성되어 생명 활동을 유지
- 정신 정기: 뇌에서 작용하며 감각과 사고, 운동을 담당

갈레노스가 이해한 생명의 작동 방식

갈레노스는 혈액이 간에서 만들어진다고 보았습니다. 그는 음식물이 소화되어 간에 도달하면, 그곳에서 피가 생성되고 이 혈액이 정맥을 따라 온몸으로 퍼진다고 생각했지요. 또한 만들어진 혈액은 심장의 오른쪽 부분으로 들어간 뒤, 일부는 폐로 보내진다고 여겼어요.

갈레노스는 폐로 들어간 혈액이 공기와 만나면서 더 가볍고 정제된 상태로 변한다고 보았고, 이 과정에서 우주의 생명 기운, 즉 프뉴마가 혈액에 스며든다고 설명했습니다. 이렇게 생명력을 얻은 혈액은 심장의 왼쪽 부분으로 이동해, 동맥을 따라 온몸에 전달된다고 여겼지요. 하지만 갈레노스는 오늘날 우리가 알고 있는 것처럼 혈액이 몸속을 한 바퀴 돌아 다시 심장으로 돌아온다는 개념은 알지 못했어요. 그는 혈액이 한 방향으로 흐르다가 인체의 말단에서 소모된다고 보았지요. 또 심장의 오른쪽과 왼쪽을 나누는 두꺼운 근육벽 사이에는 눈에 보이지 않는 작은 구멍이 있어, 혈액이 그 틈을 통해 이동한다고 믿었어요.

이러한 설명은 오늘날의 의학과는 다르지만, 당시로서는 혈액·호흡·생명을 하나의 체계로 묶어 이해하려 한 정교한 이론이었어요. 갈레노스의 이 학설은 이후 중세 유럽과 이슬람 세계에서 오랫동안 의학의 기준으로 받아들여졌답니다.

그는 음식이 위와 장을 거쳐 간에서 피로 바뀌고, 그 피가 정맥을 따라 퍼진다고 보았어요. 심장은 혈액을 데워 생명력을 유지하는 기관으로 이해했지요. 혈액이 몸 안을 순환한다는 개념은 아직 알지 못했기 때문에, 혈액은 말단에서 소모된다고 생각했어요. 또한 심장 좌우를 나누는 벽에 미세한 구멍이 있다고 믿었어요.

갈레노스는 체액의 균형이 깨지면 병이 생긴다고 보았어요. 이 생각에 따라 열이 많으면 사혈을 하고, 몸이 차면 따뜻하게 하는 치료가 널리 사용되었지요. 그는 정맥과 동맥의 차이를 분명히 인식했고, 심장 판막의 존재도 관찰했어요.

갈레노스는 매우 많은 의학·철학 책을 남겼습니다. 정확한 수는 알 수 없지만, 수백 편에 이르는 글을 썼다고 전해져요. 그중 일부는 사라졌지만, 해부학·생리학·약리학·치료법을 다룬 중요한 저작물들은 중세 시대까지 전해졌어요. 이 책들은 비잔티움 제국과 이슬람 세계에서 보존되고 번역된 뒤, 다시 라틴어로 옮겨져 중세 유럽의 의과 대학에서 교과서처럼 읽혔지요.

이처럼 갈레노스의 의학은 오랫동안 '정답'처럼 받아들여졌습니다. 그 덕분에 의학 지식이 체계적으로 전해질 수 있었지만, 한편으로는 그의 이론에 담긴 오류가 오랫동안 바로잡히지 못하는 결과도 낳았어요. 그럼에도 갈레노스는 고대 의학의 생각과 지식을 하나의 큰 틀로 정리한 인물로, 의학의 역사를 이해하는 데 빠질 수 없는 중요한 인물이에요.

관찰과 해부로 시작된 생물학

히포크라테스
- 사원소설에서 영향을 받은 사체액설
- 병은 나쁜 공기에서 생긴다는 독기 이론

헤로디쿠스
- 운동과 의학을 엮은 처방
- 생활 관리로 건강을 지키려 함.

아리스토텔레스
- 사원소설을 받아들이고 원소의 성질에 주목함.
- 생물학_ 관찰과 비교, 기준에 따른 분류
- 의학_ 살아 있는 몸이 균형을 유지하는 원리 탐구

헤로필로스
- 뇌와 신경을 구분함.
- 신경은 감각과 운동을 전달하는 통로

에라시스트라투스
- 심장은 혈액의 흐름을 조절하는 장치
- 정맥과 동맥의 구분
- 신경은 뇌에서 시작해 몸 전체로 퍼진다.

켈수스
- 『의학에 관하여』
- 의사의 성품과 책임, 판단력 강조

갈레노스
- 세 가지 정기(자연, 생명, 정신)
- 해부 실험으로 신경, 근육, 장기의 기능을 체계적으로 설명함.
- 중세 유럽 의학의 기반이 됨.

3장

중세 의학과 생물학의 계승

고대 자연학을 계승해 기록한 중세 이슬람 동물학 삽화(13세기)

정교수의 pick

◆ 아리스토텔레스 ◆ 알 자히즈 ◆ 알 자흐라위
◆ 갈레노스 ◆ 해부학 ◆ 비잔티움 제국
◆ 살레르노 의학 학교 ◆ 중세 외과학

사라지지 않은 고대의 지식

중세 시대는 일반적으로 서양 역사에서 서로마 제국의 몰락 이후부터 르네상스가 본격화되기 전까지, 약 천 년을 가리킵니다. 대략 5세기부터 15세기 말까지를 중세 시대라고 부르지요. 이 시기는 '어둠의 시대' 또는 '암흑기'라고 불리기도 했지만, 실제로는 유럽 사회와 문화가 새로운 질서를 세워 가던 긴 전환기였어요.

중세 시대를 거치며 유럽 사회는 큰 변화를 겪습니다. 그 과정에서 학문의 모습도 달라졌어요. 특히 중세의 생물학은 오늘날처럼 실험과 수치로 검증하는 과학은 아니었지만, 고대의 지식을 보존하고 해석하며 삶에 적용하려는 노력을 이어가고 있었지요. 사람들은 생명 현상에 대해서도, 아리스토텔레스나 갈레노스 같은 고대 학자의 권위 있는 저술을 바탕으로 이해했어요. 특히 이 시기에는 자연을 관찰하는 학문이 주로 철학과 신학의 틀 안에서 이루어졌는데, 교회의 영향력이 컸기 때문이에요.

또한 동식물의 특징은 단순한 생물학적 정보가 아니라, 신의 창조 질서와 섭리를 드러내는 증거로 여겨졌습니다. 생물학 역시 오늘날처럼 독립된 학문이라기보다, 의학·약초학·신학과 얽힌 실천적 지식에 가까웠어요. 이런 점에서 중세의 생물학은 실험적·분석적 과학이라기보다, 고대 지식과 종교적 해석을 토대로

자연을 이해하고 인간의 삶에 적용하는 실용적 학문이었다고
볼 수 있어요.

이슬람 세계의 생물학

같은 시기, 지중해의 다른 한쪽에서는 전혀 다른 흐름이 이어지고 있
었습니다. 바로 이슬람 세계예요. 7세기 이후 등장한 이슬람 문명에서는
지식을 탐구하는 태도 자체가 중요한 가치로 여겨졌어요. 예언자 무함
마드의 가르침을 담은 〈쿠란〉은 신앙서를 넘어, 지식을 추구하고 세상을
이해하는 태도 자체를 신앙의 일부로 삼았어요. 자연을 단순한 배경이
아니라, 창조주의 질서를 보여 주는 대상으로 이해했고, 하늘과 땅, 동식
물과 인간의 몸을 관찰하는 행위는 신의 지혜를 이해하는 길로 받아들여
졌지요. 이런 문화적 분위기 속에서 생물학과 의학은 활발히 발전할 수
있었어요.

예를 들어, 〈쿠란〉에는 이런 구절들이 있습니다.

"그들은 낙타가 어떻게 창조되었는지를 보지 못하느냐?"〈쿠란〉, 88:17
"그분은 사람을 한 방울의 정액에서 창조하셨으매" 〈쿠란〉, 16:4
"그곳에서 물과 목초지를 나오게 하셨노라." 〈쿠란〉, 79:31

이러한 쿠란의 구절들은 단순한 비유가 아니라, 생명과 자연을 성찰하
고 관찰하라는 내용으로 이해되기도 했어요. 이런 분위기는 중세 이슬람

세계에서 자연과 인간의 몸을 탐구하는 학문이 발전하는 데 중요한 문화적 배경이 되었지요.

이슬람 동물학의 선구자, 알 자히즈

이라크 남부의 바스라에 생선을 팔던 한 소년이 있었습니다. 비록 그 소년은 가난했지만, 매일 책을 읽었고, 질문을 멈추지 않았어요. 그 아이의 이름은 알 자히즈Al-Jahiz예요.

알 자히즈는 특히 자연을 관찰하는 능력이 뛰어났어요. 그는 『동물의 서Kitāb al-Ḥayawān』라는 방대한 저술을 남겼는데, 이 책에는 수백 종이 넘는 동물들의 생태와 습성, 살아가는 환경, 그리고 서로 먹고 먹히는 관계인 먹이 사슬까지 자세하게 담겨 있어요. 알 자히즈는 동물을 단순히 나열한 것이 아니라, 환경이 생물의 행동과 생김새에 어떤 영향을 주는지에 주목했고, 이를 통해 먹이를 얻는 방식, 포식자와 피식자의 관계, 기후와 생존 조건 사이의 연결을 설명하려 했어요. 특히 생물들이 살아남기 위해 서로 경쟁하고, 주변 환경에 맞게 변화하며 적응한다고 보았다는 점은 매우 인상적이지요.

알 자히즈

알 자히즈는 책에서 환경에 따라 동물의 행동과 특징이 달라질 수 있으며, 이는 생존과 깊이 관련된다고 생각했어요. 비록 오늘

조류에 관한 그림

『동물의 서』와 알 자히즈

날의 진화론과는 약간 다르지만, 생물과 환경의 관계를 이해하려는 매우 이른 시도 가운데 하나로 평가되고 있지요.

특히 조류에 관한 연구에서 그는 매와 독수리는 어떻게 사냥하는지, 비둘기나 제비는 왜 무리를 짓는지, 부리 모양과 먹이의 관계, 둥지 짓는 장소와 새끼 돌보는 방식은 어떠한지 등 관찰 내용을 아주 자세히 기록했어요. 이러한 기록은 중세 이슬람 세계에서 이루어진 생물 연구의 높은 수준을 보여 주는 사례라 할 수 있지요.

해부학과 의학을 통해 발전한 생물학

이슬람 세계에서는 인간의 시신을 존엄한 존재로 여기며 함부로 훼손하지 않으려는 문화적·종교적 인식이 자리 잡고 있었습니다. 이 때문에 인체 해부는 제한적으로 이루어졌지요. 하지만 의사들은 동물 해부와 환자에 대한 임상 관찰, 의학적 추론을 통해 인체 구조와 작동 원리를 파악하려 했어요.

[이슬람 외과학 선구자 알 자흐라위]

알 자흐라위Al-Zahrawi는 10세기 중반, 오늘날 스페인에 해당하는 안달루시아의 코르도바에서 태어났어요. 이곳은 이베리아반도의 이슬람 통치 지역이었지요. 의사였던 그는 30년 넘게 환자를 돌보며 얻은 경험을 바탕으로, 30권 분량의 종합 의학서 『의료의 방법Al-Tasrif』을 썼어요.

알 자흐라위는 사람의 몸을 직접 해부하기보다, 동물을 해부해 얻은 지식과 환자를 진료하며 관찰한 경험, 그리고 논리적인 생각을 바탕으로 인체의 구조와 기능을 이해하려 했습니다. 그는 이 책에 뼈대의 구조와 장기의 위치, 출혈이 일어나는 부위, 신경이 손상되었을 때 나타나는 증상 등을 자세히 기록했어요. 특히 주목할 점은 책에 약 200종이 넘는 외과 도구의 그림이 실려 있다는 사실이에요. 메스와 바늘, 겸자, 소작기, 사혈 기구 등은 오늘날의 기준으로 보아도 매우 정교하게 설계되어 있었지요. 이러한 도구들의 세밀한 구분과 용도 설명은 알 자흐라위가 외과 수술을 하나의 전문 분야로 생각하고 있었음을 잘 보여 줘요.

알 자흐라위

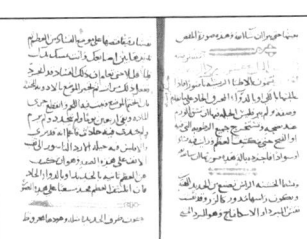

『의료의 방법』 중 외과학을 다룬 부분

[이슬람의 위대한 의사 이븐시나]

알 자흐라위 이후에도 의학 지식을 종합하려는 흐름은 계속 이어집니다. 980년경, 페르시아 부하라 근처의 작은 마을, 그곳에서 한 소년이 태어났어요. 그의 이름은 이븐시나Ibn Sina로, 훗날 이슬람 세계에서 가장 영향력 있는 의학자 가운데 한 명으로 성장해요. 그는 유럽에서 아비센나Avicenna라는 이름으로 알려졌으며, 히포크라테스, 갈레노스와 함께 고전 의학 전통을 대표하는 인물로 존경받지요.

이븐시나는 젊은 나이에 사만 왕국의 군주가 앓던 병을 치료하며 명성을 얻었습니다. 그 공으로 왕실 도서관에 자유롭게 출입할 수 있는 허가를 받았고, 이후 왕의 주치의 자리까지 오르게 되었지요. 그는 이곳에서 고대의 의학서와 철학서를 폭넓게 읽으며 의학과 철학 전반에 걸친 깊은 지식을 쌓았습니다.

이븐시나

그러나 사만 왕국이 멸망하면서 그의 삶은 크게 달라졌습니다. 이븐시나는 이후 여러 지역을 떠돌며 살아야 했고, 초청을 받아 머물던 곳에서 정치적 혼란에 휘말리기도 했어요. 때로는 군주가 폐위되기도 했고, 주변의 시기와 질투로 인해 감옥에 갇히는 일도 있었습니다.

그럼에도 이븐시나는 학문을 포기하지 않았습니다. 그는 유랑 생활과 갖은 시련 속에서도 질병과 생명, 육체와 영혼의 관계를 꾸준히 탐구했고, 그 성과를 집대성해 『의학 정전The Canon of Medicine』이라는 책으로 완성합니다. 이 책은 중세 의학 지식을 체계적으로 정리한 저술로, 이후 이슬람 세계는 물론 유럽 의학의 발전에도 큰 영향을 끼쳤어요.

『의학 정전』은 총 다섯 권으로 구성되어 있어요. 제1권에서는 의학의 기본 원리와 인체의 구조, 건강과 질병에 대한 전반적인 이론을 다루었고, 제2권과 제3권에서는 약물과 개별 질병의 원인, 증상, 치료법을 체계적으로 정리했지요. 제4권에서는 전염병과 외과적 처치, 부상과 골절을 다루었으며, 제5권에서는 여러 약재를 조합한 복합 약물의 사용법을 설명합니다.

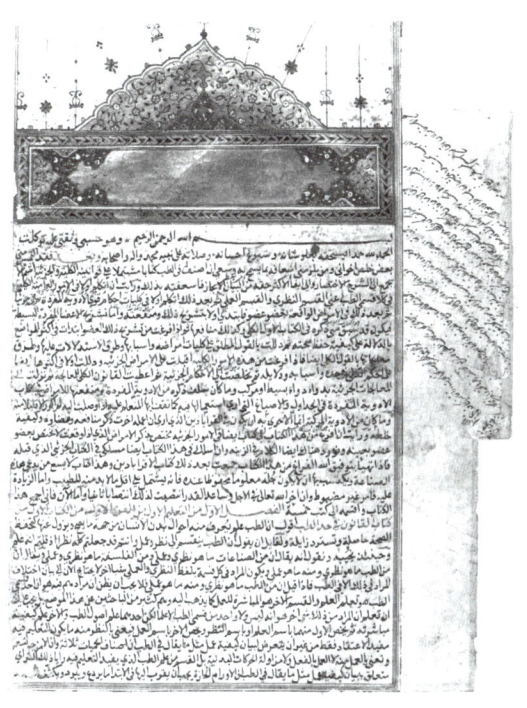

이 책의 가장 큰 특징은 방대한 의학 지식을 단순히 나열하지 않고, 원리와 분류에 따라 알기 쉽게 정리했다는 점입니다. 이븐시나는 고대 그리스 의학 전통을 계승하면서도 자신의 임상 경험을 바탕으로 내용을 보완했고, 이를 통해 의학을 하나의 체계적인 학문으로 정립하려 했습니다. 그 결과 『의학 정전』은 중세 이슬람 세계에서 표준 의학서로 자리 잡았을 뿐 아니라, 이후 라틴어로 번역되어 유럽의 의과 대학교에서도 오랫동안 교과서로 사용되었어요.

『의학 정전』은 대체로 다음과 같은 주제를 다루고 있습니다.

| 제1권

의학 총론: 의학의 정의와 목적, 히포크라테스의 체액설, 갈레노스의 해부학 이론, 진맥, 소변 관찰, 질병 분류 체계, 사혈 요법, 소작법, 장세척 등 치료 기법, 보건 위생과 예방법 등을 다룸.

| 제2권

약초와 약물 백과: 약 800종의 자연 약물의 성질, 효능, 복용량 등을 다룸.

| 제3권

인체 각 부위의 질병: 뇌, 심장, 폐, 간, 위, 장 등 기관별 질병 원인·증상·치료법에 대해 다룸.

| 제4권

전신 질환: 발열, 유행성 질환, 만성병, 피부병, 골절, 탈구, 외상 치료에 관한 내용을 다룸.

| 제5권

복합 처방과 조제법: 다양한 약제 배합법과 맞춤형 처방, 병의 증상과 체질에 따른 약 조합 원리, 약의 보관법, 복용 시기, 독성 중화 방법 등을 다룸.

특히 이븐시나는 질병을 진단할 때 '맥'을 가장 중요하게 여겼습니다. 그는 맥의 움직임을 통해 몸의 상태를 파악할 수 있다고 보았고, 맥박의 속도와 강도, 규칙성을 종합해 병의 성격을 판단하려 했어요. 또한 맥이 짚이는 부위를 여러 곳으로 나누어 설명했는데, 그 분류 방식은 중국 서진 시대의 의사 왕숙화가 지은 『맥경』의 내용과 비슷한 부분이 많았다고 해요.

이븐시나는 맥박이 심장과 몸의 상태를 보여 주는 중요한 단서라고 보았고, 맥의 속도와 강도, 규칙성의 차이를 통해 질병의 성격을 파악하려 했어요.

바꿔 말하면, 이븐시나는 맥박을 통해 병의 원인과 상태를 진단할 수 있다고 본 거예요.

갈레노스를 넘어선 첫 발견, 폐순환

우리는 피가 심장을 돌고, 폐를 거쳐, 온몸을 순환한다는 걸 당연하게 생각합니다. 하지만 이 사실이 완전히 밝혀지기까지는 수백 년의 시간이 걸렸어요. 그 첫 단서를 제시한 사람은 유럽인이 아닌 13세기 시리아의 의사, 이븐 알 나피스Ibn al-Nafis예요.

고대 이후 오랫동안 사람들은 갈레노스의 혈액 이론을 믿고 있었습니다. 그는 심장 오른쪽과 왼쪽 사이에 작은 구멍이 있

이븐 알 나피스

어 혈액이 그곳을 통해 이동한다고 설명했어요. 하지만 이븐 알 나피스는 해부를 통해 이를 다시 살펴보았습니다. 그 결과, 그런 구멍은 실제로 존재하지 않는다고 분명하게 밝혔어요. 대신 그는 혈액이 오른쪽 심장에서 폐로 이동한 뒤, 다시 왼쪽 심장으로 돌아온다고 설명했지요. 이것이 바로 오늘날 말하는 '폐순환Pulmonary circulation'개념에 해당해요. 이 발견은 근대 생리학이 발전하는 데 중요한 전환점이 되었답니다.

비잔티움 제국의 의학과 병원 제도

서기 285년, 로마 황제 디오클레티아누스는 나라를 동서로 나누어 두 명의 황제가 다스리게 합니다. 로마 제국의 영토가 너무 넓어 한 명의 황제만으로는 다스리기가 어려웠기 때문이에요. 이후 395년, 테오도시우스 1세가 사망한 뒤 제국은 동서로 사실상 영구 분리됩니다.

서기 476년, 서로마 제국이 게르만족 출신의 장군 오도아케르에 의해 멸망합니다. 이후 로마 제국의 전통은 동로마 제국, 즉 비잔티움 제국으로 이어져요. 수도인 콘스탄티노플은 유럽과 아시아, 이슬람과 기독교, 고대와 중세가 만나는 지식의 교차로로 기능했는데, 이곳에서 수많은 학자와 의사들이 모여 지식을 나누었어요.

또한 병원이 오늘날과 같은 체계적인 공공 의료 기관의 형태로 자리 잡기 시작한 곳도 비잔티움 제국이었습니다. 기독교의 자선과 돌봄의 정신에 따라 설립된 병원들은 이전보다 훨씬 더 넓은 계층의 환자들을 수용하며 치료와 간호를 제공하는 공간으로 발전했지요. 그 이전까지 의학적 치료는 주로 부유층이 개인 의사를 고용하거나 제한된 요양 시설을 이용하는 방식이었지만, 병원의 확산과 함께 의료는 점차 특정 계층의 특권이 아니라 사회 전체를 위한 돌봄의 영역으로 인식되기 시작했어요.

중세 유럽의 의학

중세 유럽의 의학은 여러 요인으로 인해 지역·시기별 편차가 컸고, 고대 권위에 의존하는 경향도 강했습니다. 하지만 12세기 무렵부터 번역을 통한 지식이 유입되기 시작하면서 변화가 시작돼요. 이런 흐름에서 이탈리아 살레르노에는 중세 유럽을 대표하는 의학 교육 기관인 스콜라 메디카 살레르니타나Schola Medica Salernitana가 등장합니다.

이 학교는 9세기경, 살레르노의 한 수도원의 작은 진료소에서 시작합

스콜라 메디카 살레르니타나

환자의 소변을 검사하는
콘스탄티누스 아프리카누스

더알아보기

여성에게 배움과 실천의 문을 열어 준 살레르노 의학 학교

살레르노 의학 학교의 위상은 여성에게도 의학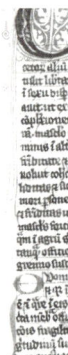
을 배울 수 있도록 해 주었다는 점에서 매우 특별합니다. 중세
유럽 사회에서 여성은 대부분 교육을 받지 못했어요. 하지만 이
곳에서는 여성들이 직접 의학을 배우고 임상에 참여할 수 있었
지요. 이름을 남긴 여러 여의사 가운데 가장 빛나는 이름은 바로
트로타Trota입니다. 그녀는 실제 환자를 진료한 경험을 바탕으로
책을 남긴 인물이에요. 특히 산부인과 분야에서 전문적인 지식
을 갖고 있던 트로타는 여성 질환과 신체 변화, 치료법 등을 연
구했지요. 그녀의 책은 중세 유럽에서 여성 의학을 다룬 중요한
문헌으로 널리 읽히며 참고 자료로 활용되었어요.

니다. 수도사들은 병자들을 돌보면서 치료 경험과 지식을 축적했고, 이러한 실천적 지식이 점차 체계적인 의학 교육으로 발전해 나간 거예요.

11세기 후반, 살레르노에 한 인물이 도착하면서 이 전통은 새로운 국면을 맞습니다. 바로 북아프리카 출신의 의사이자 번역가인 콘스탄티누스 아프리카누스Constantinus Africanus예요. 그는 아랍어로 쓰인 수많은 의학 서적들을 라틴어로 번역했어요. 덕분에 이슬람 의학과 고대 그리스-로마 의학이 유럽에 본격적으로 소개되었고, 이는 중세 유럽 의학 교육의 내용과 수준을 크게 바꾸어 놓았어요. 이 과정에서 살레르노는 '히포크라테스의 도시Hippocratica Civitas'라는 별명을 얻게 되지요.

살레르노 의학의 특징은 단순히 병을 고치는 것보다 건강을 지키는 것에 초점을 뒀다는 점이에요. 식사와 수면, 운동, 감정의 균형 같은 일상적 요소가 건강을 좌우한다고 보았지요. 이런 관점은 건강 관리법을 라틴어 시로 적은 살레르노 의학 규칙집Regimen Sanitatis Salernitanum에도 잘 나타나요.

"음식은 절제하고, 공기는 신선하게, 잠은 규칙적으로, 운동은 적절히 하라.
의사가 필요 없으리라."

이러한 생활 지침은 중세 유럽 전역에 널리 읽히며 예방의 가치를 각인시키는 역할을 했습니다.

이발사에서 외과 의사로

중세 유럽 사람들은 병이 들면 약초를 먹거나 기도를 드리는 방식으로 치료를 받았습니다. 하지만 전쟁이나 사고로 칼에 베이거나 화살에 맞는 등의 외상은 그렇게 해결되지 않았지요. 이때 필요한 것이 바로 외과였어요. 상처를 씻고, 고름을 빼고, 피를 멎게 하고, 찢어진 살을 꿰매는 일은 '지금 당장 손으로 해야 하는 치료'였으니까요.

그런데 중세 유럽에서 외과는 '학문'이라기보다 '손기술'로 여겨지는 경우가 많았습니다. 의학 이론을 공부한 학자 집단이 위에 있고, 몸을 직접 다루는 일은 장인이나 기술자의 영역으로 내려가는 분위기가 있었던 거예요. 그래서 실제 현장에서는 이발사 외과 의사Barber-Surgeon가 머리를 자르고 수염을 다듬는 일과 함께, 사혈·발치·농양 배출·상처 봉합 같은 처치를 맡는 경우도 있었어요. 오늘날 기준으로 보면 놀랍지만, 당시엔 '손으로 하는 의료'가 그런 방식으로 분리되기도 했답니다.

외과가 제도적으로 정리되지 않았던 만큼 문제도 많았습니다. 13세기 후반 파리에서는 도구만 있으면 누구나 외과 의사 행세를 하며 사람을 치료할 수 있었고, 부작용과 사고도 잦았습니다. 결국 파리의 행정 당국은 경험 많은 외과 의사들 가운데 일부를 선발해, 다른 외과 의사들의 자격을 심사하고 평가하도록 했어요. 즉, 외과는 오랫동안 '천한 기술'로 취급되기도 했지만, 동시에 사회가 복잡해질수록 관리와 교육, 자격을 갖춘 외과가 필요해지는 방향으로도 움직였던 거예요.

한편, 인체 구조를 이해하는 데 핵심적인 해부는 오랫동안 제한적이었습니다. 중세 유럽 사회에서는 인간의 시신을 훼손하는 일을 조심스럽게

중세부터 이어진 이발사 외과 의사의 전통을 보여 주는 17세기 판화

여겼고, 종교적·윤리적 이유로 해부는 매우 제한적으로 이루어졌지요. 하지만 13세기 후반부터 변화가 나타났습니다. 이탈리아의 볼로냐 대학교와 프랑스의 파리 대학교에서 해부학 교육이 도입되기 시작한 거예요. 특히 볼로냐 대학교에서는 13세기 말부터 교수와 학생이 함께 참여하는 공공 해부 수업이 열렸습니다. 해부에 사용된 시신은 주로 처형된 죄수였는데, 반드시 공식적인 허가를 받아야 했어요. 이곳에서 활동한 의사 문디노 데 루치Mondino de' Luzzi는 1315년에 공개 해부 강의를 열었고, 이 경험을 바탕으로 1316년, 『아나토미아Anathomia』를 펴냅니다. 이 책은 중세 유럽 해부학 교육에 큰 영향을 주었고, 이후 유럽 의학이 몸을 직접 관찰하는 방향으로 나아가는 중요한 전환점이 되었답니다.

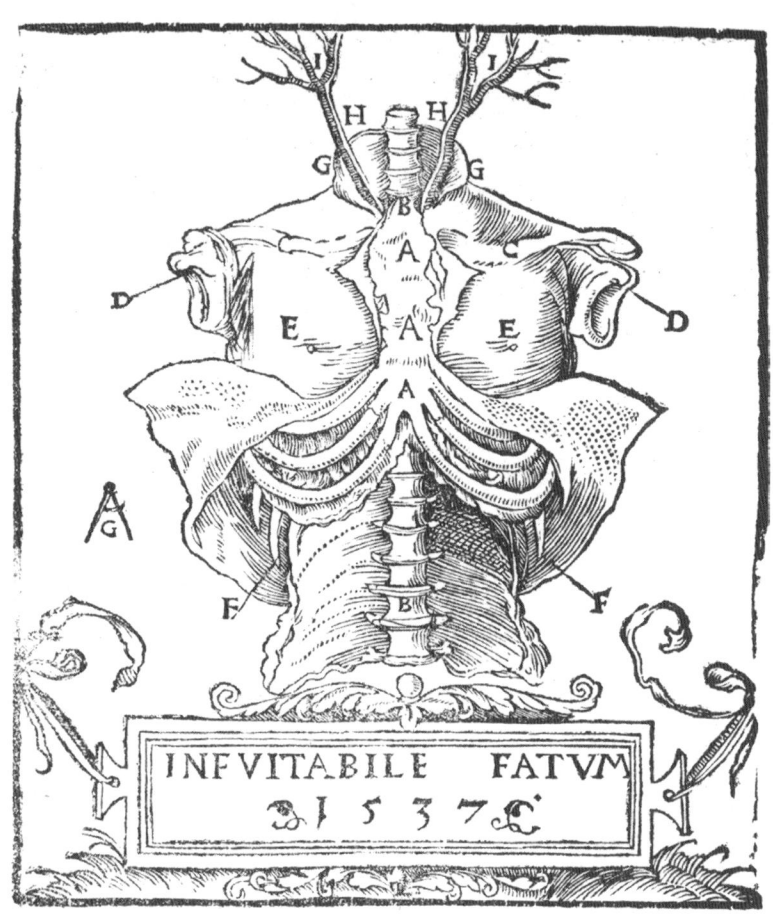

『아나토미아』에 수록된 삽화

14세기, 외과를 관리하고 해부학을 교육하려는 움직임에 힘입어, 외과의 지위를 근본적으로 바꾼 인물이 등장합니다. 바로 프랑스의 의사 기드 숄리아크Guy de Chauliac예요. 기 드 숄리아크는 외과 수술에 깊은 관심을 가졌던 의사였습니다. 그 이전까지 외과는 이론적인 바탕이 부족한 채, 단순히 몸을 자르고 치료하는 기술로 여겨지는 경우가 많았어요. 하지만 그는 외과 역시 해부학과 의학 이론, 그리고 임상 경험에 바탕을 두어야 한다고 보았지요. 이러한 생각을 바탕으로 그는 자신의 연구와 치료 경험을 종합해 『외과학 대전Chirurgia Magna』을 집필합니다.

외과 수술의 원리부터 골절과 장기 손상, 감염과 상처 치료에 이르기까지 내용을 체계적으로 정리한 『외과학 대전』은 곧 중세 유럽에서 가장 권위 있는 외과 교과서로 자리 잡습니다. 이후 수백 년 동안 유럽 의사들의 표준 교과서처럼 활용되었지요.

14세기 중반, 유럽 전역에 흑사병이 퍼졌을 때도 그는 현장을 떠나지 않았어요. 많은 의사가 감염을 피해 도시를 떠나거나 목숨을 잃었지만, 그는 아비뇽에 남아 환자 곁을 지켰지요. 그는 환자들의 증상을 면밀히

기 드 숄리아크
•1300년경: 프랑스 남부 숄리아크에서 태어남.
•1320년대: 몽펠리에와 볼로냐 대학교에서 의학과 해부학을 공부함.
•1340년대: 교황의 주치의로 임명되어 아비뇽 교황청에서 의료 활동을 함.
•1348년: 흑사병 대유행 당시 감염 위험을 무릅쓰고 환자를 돌보며 임상 기록을 남김.
•1363년: 대표 저서 『외과학 대전』 완성, 이후 수 세기 동안 유럽 외과학의 표준 교과서로 사용됨.
•1368년: 아비뇽에서 사망함.

살피며 병의 진행 과정을 기록했고, 흑사병이 서로 다른 형태로 나타난다는 점에도 주목했어요. 이러한 관찰과 기록은 훗날 의학사 연구에서 중요한 자료로 평가받고 있지요.

기 드 숄리아크의 가장 큰 업적은 외과를 단순한 기술에 머무르게 하지 않고, 이론과 관찰, 그리고 임상 경험이 함께 어우러진 하나의 의학 분야로 체계화했다는 데 있어요. 그의 저술은 외과 치료를 체계적으로 설명하며 외과의 지위를 높였고, 이후 외과가 대학교 의학 교육 속으로 편입되는 데 중요한 영향을 주었지요.

이처럼 중세의 생물학은 오늘날 기준으로 보면 많은 오류를 안고 있었어요. 실험은 제한적이었고, 고대의 권위는 쉽게 의심되지 않았지요. 하지만 그럼에도 불구하고 이 시기는 지식이 끊어진 것이 아니라, 서로 다른 지역과 문화 사이를 오가며 이어지고 전해지던 시대였어요. 이슬람 세계에서는 관찰과 의학을 통해 생명에 대한 이해가 확장되었고, 비잔티움 제국에서는 고대의 기록이 보존되었으며, 중세 유럽은 번역과 교육을 통해 다시 관찰의 문을 열었어요. 이렇게 쌓인 지식과 질문들은 르네상스 이후, 해부학·생리학·실험 과학으로 이어지게 돼요. 중세는 과학의 공백이 아니라, 근대 생물학으로 건너가기 위한 다리였던 셈이지요.

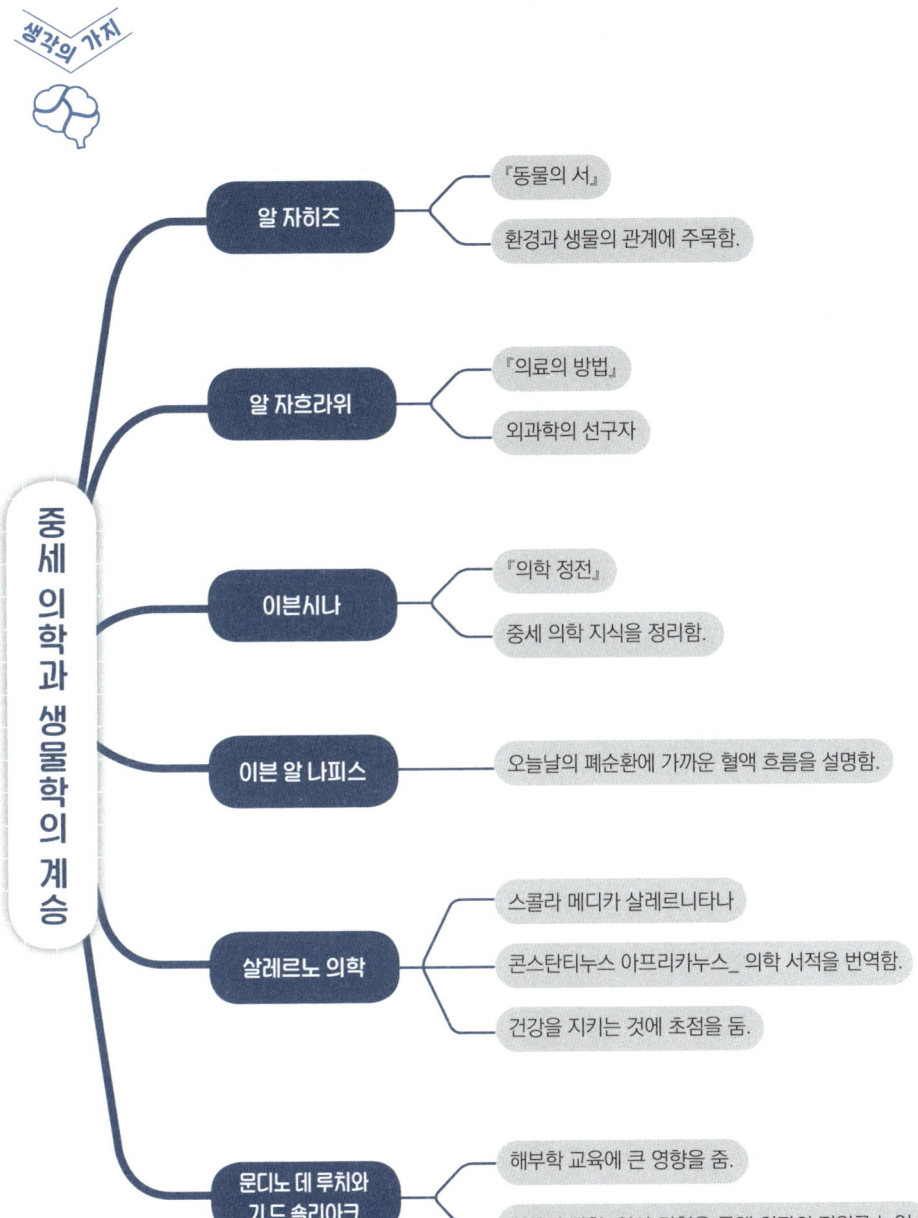

생각의 가지

중세 의학과 생물학의 계승

알 자히즈
— 『동물의 서』
— 환경과 생물의 관계에 주목함.

알 자흐라위
— 『의료의 방법』
— 외과학의 선구자

이븐시나
— 『의학 정전』
— 중세 의학 지식을 정리함.

이븐 알 나피스
— 오늘날의 폐순환에 가까운 혈액 흐름을 설명함.

살레르노 의학
— 스콜라 메디카 살레르니타나
— 콘스탄티누스 아프리카누스_ 의학 서적을 번역함.
— 건강을 지키는 것에 초점을 둠.

문디노 데 루치와
기 드 솔리아크
— 해부학 교육에 큰 영향을 줌.
— 이론과 관찰, 임상 경험을 통해 외과의 지위를 높임.

4장

르네상스, 실험 의학의 시작

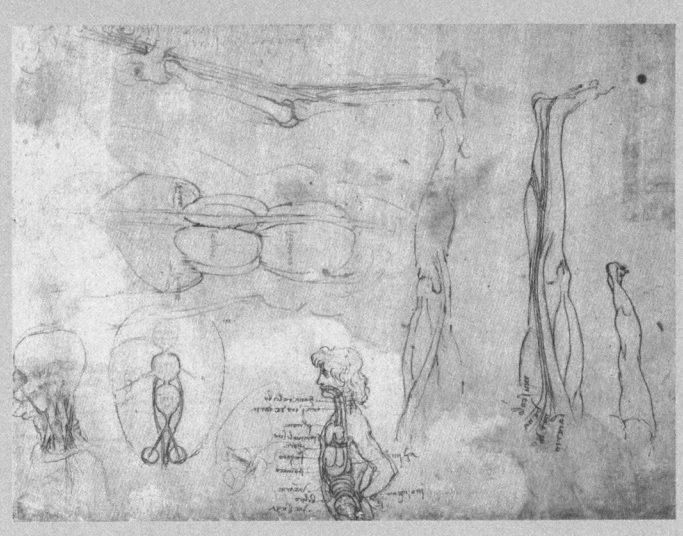

레오나르도 다빈치가 그린 다리 근육 해부 연구 스케치

정교수의 pick

◆ 레오나르도 다빈치 ◆ 해부학 ◆ 파라켈수스
◆ 연금술 ◆ 베살리우스 ◆ 해부 극장
◆ 윌리엄 하비 ◆ 혈액 순환

자연을 다시 보기 시작하다

르네상스Renaissance는 프랑스어로 '부활' 또는 '재탄생'을 뜻합니다. 이는 중세의 신 중심 세계관에서 벗어나, 인간과 자연을 새롭게 바라보려는 정신의 부활을 의미했지요. 이 시기 사람들은 자연을 단순히 신의 피조물이 아니라 관찰하고 이해할 수 있는 생명 세계로 인식하기 시작했습니다. 이 변화의 중심에는 예술과 과학이 함께 있었어요. 르네상스 시대의 예술가들은 그림을 그리는 데서 멈추지 않고, 자연과 인간의 몸을 직접 관찰하며 그 구조와 원리를 이해하려 했지요. 생물학 역시 이 흐름 속에서 새로운 출발을 하게 됩니다.

그 중심에는 레오나르도 다빈치가 있었습니다. 다빈치는 화가이자 해부학자였어요. 그의 노트에 남겨진 수많은 해부 그림과 관찰 기록은 예술이자 실험이었고, 관찰과 사유가 하나로 이어졌던 르네상스 정신의 결정체였지요. 다빈치에게 자연은 신비로운 대상이 아니라, 관찰을 통해 이해할 수 있는 법칙의 체계였습니다. 그가 남긴 이러한 생물학적 시선은 이후 과학의 시대를 여는 중요한 출발점이 되었고, 르네상스는 그 빛이 처음 깨어난 '자연의 부활'의 시대였다고 할 수 있어요.

르네상스 시대와 다빈치

르네상스 시대는 중세를 지나 사람들이 스스로 생각하고, 직접 관찰하고, 새롭게 표현하려 한 시대였습니다. 14세기 후반 이탈리아에서 시작돼 16세기 유럽 전역으로 퍼졌고, 예술, 과학, 철학, 해부학, 정치, 교육 등 많은 영역에 깊은 영향을 미쳤지요. 르네상스를 떠올리면 아마 가장 먼저 예술이 생각날 거예요. 이 시대의 예술은 단지 아름다움을 위한 장식이 아니었어요. 사람의 몸과 자연을 얼마나 정확히 이해하느냐가 표현의 핵심이 되었고, 그 과정에서 해부학과 관찰이 중요한 역할을 하게 되었지요.

다빈치는 젊은 시절 피렌체의 조각가이자 화가였던 안드레아 델 베로키오의 공방에서 훈련을 받았다고 알려져 있어요. 그곳에서 예술가들은 인체를 더 사실적으로 표현하기 위해 몸의 구조를 익히려 했고, 다빈치역시 정확히 관찰하려는 습관을 기르게 되었지요. 그는 팔과 어깨, 다리처럼 움직임이 드러나는 부위를 유심히 관찰했고, 근육과 힘줄이 어떻게 연결되어 동작을 만드는지에 관심을 키워 갔어요. 예술이 관찰에서 시작된다는 감각은, 곧 해부학적 호기심으로 이어졌지요.

레오나르도 다빈치는 예술가로서 명성을 얻은 뒤, 피렌체의 산타 마리아 누오바 병원에서 시신을 해부할 기회를 얻습니다. 이후 그는 밀라노와 로마에 머무는 동안에도 병원과 연계해 해부 연구를 이어 갔어요. 이러한 경험은 그의 예술과 과학적 탐구를 한층 더 깊게 만들었습니다.

젊은 시절부터 해부에 관심을 가졌던 다빈치는 특히 1510년 무렵, 파비아 대학교의 해부학자 마르칸토니오 델라 토레와 협력해 근육과 신경,

혈관, 뇌와 심장, 생식기에 이르는 인체 전반을 탐구했어요. 다빈치는 30 구가 넘는 시신을 해부했고, 그 결과 약 240장에 이르는 세밀한 해부 그림과 방대한 양의 주석을 남겼습니다.

그는 이 방대한 자료를 바탕으로 인체 해부학 논문을 출판하려 했어요. 그러나 델라 토레의 이른 사망과 당시의 제도적·사회적 제약으로 인해 이 계획은 끝내 실현되지 못합니다. 그의 사후에 제자인 프란체스코 멜치가 원고를 정리하려 했지만, 자료의 방대함 탓에 작업은 미완으로 남았고 다빈치의 해부학 연구는 오랫동안 세상에 널리 알려지지 못했습니다.

그럼에도 그의 해부 그림은 예술가와 학자들에게 깊은 영향을 주었어요. 다빈치는 근육의 움직임을 선으로 표현하고, 혈관의 분지를 나뭇가지처럼, 심장의 박동을 파도의 움직임처럼 그려냈지요. 르네상스 미술사가 조르조 바사리는 그의 해부학적 관찰과 예술적 표현을 높이 평가해 기록으로 남겼고, 알브레히트 뒤러 역시 인체 비례를 수학적으로 탐구하며 연구의 흐름을 이어 갔습니다.

다빈치는 또한 뼈의 기계적 역할과 근육의 당김, 힘이 전달되는 방향을 분석하며 인간의 움직임을 이해하려 했습니다. 그는 팔과 어깨 관절의 회전, 손가락 관절의 복잡한 구조까지 정밀하게 기록했어요. 심장 연구에서도 그의 통찰은 두드러졌는데, 심장의 판막 구조를 이해하기 위해 녹인 왁스로 심실의 모형을 만들고, 유리관에 물과 씨앗을 넣어 대동맥 속 흐름을 관찰했어요. 이를 통해 혈류가 만들어 내는 소용돌이와 판막의 움직임을 연구했지요. 그는 또한 심장이 혈류 운동에서 중요한 역할을 하는 기관임을 직관적으로 이해하고 있었어요.

나아가 다빈치는 인간의 감정이 신체에 어떻게 드러나는지도 탐구했

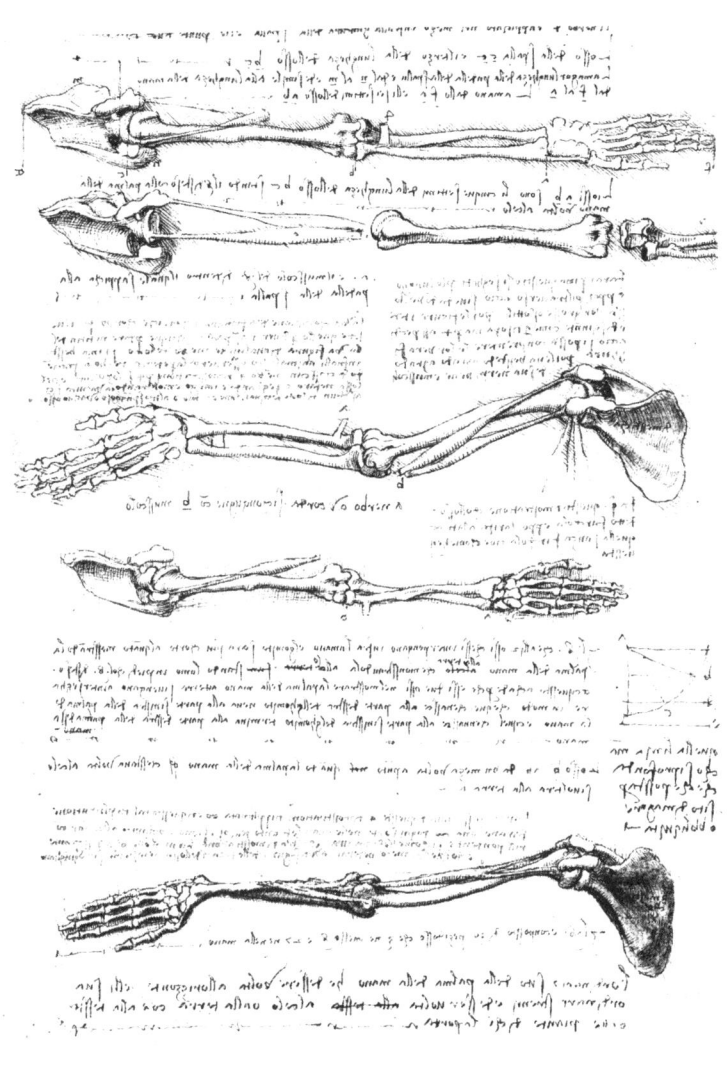

다빈치의 팔의 해부학적 연구

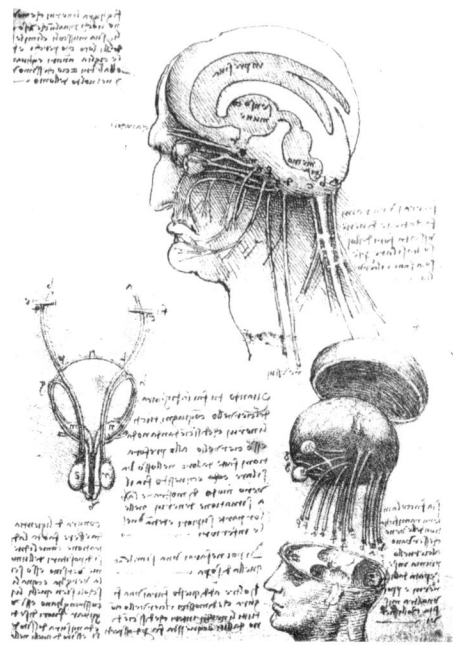

습니다. 분노와 고통, 환희와 절망 같은 감정이 얼굴 근육과 손, 눈썹, 주름의 움직임으로 어떻게 표현되는지를 관찰하고 기록했지요. 그는 감정을 추상적인 개념이 아니라, 근육의 작용과 신체의 움직임으로 설명하려 했습니다.

연금술에서 의학으로, 파라켈수스의 도전

르네상스 시대의 사람들은 연금술부터 점성술까지 폭넓게 탐구했습니다. 오늘날의 기준으로는 비과학적으로 보일 수 있지만, 당시에는 물질의 성질과 생명의 원리를 이해하려는 진지한 시도였어요.

16세기 초, 유럽 의학은 여전히 히포크라테스의 체액설과 갈레노스의 이론에 크게 의존하고 있었습니다. 그러나 전통 이론만으로는 새로운 질병과 복잡한 증상을 설명하기 어려웠고, 치료의 효과도 제한적인 경우가 많았어요. 바로 그때 스위스 출신의 의사이자 연금술사인 파라켈수스 Paracelsus가 등장합니다.

파라켈수스

파라켈수스의 본명은 필리푸스 아우레올루스 테오프라스토스 봄바스투스 폰 호헨하임Philippus Aureolus Theophrastus Bombastus von Hohenheim으로 아주 길어요. 하지만 그는 스스로를 '파라켈수스', 곧 '고대 로마의 의학자 켈수스를 넘어서는 자'라는 뜻의 이름으로 불렀어요. 그만큼 기존 의학 권위에 대한 도전 의식이 강했던 인물이라 할 수 있지요.

당시 유럽에서 연금술은 과학과 신비주의의 경계에 놓여 있었습니다. 파라켈수스는 연금술을 단순히 금속을 바꾸는 기술로 보지 않았어요. 그는 물질을 다루는 연금술이야말로 질병의 원인을 이해하고, 새로운 치료제를 만들어 낼 수 있는 열쇠라고 믿었지요. 그래서 그는 약초뿐 아니라 광물과 금속 같은 자연의 성분을 의학에 적극적으로 도입하려 했어요.

파라켈수스는 전통적인 사원소설(불·물·공기·흙)을 그대로 따르지 않았습니다. 그는 물질을 이루는 기본적인 원리를 수은, 황, 소금이라는 세 가지로 설명했어요. 이 세 요소는 단순한 물질 그 자체라기보다, 각각 서로 다른 성질을 상징하는 개념이었지요. 먼저, 수은은 흐르고 변하는 성질로, 정신이나 생명의 움직임에 비유되었어요. 그리고 황은 타오르고 작용하는 성질로, 생명력과 영혼의 원리를 나타냈지요. 마지막으로 소금은 남아 고정되는 성질로, 몸과 구조를 상징했습니다.

파라켈수스는 이 세 가지 원리의 균형이 깨질 때 병이 생긴다고 보았습니다. 즉, 질병은 단순히 체액의 많고 적음이 아니라, 몸을 이루는 성분과 작용의 문제라는 것이었지요. 그는 병의 종류에 따라 알맞은 성분의 약을 써야 한다고 주장하며, 모든 병에 같은 처방을 적용하던 기존 의학을 강하게 비판했어요. 기록으로 전해지는 파라켈수스의 처방 사례 몇 가지를 소개하면 다음과 같아요.

그는 또한 "자연은 스스로를 치유하는 힘을 지니고 있다"라고 말하며, 약은 자연 속에 이미 존재하는 성분을 올바르게 추출하고 정제해 만들어야 한다고 보았습니다. 이러한 생각은 이후 화학을 이용한 약물 치료로 이어지게 되었어요.

파라켈수스 이후 유럽에서는 안티몬과 같은 광물성 물질을 약으로 사용하는 문제를 둘러싸고 활발한 논쟁과 실험이 이어졌습니다. 이 과정에서 '약은 화학적으로 만들어질 수 있다'라는 발상이 점차 의학의 한 축으로 자리 잡게 되었지요. 파라켈수스의 사상은 완전한 과학 이론은 아니었지만, 의학을 고대의 권위에서 떼어 내어 자연과 물질, 실험의 세계로 끌어당긴 중요한 전환점이 되었습니다.

베살리우스, 해부학의 기준을 다시 세우다

다빈치와 파라켈수스가 관찰과 실험의 중요성을 깨우쳤다면, 그 정신을 해부학의 언어로 완성한 인물은 바로 안드레아스 베살리우스Andreas Vesalius입니다. 베살리우스는 오늘날 벨기에의 브뤼셀에서 태어났어요. 본명은 안드리스 판 베젤Andries van Wezel로, 그의 집안은 여러 세대에 걸쳐 합스부르크 황실과 연결된 의사와 약제사를 배출한 의학 가문이었습니다. 어린 시절부터 그는 라틴어와 그리스어를 배우며 의학 서적을 접했고, 덕분에 일찍부터 갈레노스의 저술을 읽을 수 있었어요.

베살리우스

베살리우스는 루뱅 대학교에서 인문 교양을 공부했지만, 그는 곧 의학을 공부하기 위해 파리로 유학을 떠납니다. 당시 파리의 의학 교육은 갈레노스의 이론을 중심으로 이루어졌어요. 그러나 베살리우스는 책보다 실제 몸에 더 큰 관심을 가졌지요. 해부 수업에서 교수의 설명이 맞지 않을 때면 그는 의문을 품었습니다. "책에는 이렇게 쓰여 있는데, 왜 실제 몸은 다른가?" 그는 밤마다 묘지를 뒤져 구한

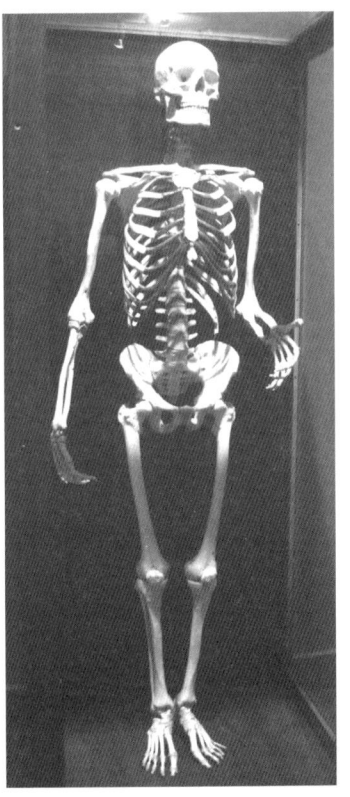
인간의 뼈 모형

해골을 직접 관찰하며, 고대 권위와 눈앞
의 현실이 다를 수 있다는 사실을 깨닫기
시작했어요. 또 해부 수업에서 교수가 틀
린 부위를 말할 때마다 속으로 고개를 저
었다고도 해요.

갈레노스는 1300년 넘게 의학의 절대적
기준이었지만, 인간이 아닌 동물을 주로
해부했기에 사람의 몸과 어긋나는 설명도
적지 않았습니다. 베살리우스는 이 차이를

「인체의 구조에 대하여」

직접 확인하려 했고, 결국 파리를 떠나 다시 루뱅으로 돌아간 뒤, 1537년
에 이탈리아 파도바 대학교에서 박사 학위를 받았어요. 그는 곧바로 해
부학 교수로 임명되었고, 전례 없이 교수 자신이 직접 시신을 해부하는
수업을 시작합니다.

베살리우스는 해부를 통해 얻은 관찰을 바탕으로 인체의 뼈를 조립해
교육 자료로 사용했습니다. 이 작업은 인체를 책이 아닌 실제 구조로 이
해하려는 시도의 상징이 되었고, 의학의 중심이 고대 문헌에서 몸 그 자
체로 옮겨가는 계기가 되었어요.

같은 해, 그는 바젤에서 『인체의 구조에 대하여De Humani Corporis
Fabrica Libri Septem』를 출간합니다. 이 책은 인체를 직접 관찰한 내용을 바
탕으로 정리한, 당시로서는 매우 획기적인 해부학 백과사전이었어요. 이
책에서 베살리우스는 뼈와 근육, 혈관과 신경, 내장 기관, 심장과 뇌에 이
르기까지 인간의 몸을 체계적으로 설명했지요.

『인체의 구조에 대하여』는 모두 7권으로 이루어져 있어요. 각 권의 내용은 다음과 같아요.

| 제1권 ─ 뼈, 존재의 기초를 드러내다

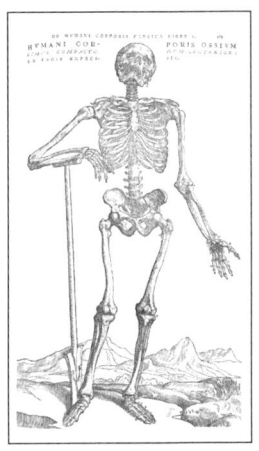

베살리우스는 인간을 설명하기 위한 첫 번째 조건으로 골격을 택했어요. 뼈는 몸의 질서이며 구조이고, 해부의 기준선이기 때문이지요. 그는 무덤을 뒤져 수많은 해골을 수집했고, 뼈들을 하나씩 교정해 나갔다고 해요.

| 제2권 ─ 근육과 움직임의 원리를 다루다

근육은 단순히 몸을 감싸는 살이 아니었습니다. 그것은 몸이 자기 의지를 표현하는 실선이자 곡선이었지요. 베살리우스는 정육점 주인의 칼질을 보며 근육에 대해 배웠고, 근육을 해부하는 순서를 만들었어요.

| 제3권·제4권 — 혈관과 신경, 생명의 흐름을 추적하다

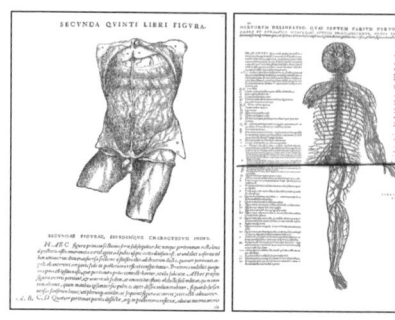

아마 몸속에서 가장 깊고 복잡한 곳은 혈관과 신경일 것입니다. 그 길은 선명하지도 않고, 멈추지도 않으며, 수없이 얽혀 흐르지요. 베살리우스는 이 길들을 지도로 그려냈는데, 줄기에서 가지처럼 뻗어 나가는 혈관, 혈액이 흐르는 통로인 정맥과 동맥, 그와는 다른 촘촘한 신경의 구조를 나타냈어요. 또한 그는 몸이 하나의 나무처럼 구성되어 있다는 은유를 써가며, 인체 안에 또 다른 미로가 있음을 보여 주었지요.

| 제5권 — 소화와 생식, 삶을 만드는 기관들

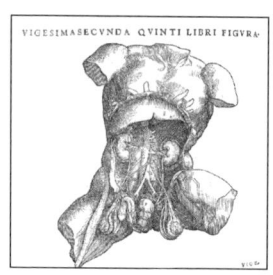

가장 인간적이면서, 가장 본능적인 기관을 다룹니다. 그는 먹고, 살고, 낳는 것, 복막, 위, 간, 장, 신장, 방광, 자궁과 같은 장기들을 하나씩 펼쳐 설명했어요. 이 과정에서 일부 오류가 드러났지만, 그는 관찰을 통해 잘못을 수정할 수 있다는 사실 자체를 보여 주었습니다.

| 제6권 · 제7권 — 심장과 뇌, 생명의 두 원천을 해부하다

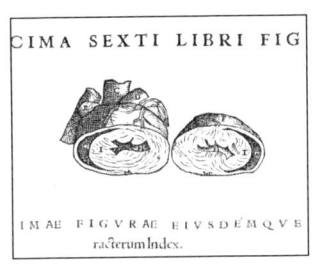

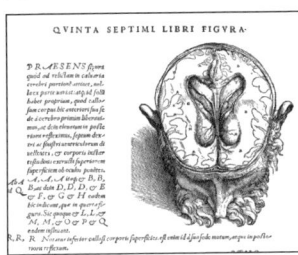

마지막 두 권은 생명이라는 단어에 가까워집니다. 베살리우스는 심장의 판막, 심낭과 횡격막의 부착점, 심실의 방향까지 꼼꼼히 그렸어요. 또한 기계적 환기의 개념까지 설명하면서, 심장이 단순한 근육 덩어리가 아니라 리듬을 가진 기관임을 밝혀냈지요. 그리고 그는 뇌를 열어 신경의 분포를 기록했고, 눈과 감각 기관을 따라가며 의식은 이 구조 속 어디에 있을까에 대해 고민하곤 했답니다.

베살리우스는 이 책을 황제 카를 5세에게 바쳤고, 같은 해 황실 의사로 임명되었습니다. 이후 그는 카를 5세와 펠리페 2세를 따라 전쟁터를 오가며 치료와 부검, 의학 보고를 맡았지요. 그러나 궁정에서는 여전히 해부와 외과를 낮게 보는 시선도 존재했습니다. 해부를 했다는 이유로 종교적 비난을 받기도 했어요.

말년의 베살리우스는 예루살렘으로 순례를 떠납니다. 하지만 귀환 도중 풍랑을 만나 험난한 항해 끝에, 그리스의 자킨토스 섬에서 49살의 나이로 생을 마감했어요.

베살리우스는 고대 의학을 부정한 사람이 아니라, 고대의 권위를 몸으로 다시 검증한 인물이었어요. 그의 해부학은 '책이 아니라 몸이 의학의 기준이 되어야 한다'라는 생각을 확립했고, 이후 하비의 혈액 순환 연구로 이어지는 근대 생물학의 길을 열었습니다.

피는 어떻게 도는가, 윌리엄 하비

윌리엄 하비William Harvey는 영국 켄트의
포크스톤에서 태어났습니다. 케임브리지
대학교에서 공부한 그는, 의학을 더 깊이
배우기 위해 이탈리아의 파도바로 건너갔
어요. 파도바는 당시 해부학 연구가 특히
활발했던 곳으로 1594년에 해부학 강의를
위한 '해부학 극장Anatomical theatre'이 만들어
질 만큼 해부 교육이 발달한 곳이었어요.

윌리엄 하비

그곳에서는 의사뿐 아니라 학생과 학자, 때로는 외부 참관인들도 해부
장면을 직접 볼 수 있었습니다. 하비 역시 이런 환경 속에서 인간의 몸
을 철저히 관찰하는 새로운 의학의 세계를 경험했어요. 이후 하비는 당
대 저명한 해부학자 히에로니무스 파브리치우스(아쿠아펜덴테)를 만나
게 됩니다. 파브리치우스는 정맥 속 판막을 자세히 기록해, 피가 정맥에
서 아무 방향으로나 흐르는 것이 아니라 특정 방향으로 흐르는 데 중요
한 구조가 있다는 점을 보여 주었어요. 하비는 바로 이 '판막'에서 중요
한 단서를 얻었고, 시체를 해부하는 데서 나아가, 살아 있는 몸 안에서의
혈액의 움직임에 주목하기 시작했어요.

그 무렵 유럽 의학은 여전히 갈레노스의 설명에 크게 기대고 있었어

요. "혈액은 간에서 만들어져 온몸으로 퍼지고, 말단에서 소모된다"라는 생각이 오랫동안 기본 상식처럼 받아들여졌지요. 하지만 하비는 질문을 바꿨습니다. 그는 이렇게 질문했어요. "심장이 규칙적으로 수축하고, 맥박이 끊임없이 이어지는데 피가 정말 '사라지기만' 할까?"

하비가 택한 방법은 책이 아니라 실험이었습니다. 그는 동물의 심장을 관찰하며 심장의 수축이 피를 밀어내고 맥박을 만든다는 점을 확인했고, 팔에 묶는 끈(결찰)을 이용해 정맥의 피가 한 방향으로 흐르며 판막이 피가 거꾸로 흐르는 것을 막는다는 사실도 보여 줬지요.

또 그는 혈액이 음식에서 만들어져 간에서 생성된다는 갈레노스의 주장을 검증하기 위해, 심장이 한 번 수축할 때마다 내보내는 피의 양과 심장이 뛰는 횟수를 계산했습니다. 이렇게 추정한 혈액의 흐름을 하루 단위로 따져 보자, 심장을 통해 이동하는 피의 양은 인체가 지닌 전체 혈액량을 훨씬 뛰어넘는다는 결론에 이르렀지요.

이 정도의 양을 간이 계속 새로 만들어 낸다는 것은 현실적으로 불가

파도바 대학교
해부학 극장

능했습니다. 결국 하비는 피가 몸 안에서 끊임없이 생성되고 사라진다는 기존의 생각이 잘못되었음을 확신하게 됩니다.

그의 결론은 분명했습니다.

"피는 사라지지 않는다. 순환한다. 온몸을 돌고 다시 심장으로 돌아온다."

1628년, 하비는 자신의 결론을 라틴어 책『동물의 심장과 혈액의 운동에 관한 해부학적 연구』로 발표했어요. 여기서 그는 피가 심장에서 동맥으로 나가 온몸을 거친 뒤, 정맥을 통해 다시 심장으로 돌아온다는 순환 구조를 분명하게 제시했지요. 하지만 반응은 차가웠습니다. 당시 갈레노스의 권위를 지키려 했던 의사들 가운데는 하비의 이론을 받아들이지 않는 이들도 많았어요. 독일의 의사 카스파르 호프만을 비롯해, 프랑스의 해부학자 장 리올랑은 저술을 통해 혈액 순환설을 공개적으로 비판했습니다.

그러나 하비는 물러서지 않았어요. 그는 말이 아니라 실험으로 자신의 주장을 설명하려 했지요. 동물 실험과 생체 관찰, 강의와 시연을 통해 심장의 운동과 혈액의 흐름을 직접 보여 주었습니다. 처음에는 조롱과 의심이 따랐지만, 점차 그의 실험을 지켜본 젊은 의사들 사이에서 지지자가 늘어났고, 혈액

『동물의 심장과 혈액의 운동에 관한 해부학적 연구』 표지

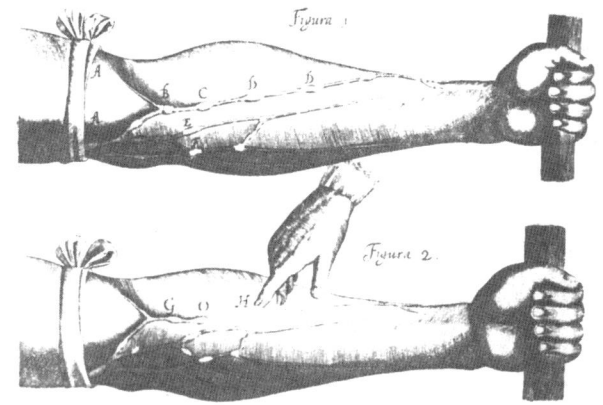

『동물의 심장과 혈액의
운동에 관한 해부학적 연
구』에 수록된 실험

순환설은 서서히 새로운 의학의 기초로 자리 잡게 되었어요.

하비는 세인트 바르톨로뮤 병원의 의사로 활동하며 명성을 쌓았고, 이
후 왕실 의사로 임명되어 제임스 1세에 이어 찰스 1세를 보필했습니다.
왕을 따라 궁정과 사냥터를 오가며 정치의 중심 가까이에 있었지만, 그
의 관심은 언제나 심장과 혈액의 움직임에 머물러 있었어요. 찰스 1세가
사냥을 나가면, 하비는 사냥감으로 잡힌 사슴의 심장을 해부하며 혈액의
흐름을 더욱 자세히 관찰했다고 전해집니다.

그러나 곧 영국은 내전의 소용돌이에 휘말렸어요. 하비는 왕당파와 가
까운 인물이었기 때문에 전쟁의 혼란을 직접 겪어야 했지요. 내전 중 그
의 거처가 약탈당하면서 연구 자료와 기록 일부가 유실되었다는 기록
도 전해집니다. 또한 정치적 변화 속에서 그의 공식 활동 범위도 줄어들
었고, 연구 환경은 한층 더 불안정해졌어요. 그럼에도 하비는 관찰과 실
험을 멈추지 않았습니다. 그는 후학들과 교류하며 자신의 이론을 설명하
고, 실험으로 다시 증명하려는 태도를 끝까지 유지했어요.

말년에 하비는 런던 내과의사회(왕립 내과의사회)의 회장으로 선출되었지만, 건강 문제로 거절합니다. 대신 그는 자신의 재산과 장서를 기부하고 해부 기구와 자료도 남겼으며, 유언을 통해 외과 기구 일부를 제자 찰스 스카버러에게 남겼다고 해요. 그리고 1657년, 하비는 조용히 생을 마감합니다.

　그가 남긴 가장 큰 유산은 단지 '혈액 순환'이라는 발견에 머무르지 않았습니다. 그는 실험을 통해 직접 관찰하고 사실을 확인하려는 태도를 보여 주었어요. 믿음을 의심으로 바꾸고, 그 의심을 다시 실험으로 검증해 나간 그의 자세는 이후 근대 생리학의 발전에 큰 영향을 주었지요.

르네상스, 실험 의학의 시작

다빈치
- 해부학 연구에 몰두함.
- 근육, 신경, 혈관, 뇌, 심장 등 인체 전반을 탐구함.
- 수백 장의 해부 스케치를 남김.

파라켈수스
- 연금술과 자연 철학을 결합한 의학 체계를 제시함.
- 물질 구성의 세 가지 원리_ 수은, 황, 소금
- 자연은 스스로를 치유하는 힘을 지닌다.

베살리우스
- 해부학의 기준을 세움.
- 『인체의 구조에 대하여』
- 인간의 몸을 체계적으로 설명함.

윌리엄 하비
- 판막의 역할에 관심을 갖고 연구함.
- 실험을 통해 혈액의 순환을 확인하고 제시함.
- 혈액 순환: 심장 → 동맥 → 온몸 → 정맥 → 심장
- 『동물의 심장과 혈액의 운동에 관한 해부학적 연구』

5장

식물 분류와 기록의 역사

큐 왕립 식물원

정교수의 pick

◆ 식물 표본 ◆ 식물 분류 ◆ 디오스코리데스
◆ 데 마테리아 메디카 ◆ 식물 도해
◆ 식물의 성

신화에서 과학으로, 식물의 긴 여정

런던 남서쪽 템스강, 도시의 소음이 잦아드는 자리에는 '세상에서 가장 많은 식물이 모여 있는 정원'이 있습니다. 바로 큐 왕립 식물원이에요. 이곳에는 수만 종에 이르는 식물과 균류, 그리고 수백만 점이 넘는 표본이 보관되어 있어요. 온실에서는 아마존 열대림의 희귀종이 자라고, '식물의 타임캡슐'인 씨앗은행 Millennium Seed Bank도 운영되고 있지요. 이곳에는 멸종 위기에 처한 식물들의 씨앗이 보존되어, 미래의 생태계를 위한 보험처럼 관리되고 있어요.

큐 왕립 식물원은 단순히 식물을 '전시'하는 공간이 아니라, 지구 생명의 기록을 보관하는 장소입니다. 식물의 형태와 생리, 진화와 분포를 연구하는 세계적인 과학 기관이며, 오늘날에도 새로운 식물종의 표준 표본이 이곳을 통해 정리돼요. 다시 말해, 식물이 과학적으로 재정의되는 곳이라 할 수 있어요. 그러나 인간이 식물에 이름을 붙이고 기록하기 시작한 역사는 훨씬 오래되었답니다.

식물 기록의 시작, 점토판과 파피루스

기원전 3000년대 후반쯤, 메소포타미아에 살던 수메르인들은 점토판에 쐐기 문자를 새겨 식물의 이름과 그 쓰임을 기록해 두었습니다. 점토판에는 복통, 상처, 열병에 쓰이는 식물 처방이 적혀 있었는데, 이러한 기록들은 주문이나 신화라기보다 반복된 경험을 바탕으로 한 실용적 지식에 가까웠어요. 동시에 자연을 관찰하고 활용하려는 과학적 기록물이었지요.

나일강의 문명을 이룬 고대 이집트에서는 식물과 의약에 관한 지식을 파피루스 두루마리에 정성껏 기록해 남겼습니다. 이집트인들에게 식물은 단순한 먹을거리나 장식물이 아니었어요. 그들은 식물을 신이 인간에게 내려 준 치유의 선물, 곧 생명과 신성을 잇는 존재로 여겼지요.

기원전 1550년경에 작성된 에버스 파피루스는 이러한 사고를 잘 보여 주는 대표적인 문헌입니다. 이 두루마리는 19세기, 독일의 학자 게오르크 에버스가 이집트에서 입수하며 세상에 알려졌는데, 길이만 약 20미터에 달해요. 에버스 파피루스에는 다양한 치료법이 정리되어 있는데, 그 중에는 식물을 활용한 처방이 상당한 비중을 차지합니다. 동시에 주문이나 상징적 표현도 함께 들어 있어요. 오늘날의 기준으로 보면 낯설지만, 당시에는 병의 원인과 치료를 설명하는 중요한 방식이었습니다. 그래서 이 문헌은 주술과 경험적 처방이 공존하던 시대에, 치료 지식을 체계적으로 모아 적어 둔 기록으로 자주 언급되곤 하지요.

이집트의 의사들은 식물의 효능을 관찰하고 체계적으로 기록했습니다. 예를 들어, 아편(양귀비)은 통증을 줄이고 불면증을 완화하는 데 쓰였어요. 또 양귀비의 즙을 꿀이나 포도주에 섞어 마시게 하여 고통을 가라앉히기도 했지요. 마늘은 힘을 북돋우는 음식으로 여겨졌는데, 피라미드를 쌓던 노동자들에게 마늘과 양파를 먹였다는 기록이 남아 있어요. 이는 단순한 음식이 아니라 피로를 풀고 질병을 예방하기 위한 조치였다고 볼 수 있지요. 양파는 심장을 튼튼하게 하고 몸속의 독을 빼주는 식물로 사용되었고, 둥근 모양 때문에 태양과 부활을 상징하는 신성한 의미도 지녔어요. 대추야자는 상처를 아물게 하고 피로를 풀어 주는 약으로 쓰였어요. 열매는 달고 영양이 풍부해 생명의 열매라 불리며, 축제나 제사에도 빠지지 않았어요. 알로에는 화상과 피부 질환을 치료하는 데 사용되었지요.

이집트인들은 이러한 약초를 단순한 자연 재료로 보지 않았어요. 그들에게 식물은 신의 숨결이 깃든 존재였고, 치료 행위는 곧 신에게 바치는 의식이었습니다. 그래서 약을 만들고 병을 치료할 때, 사제이자 의사였던 이들은 주문을 외우거나 기도를 올리기도 했어요.

에버스 파피루스는 주술적 표현과 상징으로 가득 차 있지만, 그 속에는 이미 관찰과 경험, 기록을 중시하는 태도가 분명히 자리하고 있었습니다. 이집트의 약초 지식은 이후 그리스와 로마를 거쳐, 중세와 근대에 이르기까지 이어지며 식물학과 의학의 긴 역사에서 중요한 출발점이 되었어요.

신화에서 약으로, 신농씨와 본초의 시작

이집트와 메소포타미아에서 시작된 약초 지식은, 다른 문명에서도 저마다의 언어와 이야기로 이어졌어요. 사람들은 식물을 관찰하고 기록하는 동시에, 그 기원을 신화와 전설의 형태로 설명하려 했지요.

중국의 전통에서도 식물과 약의 시작은 한 인물의 이야기로 전해집니다. 중국 전설에서는 기원전 2800~2700년경 신농씨神農氏가 등장해요. 그는 사람들에게 쓸모 있는 약초를 찾기 위해 하루에도 수십 가지의 풀을 직접 씹어 보며 그 효능을 시험했다고 해요. 어떤 풀은 독이 너무 강

중국 설화에 등장하는 신농씨

해서 입에서 거품을 물고 쓰러질 정도였지만, 신농씨는 실험을 멈추지 않았다고 전해집니다. 사람을 살릴 수 있는 식물을 찾기 위해, 자신의 몸을 실험 도구로 삼은 거예요.

이 전설적 인물의 이름을 딴 책이 바로 『신농본초경』입니다. 이 책은 후한 말기에서 삼국 시대 사이에 정리된 의학 문헌으로, 신농의 이름을 빌려 약초에 관한 내용을 체계적으로 정리한 중국에서 가장 오래된 본초서(약재를 기록한 책)예요. 여기에 수록된 약재는 모두 365종으로, 그중 상당수가 식물이에요.

『신농본초경』은 약초를 효능과 독성에 따라 세 등급으로 나눕니다. 상

신화를 품은 꽃

고대인들에게 꽃이 피고 지는 주기는 인간의 삶과 닮아 있었습니다. 태어나고, 자라고, 사라지는 시간의 흐름이 꽃 안에도 담겨 있다고 느꼈던 것이지요. 사람들은 꽃을 바라보며 이것이 바로 생명이라고 생각했고, 그 감정은 신화라는 이야기의 형태로 남았습니다.

그리스 신화에서 꽃은 신들의 감정이 남긴 흔적이었습니다. 사랑과 슬픔, 죽음과 환희가 꽃의 색과 모양에 새겨졌다고 믿었어요. 태양의 신 아폴론이 사랑하던 소년 히아킨토스의 죽음에서 피어난 히아신스는 사랑과 상실의 기억이 되었고, 자신의 모습에 빠져 연못에서 죽은 나르키소스는 고개 숙인 수선화로 남아 자기애의 상징으로 남게 되었지요. 또 아프로디테가 사랑한 아도니스의 죽음에서 태어난 아네모네는 바람에 쉽게 흩어지는 꽃잎처럼 덧없는 사랑을 떠올리게 합니다.

동양에서 꽃은 신의 흔적이라기보다 자연의 질서, 곧 도를 드러내는 존재였습니다. 연꽃은 진흙 속에서도 더럽혀지지 않고 피어나는 모습 때문에 깨달음과 순결의 상징이 되었고, 복숭아꽃은 봄의 생명력과 함께 강렬한 매력과 위험을 동시에 상징하며, 사람의 감정과 운명을 흔드는 힘을 지닌 꽃으로 여겨졌어요. 한겨울 눈 속에서 가장 먼저 피어나는 매화는 고결함과 절개의 상징이 되어, 선비들에게는 마음의 스승처럼 받아들여졌지요.

이렇게 사람들은 꽃에 삶의 의미를 투영했고, 자연을 이해하는 방식으로 신화와 상징을 만들어 냈습니다. 오늘날 우리가 꽃 이야기를 다시 읽는다는 것은, 식물 그 자체를 넘어서 인간이 자연과 생명을 어떻게 바라보았는지를 함께 들여다보는 일이라 할 수 있어요.

약은 오래 먹어도 몸에 해가 없는 보약에 가까운 약재이고, 중약은 체질과 증상에 따라 조심스럽게 쓰는 치료용 약재예요. 하약은 효과는 강하지만 독성도 커서 반드시 주의가 필요한 약재였지요.

중국의 의사들은 식물을 사용할 때 계절의 변화, 몸의 기운, 성질의 온·냉, 그리고 맛의 차이까지 함께 살폈어요. 약초는 단순한 재료가 아니라, 자연의 질서와 인간의 몸이 만나는 지점에 놓인 존재였던 셈입니다. 이처럼 중국의 본초 전통은 식물을 신화와 경험, 그리고 체계적인 분류로 엮어 이해하려는 독특한 길을 만들어 갔어요.

식물학의 아버지, 테오프라스토스

테오프라스토스는 고대 그리스의 철학자이자 과학자입니다. 그는 오늘날 '식물학의 아버지'로 불릴 만큼, 식물을 관찰하고 분류하는 데서 새로운 길을 연 인물로 평가받고 있어요. 다만 그의 생애에 대한 구체적인 기록은 동시대 자료가 아니라, 그가 세상을 떠난 뒤 수백 년이 지난 후 쓰인 디오게네스 라에르티오스의 저술을 통해 전해집니다.

테오프라스토스는 에게해에 있는 레스보스섬의 에레소스에서 태어났습니다. 그의 본래 이름은 티르타모스였지만, 언변과 논리력이 뛰어났던 그에게 스승이었던 아리스토텔레스가 '신성한 말투를 지닌 사람'이라는 뜻의 별명, 테오프라스토스를 붙여 주었다고 전해져요. 이 별명이 널리 알려지면서, 결국 이름처럼 쓰이게 되었지요.

젊은 시절 그의 학문적 방향을 결정지은 인물은 단연 아리스토텔레스

였습니다. 두 사람은 사제지간이었을 뿐
아니라, 자연을 연구하는 동반자이기도 했
어요. 플라톤이 세상을 떠난 뒤 아리스토
텔레스가 아테네를 떠날 때, 테오프라스토
스도 함께했지요.

테오프라스토스

기원전 340년대 중반, 아리스토텔레스는
레스보스섬의 미틸레네로 거처를 옮겼고,
이 시기에 두 사람은 자연 연구에 본격적
으로 몰두했습니다. 아리스토텔레스가 동
물을 관찰하는 데 집중했다면, 테오프라스
토스는 식물을 연구하는 데 몰두했어요.

기원전 335년경, 두 사람은 아테네의 리
케이온에서 학생들을 가르쳤습니다. 기원
전 322년, 아리스토텔레스가 사망한 뒤에
는 테오프라스토스가 페리파토스학파의
지도자가 되었고, 이후 30년이 넘는 기간
동안 학문 공동체를 이끌었어요.

『식물의 역사』

테오프라스토스는 200편이 넘는 저술을
남긴 것으로 알려져 있으며, 그중에서도
『식물의 역사』와 『식물의 원인에 관하여』
는 고대 식물 연구의 결정판이라는 평가를 받아요. 현전하는 『식물의 역
사』는 모두 아홉 권으로 이루어진 책입니다. 테오프라스토스는 이 책에
서 식물의 형태와 생육 환경, 재배 방식과 쓰임새를 체계적으로 정리했

어요. 또한 그는 식물을 생김새와 자라는 환경에 따라 나누고, 어떻게 자라고 변하는지 그 이유를 살펴보았어요. 그 덕분에 식물은 단순한 자연물이 아니라, 따로 연구할 가치가 있는 대상으로 여겨지게 되었지요. 이로써 식물은 더 이상 신화 속 상징이 아니라, 관찰과 기록을 통해 이해할 수 있는 자연의 일부가 되었습니다.

디오스코리데스와 약의 역사

오늘날 우리는 약국에서 손쉽게 약을 구할 수 있지만, 고대에는 자연에서 직접 약을 찾아야 했습니다. 꽃과 풀, 나무의 껍질과 뿌리까지, 식물은 곧 약의 원천이었지요. 이러한 식물 약재의 세계를 체계적으로 정리한 인물이 있었습니다. 바로 고대 그리스의 의사이자 약물학자인 디오스코리데스Pedanius Dioscorides예요.

디오스코리데스는 1세기, 오늘날 튀르키예 남부에 해당하는 소아시아의 도시 아나자르부스에서 태어났습니다. 그는 로마 제국 시대에 로마군의 군의관으로 활동하며, 지중해 연안과 여러 지역을 이동했어요. 이러한 여정 속에서 그는 각 지역의 식물을 관찰하고, 실제로 치료에 사용되는 약재의 효능과 사용법을 꼼꼼히 기록했습니다.

디오스코리데스는 『데 마테리아 메디카』, 우리말로는 '약물의 재료에 대하여'라는 책을 썼습니다. 이 책은 단순히 식물을 나열한 목록이 아니라, 약재의 종류와 성질, 사용 방법과 복용량, 그리고 주의해야 할 점까지 자세히 정리한 실용적인 약 설명서예요. 이 책에는 600종이 넘는 식

물성 약재를 비롯해, 약 90종의 광물성 약재와 30여 종의 동물성 약재
가 실려 있어요. 예를 들어, 버드나무 껍질은 열을 내리고 통증을 줄이
는 데 사용되었고, 양귀비즙은 진통제나 수면제로 쓰였다고 기록되어
있지요. 이러한 내용은 당시 의료 현장에서 실제로 활용되던 지식을 바
탕으로 한 것이었습니다.

디오스코리데스는 자신이 직접 관찰하고 경험한 약재를 중심으로 기
록했음을 여러 차례 강조했습니다. 그 덕분에 『데 마테리아 메디카』는
높은 신뢰를 얻었고, 천 년이 훌쩍 넘는 기간 동안 유럽과 이슬람 세계에
서 약학의 기본 교과서로 사용되었어요. 이 책은 라틴어와 아랍어, 시리
아어, 히브리어 등 다양한 언어로 번역되며 널리 전파되었지요.

특히 중세에 필사된 판본들에는 약재의 모습을 그린 그림이 함께 실렸

『데 마테리아 메디카』에서 블랙베리를 설명하는 페이지

는데, 이는 후대에 식물도감의 출발점으로
평가받는 중요한 특징이 되었습니다. 디오
스코리데스의 작업을 통해 식물은 더 이상
신화 속 존재가 아니라, 관찰과 기록을 통
해 이해하고 활용할 수 있는 의학의 재료
로 자리 잡게 되었어요.

『데 마테리아 메디카』

이슬람 식물학

9세기, 이슬람 제국의 중심 도시였던 바그다드는 학문과 지식의 중요
한 거점이었습니다. 이곳에서는 국가의 후원을 받아 고대 그리스와 헬레
니즘 세계의 학문이 아랍어로 번역되었는데, 그 중심에 지혜의 집이라
불린 연구 기관이 있었어요. 이곳에서 아리스토텔레스와 히포크라테스,
디오스코리데스의 저작이 옮겨지며, 의학과 자연학 지식이 이슬람 세계
전반으로 확산되었지요.

이러한 학문적 환경 속에서 식물을 독립적인 연구 대상으로 삼은 인
물이 등장합니다. 9세기 학자인 알 디나와리Al-Dinawari예요. 그는 『식물
의 책』을 집필해 이슬람 세계의 초기 식물학 전통을 대표하는 책을 남깁
니다. 이 책은 원래 여러 권이었지만 현재는 일부만 전해져요. 책에는 약
600~700종에 이르는 식물의 형태와 생육 환경, 개화와 결실, 약용과 독
성에 대한 설명이 담겨 있지요. 이 책을 통해 알 디나와리는 식물을 단순
한 약재가 아니라, 성장과 변화의 과정을 지닌 자연의 한 구성원으로 이

해하려 했어요.

그보다 더 뒤에 활동한 알 라지Al-Razi는 의학과 약물학을 결합한 대표적 학자였습니다. 그는 『알 하위Al-Hawi』라는 방대한 의학서를 통해 식물과 광물, 동물성 재료를 이용한 치료법을 정리했어요. 그의 기록에는 약재의 성질과 사용 목적, 환자의 상태를 함께 고려하려는 임상적 관점이 담겨 있어, 이후 이슬람 의학의 중요한 기초가 되었어요.

이 흐름을 집대성한 인물이 바로 이븐시나입니다. 그는 『의학 정전』을 통해 인체와 질병, 약물의 성질을 체계적으로 정리했어요. 이 책에는 수많은 약초와 약물의 냄새와 맛, 성질과 작용, 사용 조건이 정리되어 있으며, 식물은 의학적 판단을 내리는 데 중요한 근거로 다루어졌지요.

이처럼 이슬람 세계의 학자들은 식물을 단순한 재료가 아니라, 관찰과 분류를 통해 이해해야 할 자연의 질서로 바라보았습니다. 그들의 연구는 고대의 지식을 계승하는 데 그치지 않고, 식물학과 약학을 하나의 학문으로 발전시키는 결정적인 연결 고리가 되었어요.

르네상스와 식물 도해 탄생

1500년대 유럽은 새로운 빛으로 물들고 있었습니다. 인쇄기가 널리 퍼지면서, 세상은 손으로 베끼던 시대에서 활자로 복제되는 시대로 바뀌고 있었지요. 이 변화는 학문의 방식 자체를 바꾸어 놓았습니다. 바로 이 시기에, 식물은 처음으로 정확한 그림을 통해 책 속에 들어오게 됩니다. 이는 예술의 변화가 아니라, 과학의 언어가 바뀌는 순간이기도 했습니다. 그 중심에는 오토 브룬펠스Otto Brunfels라는 독일의 학자가 있었어요.

브룬펠스는 원래 수도사였지만, 종교 개혁에 영향을 받아 수도사를 그만두고, 의사이자 식물학자의 길을 선택했어요. 당시 의학은 약초학과 밀접하게 연결되어 있었고, 식물을 정확히 아는 일은 곧 사람의 생명과 직결된 문제였지요. 그러나 중세의 책들은 여전히 전통과 상징, 전설에 크게 의존하고 있었습니다. 식물은 관찰의 대상이라기보다, 신비한 의미를 담은 존재로 설명되는 경우가 많았어요.

브룬펠스는 이런 방식에 의문을 품었습니다. 그는 전해 들은 이야기가 아니라, 눈으로 본 식물의 모습을 기록해야 한다고 생각했지요. 그 결과 1530년대에 『살아 있는 식물의 초상』을 출간합니다. 이 책은 실제 식물을 직접 관찰하고 그린 그림을 바탕으로 만든 책으로 식물학 연구에 중요한 기여를 했어요.

브룬펠스는 식물의 정확한 모습을 남기기 위해 화가 한스 베이디츠와 함께 작업합니다. 베이디츠는 식물의 전체 형태뿐 아니라 잎맥의 흐름, 꽃잎의 배열, 뿌리의 굵기와 길이, 열매의 모양까지 세밀하게 묘사했어요. 때로는 벌레가 갉아먹은 흔적이나 시든 잎까지 그대로 그려 넣었지요. 이는 식물을 있는 그대로 보여 주려는 시도였습니다. 이 책을 기점으로 식물은 상징의 대상에서 관찰과 기록의 대상으로 바뀌기 시작했어요. 설명 방식도 달라졌지요.

오토 브룬펠스

"이 식물은 잎이 세 갈래로 갈라지며, 뿌리는 가늘고 땅속에서 옆으로 뻗는다."

이러한 구체적인 기록은 자연을 직접 관찰하고, 그 결과를 언어로 정리하려는 과학적 태도의 출발점이었지요.

한스 베이디츠가 그린 미나리아재비과 식물

식물에 이름과 주소를 붙인 클루시우스

16세기 유럽은 낯선 식물들로 술렁이고 있었습니다. 대항해 시대가 열리면서 아시아와 아메리카, 아프리카에서 온 이름 모를 꽃과 나무들이 항구로 쏟아져 들어왔지요. 사람들은 그것을 약으로 쓰거나 정원에 심었지만, 정작 그 식물이 어디에서 왔고, 어떤 환경에서 자라는지는 잘 알지 못했습니다. 이 혼란 속에서 식물마다 이름과 주소를 붙이려 한 사람이 있었어요. 그가 바로 카롤루스 클루시우스Carolus Clusius입니다.

클루시우스는 식물을 단순히 모으는 데 만족하지 않았어요. 식물마다 고유한 이름을 붙이고, 그 식물이 자라는 곳과 잘 자랄 수 있는 조건을 기록했습니다. 그는 유럽 곳곳을 여행하며 지중해, 발칸반도, 알프스산맥 등지에서 식물을 관찰하고 채집했어요. 그리고 각 식물의 서식지, 성장 조건, 형태적 특징을 꼼꼼히 적어 남겼지요.

1590년에 설립된 레이던 대학교 식물원에서, 클루시우스는 1593년부터 초대 원장으로 부임하며 연구와 교육을 위한 근대적 식물원 운영 체

카롤루스 클루시우스
- 1526년: 아라스(현재 프랑스)에서 태어남.
- 1540~1550년대: 독일, 프랑스, 이탈리아 등지에서 의학과 식물학을 공부함.
- 1573년: 오스트리아 합스부르크 궁정의 식물원 책임자로 임명되어 희귀 식물 수집에 힘씀.
- 1593년: 레이던 대학교 식물원 초대 원장으로 임명됨.
- 1609년: 네덜란드 레이던에서 사망함.

계를 확립했습니다. 그의 식물원은 단순한 관상용 정원이 아니었어요. 식물마다 이름표가 붙어 있었고 비슷한 종끼리 구역을 나누어 배치했으며, 학생과 의사, 학자들이 직접 관찰하고 비교할 수 있는 공간이었지요. 이곳에는 유럽 토종 식물뿐 아니라, 튤립처럼 중앙아시아에서 온 식물과 감자·옥수수·담배처럼 신대륙에서 전해진 작물도 함께 재배되었어요. 클루시우스는 이 식물들이 자라는 조건과 특징을 하나하나 기록했어요.

　클루시우스의 작업은 식물학의 성격을 바꾸어 놓았습니다. 식물은 더 이상 신비로운 약재나 장식물이 아니라, 관찰하고 분류해야 할 자연의 대상이 되었지요. 무엇보다 그가 남긴 가장 큰 유산은 식물학을 '수집의 기술'에서 '관찰의 과학'으로 바꾸었다는 점입니다.

식물에도 성(性)이 있다

　고대 그리스의 아리스토텔레스와 테오프라스토스는 식물을 주로 '영양분으로 자라기만 하는 생명체'로 이해했습니다. 씨앗과 열매의 존재는 알았지만, 꽃이 번식 과정에서 어떤 역할을 하는지는 분명히 설명하지 못했지요. 또한 오랫동안 사람들은 식물이 땅의 기운과 자연의 힘으로 자란다고 생각했습니다. 꽃은 열매가 맺히기 전에 피어나는 구조물로 여겨졌을 뿐, 그 안에 생식 기관이 있다는 사실은 알려지지 않았어요.

　17세기, 현미경의 발전은 식물학에도 큰 변화를 불러왔습니다. 영국의 식물학자 네헤미아 그루Nehemiah Grew는 식물의 줄기와 뿌리, 꽃을 잘라 현미경으로 관찰했어요. 그리고 1682년, 『식물의 구조와 생식에 관한 해부The Anatomy of Plants』를 출간합니다. 이 책에서 그는 꽃가루의 모습과 식물 조직의 아주 작은 구조까지 자세히 기록했어요. 그리고 꽃가루가 단순한 가루가 아니라, 식물이 번식하는 데 중요한 역할을 하는 요소일 지도 모른다고 생각했지요. 또한 그는 식물 내부에 관다발과 미세한 조직 구조가 존재한다는 사실도 설명했어요.

독일 튀빙겐 대학교의 식물학자 루돌프 야콥 카메라리우스Rudolf Jakob Camerarius는 한 가지 질문을 던졌습니다. "식물에도 수컷과 암컷이 존재할까?" 그리고 1694년, 『식물의 수컷과 암컷에 관하여De sexu plantarum epistola』를 발표하며 실험 결과를 공개했습니다. 카메라리우스는 뽕나무, 시금치, 옥수수 등에서 실험을 진행했어요. 그는 수컷 꽃을 없애거나 암

네헤미아 그루
- •1641년: 영국 워릭셔에서 태어남.
- •1660년대: 케임브리지 대학교에서 의학을 공부함.
- •1670년대: 현미경을 이용해 식물의 조직 구조를 관찰하며 식물 해부학의 기초를 마련함.
- •1682년: 『식물의 구조와 생식에 관한 해부』를 출판, 줄기·뿌리·잎의 미세 구조와 관다발을 체계적으로 기술함.
- •1712년: 런던에서 사망함.

루돌프 야콥 카메라리우스
- •1665년: 독일 튀빙겐에서 태어남.
- •17세기 말: 튀빙겐 대학교에서 의학과 자연 철학을 공부하고 교수로 활동함.
- •1694년: 『식물의 수컷과 암컷에 관하여』를 발표, 실험을 통해 식물의 생식에 암수 구별이 존재함을 처음으로 증명함.
- •1721년: 튀빙겐에서 사망함.

꽃과 멀리 떨어뜨려 놓은 식물에서는 씨앗이 맺히지 않는다는 사실을 직접 확인했지요. 겉으로는 열매처럼 보이더라도, 수분이 이루어지지 않으면 씨앗이 생기지 않았어요. 그의 결론은 명확했습니다.

"꽃가루는 식물의 수컷 요소이며 암술에 도달해야만 씨앗이 형성된다."

역사 속으로

튤립 파동

17세기 네덜란드에서는, 한 송이의 꽃이 금보다 비싸게 거래되던 시기가 있었습니다. 그 주인공은 바로 튤립이지요. 튤립의 고향은 원래 중앙아시아의 톈산산맥 일대예요. 이 꽃은 오스만 제국 황실 정원의 상징으로 사랑받다가, 16세기 말 외교와 무역을 통해 유럽으로 건너오게 되었습니다.

1593년, 식물학자 카롤루스 클루시우스는 네덜란드 레이던 식물원에 튤립을 심었습니다. 이는 유럽에서 확인되는 가장 이른 공식적인 튤립 재배 기록 가운데 하나입니다.

그런데 튤립은 왜 그렇게 비싸졌을까요? 사람들은 일부 튤립의 꽃잎에 불규칙한 줄무늬와 얼룩이 나타나는 현상을 발견했고, 이를 '브레이크 현상'이라 불렀습니다. 이런 튤립은 특히 아름답고 희귀하게 여겨졌어요. 훗날 밝혀진 사실이지만, 사실 이 무늬는 튤립 모자이크 바이러스에 감염되어 생긴 결과였습니다. 하지만 당시 사람들은 그 원인을 알지 못했고, 오히려 자연이 만든 최고의 예술품으로 숭배했어요.

튤립의 인기가 치솟자 사람들은 앞다투어 구근(뿌리)을 사들이기 시작했습니다. 하지만 튤립은 번식 속도가 무척 느린 식물이에요. 수요는 폭발하는데 공급이 따라가지 못하니 가격은 천정부지로 솟구쳤습니다.

1630년대에 들어서면서 상황은 더욱 과열되었습니다. 사람들은 당장 눈앞에 있는 구근뿐만 아니라, 아직 피지도 않은 '미래의 꽃'을 거래하기 시작했어요. "내년 봄에 받을 튤립을 지금 미리 사고, 값이 오르면 되팔자!"라는 식이었지요. 이는 오늘날의 선물거래와 비슷한 형태예요.

하지만 이 거품은 오래가지 않았습니다. 1637년 2월, 한 경매에서 튤립을 사려는 사람이 단 한 명도 나타나지 않았습니다. 그 순간, 사람들은 의문을 품기 시작했지요. "혹시 이 꽃이 그만한 가치가 없는 건 아닐까?" 신뢰가 무너지자 가격은 급격히 떨어졌고, 거래 계약서는 순식간에 힘을 잃었습니다. 네덜란드 당국이 중재에 나섰지만, 이미 시장은 붕괴된 뒤였어요. 튤립 파동은 흔히 세계 최초의 투기 거품 사례로 불립니다. 이는 한 송이의 꽃이 아니라, 사람들의 기대와 믿음이 만든 가격이 얼마나 쉽게 무너질 수 있는지를 보여 준 역사적 사건이었습니다.

이 연구는 식물의 번식이 성적 과정에 의해 이루어진다는 것을 실험적으로 입증한 최초의 사례가 되었어요. 이 발견은 이후 식물 분류학에 큰 영향을 주었는데, 18세기 린네는 바로 이 '암술과 수술'의 수를 기준으로 식물을 분류해요. 즉, 식물의 성(性)을 밝힌 연구는 단순한 생식 이론을 넘어 현대 식물 분류학의 기초를 놓은 발견이었던 셈입니다.

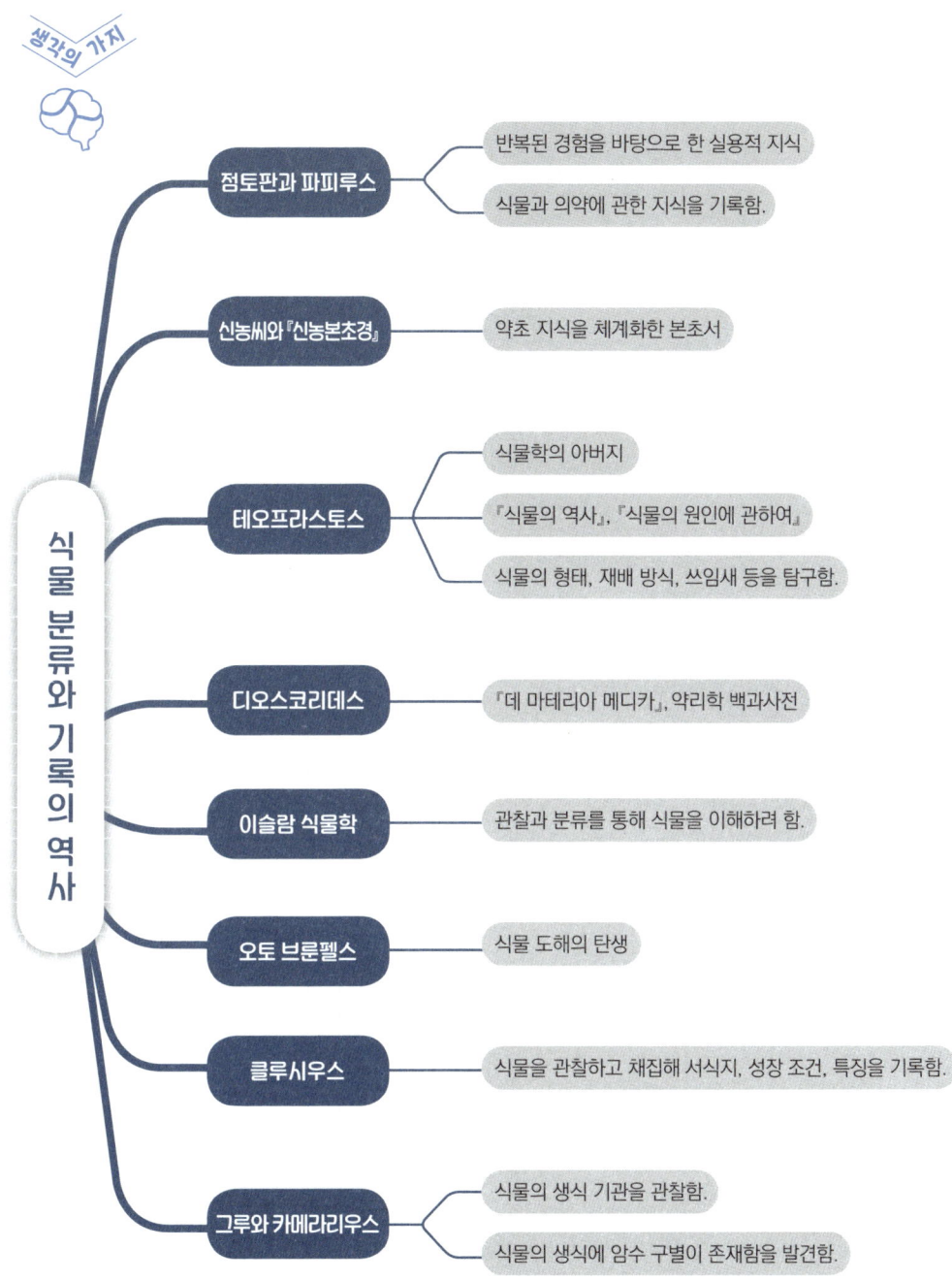

생각의 가지

식물 분류와 기록의 역사

점토판과 파피루스
- 반복된 경험을 바탕으로 한 실용적 지식
- 식물과 의약에 관한 지식을 기록함.

신농씨와 『신농본초경』
- 약초 지식을 체계화한 본초서

테오프라스토스
- 식물학의 아버지
- 『식물의 역사』, 『식물의 원인에 관하여』
- 식물의 형태, 재배 방식, 쓰임새 등을 탐구함.

디오스코리데스
- 『데 마테리아 메디카』, 약리학 백과사전

이슬람 식물학
- 관찰과 분류를 통해 식물을 이해하려 함.

오토 브룬펠스
- 식물 도해의 탄생

클루시우스
- 식물을 관찰하고 채집해 서식지, 성장 조건, 특징을 기록함.

그루와 카메라리우스
- 식물의 생식 기관을 관찰함.
- 식물의 생식에 암수 구별이 존재함을 발견함.

6장

곤충 관찰과 발견의 역사

곤충의 변태 과정을 그린 삽화(마리아 지빌라 메리안, 1705년)

정교수의 pick

◆ 곤충의 기원 ◆ 변태 ◆ 아리스토텔레스
◆ 테오프라스토스 ◆ 흑사병
◆ 자연 발생설 ◆ 곤충 분류

곤충을 보는 눈이 바뀌다

영화 〈더 플라이〉는 한 과학자의 실험으로 시작됩니다. 그는 물체를 한 장소에서 다른 장소로 순간 이동시키는 장치를 개발해요. 그런데 실험 도중 파리 한 마리가 장치 안으로 들어가고, 그 결과 과학자의 몸은 파리와 섞여 서서히 변해 가지요. 이 영화는 단순한 공포 이야기가 아닙니다. "인간과 곤충의 경계는 어디에 있을까?", "변태Metamorphosis는 곤충에게만 일어나는 현상일까?"와 같은 질문을 던지며, 곤충의 생물학적 변태와 인간의 변화 가능성을 겹쳐 보게 만드는 이야기입니다.

실제로 곤충은 인류보다 훨씬 오래된 생명체입니다. 약 4억 년 전 데본기 시대에 이미 지구에 등장했고, 날개를 얻은 뒤에는 공룡보다 먼저 하늘을 차지했어요. 또 꽃이 나타나기 훨씬 이전부터 곤충은 육상 생태계의 중요한 구성원이었지요.

그러나 인간이 곤충을 과학적으로 이해하기 시작한 역사는 그리 길지 않습니다. 눈에 보이는 곤충의 모습은 오래전부터 관찰되었지만, 그들의 몸속 구조와 번식 방식, 그리고 변태의 정확한 과정은 현미경이 등장하기 전까지는 제대로 설명하기 어려웠지요. 작은 몸속에 숨겨진 질서를 밝혀내기까지, 과학은 오랜 시간이 필요했습니다.

경이로움에서 상징으로, 고대 곤충학

사람이 곤충을 주의 깊게 바라보기 시작한 건 두려움 때문만은 아니었습니다. 오히려 너무 작고, 신비한 생명이라 경이로움을 느꼈기 때문이에요.

인류가 곤충에 대해 관찰하고 남긴 가장 오래된 시각적 기록은 지금으로부터 약 6천~8천 년 전으로 거슬러 올라갑니다. 스페인 동부의 쿠에바

스페인 동굴 벽화에 나타난
꿀을 채취하는 모습

데 라 아라냐 동굴 벽화에는, 사람이 나무 위 벌집에 올라 꿀을 채취하는 장면이 그려져 있어요. 손에는 그릇을 들고, 주변을 날아다니는 벌을 피해 조심스럽게 몸을 기울인 모습입니다. 이 장면은 인류가 곤충을 관찰하고, 그 산물을 적극적으로 이용하기 시작했음을 보여 주는 가장 이른 기록 가운데 하나라고 할 수 있지요. 비슷한 꿀 채집 장면은 아프리카 여

곤충, 상징이 되다

인간이 정착한 거의 모든 환경, 사막과 숲, 초원과 논밭에는 곤충이 함께 살아왔습니다. 곤충은 수분을 돕고 토양을 살리는 존재였지만, 때로는 작물을 해치거나 질병을 옮기는 위협이 되기도 했지요. 그래서 곤충은 오랫동안 '통제해야 할 대상'이자 '경계해야 할 존재'로 인식되었습니다. 그런데 곤충은 인간의 생각과 감정을 나타내는 상징의 언어이기도 했습니다. 꿀벌은 공동체와 부지런함의 상징이 되었고, 나비는 변화와 재탄생을 떠올리게 했어요. 개미는 근면과 질서를, 매미는 짧은 삶의 덧없음을 상징했지요. 이처럼 곤충의 작은 몸짓은 시와 그림, 이야기 속에서 인간의 감정과 사유를 담아내는 비유가 되었습니다. 곤충은 단순한 생물이 아니라, 인간이 자신과 세계를 이해하는 데 사용해 온 하나의 언어였던 셈입니다.

이러한 상징적 시선은 고대 이집트에서도 분명하게 나타납니다. 고대 이집트에서 쇠똥구리는 단순한 곤충이 아니라, 태양의 움직임을 닮은 신성한 존재로 여겨졌어요. 둥근 흙덩이를 굴리는 모습은 하늘을 가로지르는 태양을 떠올리게 했고, 이 곤충은 아침의 태양신 케프리의 상징이 되었습니다. 케프리는 매일 새롭게 떠오르는 태양처럼, 재생과 부활을 의미하는 신이에요.

이집트인들은 쇠똥구리의 모습을 본뜬 스카라베를 만들어 왕이나 귀족의 미라 가슴 위에 올려두었습니다. 그것은 단순한 장식이 아니라, 죽은 이의 영혼이 태양처럼 다시 태어나기를 바라는 부적이었어요. 스카라베에는 종종 태양의 순환과 부활을 기원하는 주문이 새겨졌는데, 이는 곤충이 자연 현상을 넘어 종교적 세계관의 중심 상징으로 자리 잡았음을 보여 줍니다.

샤마쉬-레쉬-우수르의 비문

러 지역의 암각화에서도 발견돼요.

기원전 2500년경, 고대 이집트 제5왕조의 파라오 니우세르레가 세운 태양 신전 벽화에는 연기를 사용해 인공 벌통에서 꿀을 채취하는 장면이 남아 있습니다. 이는 국가 차원에서 조직적인 양봉이 이루어졌음을 보여 주는 기록 중 하나로 여겨져요. 꿀이 중요한 자원이라는 사실은, 기원전 9~8세기경 메소포타미아 유프라테스 지역의 행정관이었던 샤마쉬-레쉬-우수르의 비문에서도 확인할 수 있습니다. 그 비문에는 꿀과 벌을 관리한 기록이 남아 있는데, 곤충 자원이 일찍부터 경제와 행정의 중요한 요소였음을 보여 줘요.

고대 중국의 곤충학

중국 저장성 일대의 초기 신석기 유적들에서는 일찍부터 비단 관련 흔

적들이 확인됩니다.

당시 사람들은 자연 속에서 누에가 고치를 짓는 모습을 관찰했을 것입니다. 하얗고 단단한 고치 안에서 애벌레가 번데기를 거쳐 나방으로 변하는 과정은 아주 신비롭게 보였을 거예요. 그리고 그 고치를 풀면 부드럽고 긴 실이 나온다는 사실을 발견하면서, 사람들은 그 실을 엮어 옷감과 천을 만들기 시작했습니다. 이렇게 시작된 비단은 이후 중국 문명을 대표하는 중요한 산물이 되었고, 실크는 오랫동안 중국의 상징으로 남게 됩니다.

시간이 흘러 기원전 1500년 무렵, 상나라 시대에 이르러 누에를 기르고 비단을 생산하는 기술은 한층 더 발전합니다. 이 시기의 갑골문과 유물에는 누에와 비단과 관련된 흔적이 남아 있는데, 이는 비단이 이미 중요한 생활 자원이자 교역품이었음을 보여 줘요.

전국 시대 후반부터 한 초기 무렵에 편찬된 것으로 알려진 『이아』에는 다양한 동물과 곤충의 이름이 수록되어 있습니다. 이 책은 곤충을 포함한 생물의 명칭을 분류하고 정리한 가장 이른 문헌 가운데 하나로, 이를 통해 중국에서 자연을 관찰하고 언어로 체계화하려는 시도가 일찍부터 이루어졌음을 알 수 있어요.

이처럼 고대 중국에서의 곤충에 대한 이해는 단순한 호기심을 넘어, 생활과 기술, 언어와 기록으로 이어졌습니다. 누에는 그 출발점이었고, 비단은 그 관찰이 만들어 낸 결실이었지요. 곤충을 자세히 보고, 그 변화를 기록하려는 태도는 이후 중국 자연학과 의학, 농학으로 이어지는 중요한 토대가 됩니다.

아리스토텔레스의 곤충 연구

아리스토텔레스는 기원전 4세기, 그리스 북부 마케도니아 지역의 스타게이라에서 태어났습니다. 그는 플라톤의 제자였지만, 추상적인 이념을 중시했던 스승과 달리 눈앞에 있는 생명을 직접 관찰하는 데 더 큰 가치를 두었어요. 그는 곤충을 단순히 작은 동물로 보지 않았습니다. 곤충의 몸 구조와 생활 방식 속에서 생명이 어떻게 조직되고 유지되는지를 이해하려 했어요. 아리스토텔레스는 곤충의 다리 수, 날개의 형태, 입의 구조, 번식 방식 등을 자세히 관찰했고, 이러한 내용을 『동물지Historia Animalium』에 기록했지요. 또한 그는 곤충이 자라면서 형태가 달라지는 과정을 관찰하고, 그 변화가 일정한 순서를 따라 이루어진다고 보았습니다. 그에게 번데기는 단순한 껍질이 아니라, '잠재된 생명'의 상징이었어요.

아리스토텔레스는 곤충의 행동도 세심하게 살폈습니다. 그는 파리가 앞다리를 서로 문지르는 모습을 관찰하고, 이것이 몸에 묻은 먼지나 액체를 제거하기 위한 행동일 가능성을 기록했어요. 또한 개미들이 한 줄로 이동하는 장면을 보고, 개미들이 서로 어떤 방식으로 연결되어 행동한다고 추측했습니다. 비록 '페로몬'이라는 개념은 없었지만, 곤충이 단순히 흩어져 움직이지 않는다는 점은 분명히 인식했던 셈입니다.

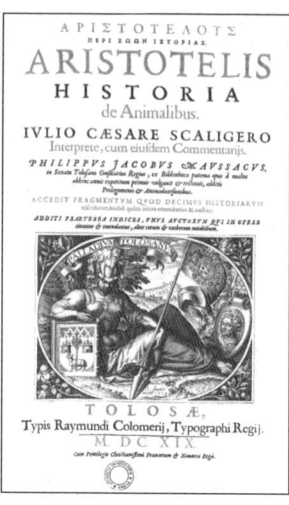

『동물지』

그는 꿀벌 사회에도 큰 관심을 보였습니다. 벌들이 집을 짓고 역할을 나누며 질서를 유지한다는 점을 관찰했지요. 그는 벌집의 중심에 있는 존재를 '왕벌'로 기록했는데, 이 왕벌이 수컷이라고 생각했습니다. 당시에는 생식에 대한 이해가 부족했기 때문에, 오늘날 우리가 말하는 여왕벌이 암컷이라는 사실은 알지 못했던 거예요.

테오프라스토스와 식물 – 곤충 관계의 관찰

테오프라스토스는 아리스토텔레스의 뒤를 이은 철학자이자 과학자입니다. 그는 스승이 남긴 『동물지』의 전통과 관찰 중심 태도를 이어받아, 자연의 생명체를 서로 연결된 존재로 바라보았어요. 특히 그는 곤충이 식물과 어떤 관계를 맺으며 살아가는지에 주목했지요.

테오프라스토스는 곤충이 식물에 미치는 영향을 관찰하고 꾸준히 기록했습니다. 올리브나무와 무화과나무를 관찰하며, 잎을 갉아 먹거나 열매를 상하게 하는 벌레가 존재한다는 사실을 관찰했고, 이러한 곤충들이 식물의 성장과 수확에 어떤 영향을 미치는지도 함께 살폈습니다.

또한 그는 곤충이 어떻게 생겨나고 자라는지가 주변 환경과 깊이 연결되어 있다는 점에 주목했습니다. 습하고 따뜻한 계절에 벌레가 많아진다는 사실, 특정 기후 조건에서 해충이 급증한다는 관찰은 그의 저서 『식물의 역사』 곳곳에 등장합니다. 이는 곤충을 단순한 우연의 산물이 아니라, 자연 속에서 반복적으로 나타나는 존재로 이해하려는 시도였지요.

테오프라스토스에게 곤충은 연구의 중심 대상이라기보다, 식물을 이해하기 위한 중요한 단서였습니다. 식물과 곤충, 환경이 서로 얽혀 있다는 그의 관찰은 이후 농업과 생태적 사고로 이어지는 중요한 출발점이 되었습니다.

유럽을 덮친 흑사병의 생물학

14세기 중반, 유럽을 휩쓴 흑사병은 인류 역사에서 가장 참혹한 전염병 가운데 하나였습니다. 짧은 기간 동안 무려 유럽 인구의 약 3분의 1이 목숨을 잃었지요. 당시 사람들은 이 재앙을 하늘의 분노나 신의 징벌로 여겼지만, 그 시작은 눈에도 보이지 않는 아주 작은 생명체였습니다.

흑사병의 실제 원인은 예르시니아 페스티스Yersinia pestis라는 세균입니다. 이 세균은 원래 아시아 지역의 야생 설치류, 특히 들쥐나 다람쥐 같은 동물의 몸속에서 살아가던 미생물이었어요. 자연 상태에서는 숙주와 균이 비교적 균형을 이루며 공존하고 있었지요.

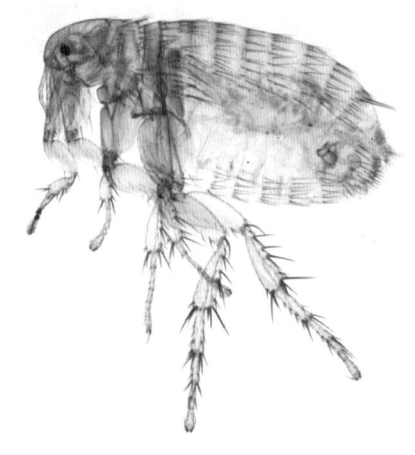

동양쥐벼룩

그러나 인간이 도시를 세우고 곡식을 대량으로 저장하기 시작하면서 상황이 달라지기 시작합니다. 먹이를 찾아 쥐들이 사람의 거처로 몰려들었고, 그 쥐들의 몸에 붙어 있던 벼룩, 특히 동양쥐벼룩Xenopsylla cheopis이 인간의 생활 공간으로 옮겨오게 되었어요. 벼룩은 몸집에 비해 많은 양의 피를 빨아들이는 곤충인데, 페스트균은 벼룩의 소화관 속에서 증식합니다. 이때 페스트균은 앞창자, 즉 소화관의 앞부분(전위)을 막아 버려요. 그러면 벼룩은 피를 제대로 삼킬 수 없게 되고, 늘 굶주린 상태에 놓이게 되지요. 충분히 먹지 못한 벼룩은 숙주를 반복해 물게 되고, 그 과정에서 소화관 안에 있던 세균이 역류해 상처를 통해 사람의 혈관으로 들어가면서 감염이 시작돼요.

세균이 인체에 들어오면 가장 먼저 림프샘을 공격합니다. 세균이 증식하면서 림프샘이 심하게 부풀어 오르고, 겨드랑이나 사타구니에 검게 변한 혹Bubo이 생겼으며, 전신이 검게 변하는 증상까지 나타났습니다. 이 때문에 사람들은 이 병을 흑사병Black Death이라 불렀어요.

감염이 더 진행되면 세균은 혈류로 퍼져 패혈증을 일으킵니다. 혈액 응고 장애가 발생하면서 피부가 검게 변하고, 심장과 신장 같은 주요 장기가 기능을 멈추게 되지요. 세균이 폐까지 침투하면 폐페스트가 되는데, 이 단계에서는 기침이나 재채기를 통해 사람에게서 사람으로 전염되었어요.

하지만 중세 사람들은 이러한 병의 원리를 전혀 알지 못했어요. 많은 이들은 독기, 즉 '미아즈마Miasma'가 질병을 옮긴다고 믿었고, 어떤 이들은 신의 벌이라 여겼지요. 이러한 생각은 후대인 17세기 유럽에서도 이

부리 모양의 마스크를 쓴
부리 의사, 닥터 쉬나벨

어졌어요. 당시 의사들은 향기로운 허브와 향신료를 채운 부리 모양의 마스크를 쓰고 다녔고, 사람들은 이들을 '부리 의사', 즉 닥터 쉬나벨Dr. Schnabel이라 불렀어요. 그들은 향기가 나쁜 공기를 정화해 줄 것이라 믿었던 거예요.

그러나 이 모든 노력에도 불구하고 흑사병은 막을 수 없었어요. 병의 진짜 원인이 곤충과 세균이라는 사실이 현미경과 세균학이 등장한 훗날에서야 비로소 밝혀졌기 때문입니다.

곤충의 입 구조를 연구한 파브리키우스

근대에 들어 확대경과 현미경이 널리 사용되면서, 과학자들은 작은 생명체를 더 이상 겉모습만으로 판단하지 않게 되었습니다. 눈에 보이지 않던 내부 구조와 기능이 새로운 이해의 열쇠가 된 거예요. 이 변화는 곤충 연구에서도 중요한 전환점이 됩니다.

이러한 흐름의 배경에는 르네상스 이후 발전한 해부학적 관찰의 전통이 있었습니다. 이 전통을 대표하는 인물 가운데 한 사람이 앞에서 만났던 해부학자 히에로니무스 파브리치우스입니다. 그는 사람과 동물의 몸을 정밀하게 해부하며 구조를 이해하려 했고, 해부학 교육과 해부 극장의 발전에도 큰 역할을 했지요. 이러한 그의 업적은 '관찰을 통해 구조를 이해한다'라는 방법론을 확립하는 계기가 되었고, 이 관점이 훗날 곤충학에도 영향을 주게 됩니다.

곤충 분류의 기준을 바꾼 인물은 그보다 한 세대 뒤에 등장합니다. 18

세기 덴마크의 곤충학자 요한 크리스티안 파브리키우스는 곤충을 분류할 때 날개보다 입 부분이 훨씬 중요하다고 보았어요.

그는 곤충이 무엇을, 어떻게 먹는지에 따라 입의 구조가 뚜렷하게 달라진다는 점에 주목했습니다. 씹는 데 적합한 턱을 가진 곤충과, 액체를 빨아들이는 흡관을 지닌 곤충은 생활 방식 자체가 다르다고 본 것이지요. 이 관점은 1775년에 출간된 그의 책『곤충 체계Systema Entomologiae』를 통해 본격적으로 제시되었고, 곤충 분류학의 중요한 전환점이 되었어요. 또한 이때부터 곤충은 단순히 날개의 수나 크기로 나뉘는 존재가 아니라, 먹는 방식과 구조적 기능에 따라 이해되기 시작했지요.

그는 곤충을 분류할 때 입의 구조를 중요한 기준으로 삼았습니다. 예를 들어, 입 모양에 따라서는 다음과 같이 두 부류로 나누었어요.

- 씹는 형: 개미, 메뚜기, 딱정벌레처럼 단단한 턱으로 먹이를 씹는 곤충
- 빠는 형: 나비, 모기, 파리처럼 액체를 빠는 입 구조를 가진 곤충

이렇게 해부학에서 시작된 구조 중심의 관찰은 곤충학으로 이어지며, 생명을 바라보는 과학의 시선을 한층 더 깊게 만들었어요. 작은 곤충의 입은, 생물 분류의 기준이 어떻게 바뀌었는지를 보여 주는 중요한 단서가 되었습니다.

구더기는 어디서 오는가, 프란체스코 레디

17세기 유럽에서는 썩은 고기에서 구더기가 '저절로' 생긴다는 자연 발생설이 널리 퍼져 있었습니다. 그 누구도 이상하게 여기지 않았지요. 하지만 이 통념에 실험으로 도전한 사람이 있습니다. 바로 이탈리아의 의사이자 학자 프란체스코 레디Francesco Redi입니다.

1626년, 이탈리아 아레초에서 태어난 레디는 자연을 사랑하고 작은 벌레 하나에도 호기심을 갖는 아이였습니다. 피사 대학교에서 의학을 공부한 레디는 의사가 된 후에도 사람과 동물의 몸, 그리고 그 안에서 일어나는 일들을 관찰하고 실험하는 것을 멈추지 않았어요.

1668년, 레디는 당시의 통념을 시험하기 위한 실험을 시작합니다. 그는 고기를 담은 항아리를 여러 개 준비해, 일부는 그대로 열어 두고, 일부는 천으로 덮어 파리가 접근하지 못하도록 했습니다. 시간이 지나자 열어 둔 항아리에서는 구더기가 생겼지만, 천으로 덮은 항아리에는 구더기가 생기지 않았어요. 대신 천 위에서는 파리의 알과 작은 유충이 발견

프란체스코 레디
- 1626년: 이탈리아 아레초에서 태어남.
- 1647년: 피사 대학교에서 의학 박사 학위를 받음.
- 1660년대: 실험을 통해 자연 발생설에 의문을 제기함.
- 1668년: 고기와 구더기 실험을 통해 구더기가 썩은 고기에서 저절로 생기는 것이 아니라 파리에서 비롯된다는 점을 보여 줌.
- 1670~80년대: 독과 해독 연구, 기생충학·독물학 발전에 기여함.
- 1697년: 피렌체에서 사망함.

되었지요.

이 실험을 통해 레디는 아주 중요한 사실을 밝혀냈어요. <mark>구더기는 썩은 고기에서 저절로 생기는 것이 아니라, 파리가 낳은 알에서 태어난 유충</mark>이라는 점이었지요.

또한 유충은 먹이를 직접 먹어야 자랄 수 있는데, 천으로 막아 놓으면 고기에 닿지 못해 제대로 자라지 못한다는 사실도 확인했어요.

『곤충 발생에 관한 실험』

레디는 이 실험 결과를 정리해 1668년, 『곤충 발생에 관한 실험』을 출간했습니다. 그는 여기서 그치지 않고, 구더기를 병에 옮겨 계속 관찰했어요. 시간이 흐르자 유충은 번데기가 되었고, 마침내 성체 파리로 변해 병 안을 날아다녔지요. 레디는 확신합니다. "구더기는 파리의 자손이다." 이는 자연 발생설을 정면으로 반박하는 결정적인 증거였어요.

레디의 관심은 곤충에만 머물지 않았습니다. 그는 『곤충 발생에 관한 실험』에서 진드기와 여러 외부 기생충을 자세히 기록했고, 당시로서는 매우 정밀한 삽화를 남겼습니다. 또한 사슴의 비

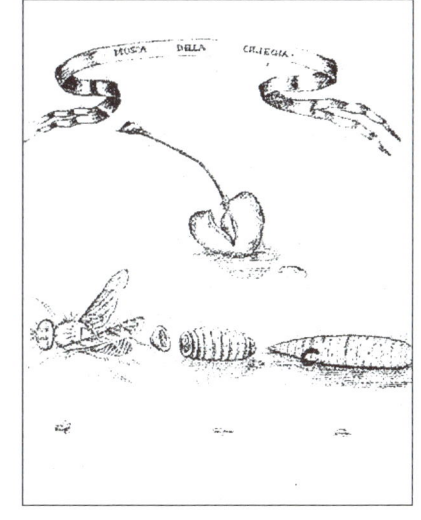

체리 과실파리의 발생에 관한 관찰

강에 기생하는 코파리 유충과, 양의 간에 기생하는 간흡충을 과학적으로 관찰하고 기술한 선구자 가운데 한 사람이었어요. 오늘날, 이 생물들은 모두 수의학과 의학에서 중요한 병원성 기생충으로 알려졌지요.

1668년의 실험 이후에도 연구를 이어간 레디는, 1684년에『살아 있는 동물 속에 사는 살아 있는 생물에 대한 관찰』이라는 책을 출간합니다. 이 책에서 그는 사람과 가축, 물고기, 곤충의 몸속에서 발견되는 100종이 넘는 기생 생물을 관찰과 실험을 통해 소개했어요. 이를 통해 그는 "생명은 또 다른 생명 속에서 살아간다"라는 사실을 분명히 보여 주었지요.

프란체스코 레디는 이렇게 관찰과 실험을 통해 보이지 않던 생명의 질서를 드러낸 인물이었습니다. 그의 연구는 곤충학과 기생충학, 그리고 실험 생물학의 기초가 되었고, 자연을 설명하는 방식 자체를 바꾸어 놓았어요.

현미경 아래의 곤충, 요하네스 스바메르담

요하네스 스바메르담Johannes Swammerdam은 1637년 2월 12일, 네덜란드 암스테르담에서 태어났습니다. 그의 아버지는 약제사이자 끝없는 호기심을 가진 수집가였어요. 그래서 그의 집은 마치 작은 '박물관' 같았다고 해요. 선반마다 광물, 화석, 동전, 곤충, 그리고 전 세계에서 온 신기한 물건들이 가득했지요. 어린 스바메르담은 아버지 곁에서 그 소중한 수집품들을 닦고 정리하며 자랐어요.

스바메르담의 아버지는 아들이 신학자가 되길 바랐습니다. 하지만 스바메르담은 성서보다 과학에 더 흥미가 있었어요. 특히 작은 생명체를 확대해 보여주는 현미경은 그에게 완전히 새로운 세계를 열어 주었습니다. 1661년, 그는 레이던 대학교에 입학해 의학을 공부하기 시작합니다. 당시 레이던은 유럽에서 가장 앞선 해부학과 의학 교육이 이루어지던 곳이었지요. 스바메르담은 해부학자 요하네스 판 호른Johannes van Horne과 의사이자 화학자

요하네스 스바메르담

인 프란시스쿠스 실비우스Franciscus Sylvius 밑에서 공부하며, 인체의 해부학적 구조와 실험적 연구 방법을 배웠습니다. 그는 의학을 공부하면서도 개인적인 곤충 수집과 관찰을 게을리하지 않았어요. 작은 병과 상자에 벌레를 담아 현미경으로 들여다보며, 날개와 다리, 더듬이, 내부 기관의 구조를 하나씩 해부하기 시작했지요. 스바메르담은 곧 아주 작은 곤충의 몸속에도 놀라울 만큼 정교한 구조와 일정한 질서가 있다는 사실을 깨달았습니다. 이 깨달음은 당시 널리 퍼져 있던 생각과는 전혀 다른 것이었어요. 많은 사람은 곤충을 불완전하고 하찮은 생명으로 여겼지만, 스바메르담에게 곤충은 인간이나 다른 동물과 마찬가지로 치밀한 구조를 지닌 완전한 생명이었습니다. 그의 연구는 이후 곤충의 변태와 발생을 이해하는 방식에 커다란 전환점을 마련하게 됩니다.

1663년, 스바메르담은 더 넓은 학문 세계를 경험하기 위해 프랑스로 떠납니다. 당시 프랑스는 유럽 과학자들이 모여들던 지식의 중심지였어요. 그는 이곳에서 니콜라우스 스테노와 같은 당대의 자연학자들이 펼치

던 새로운 해부학적 연구와 관찰 중심의 과학 분위기를 접하게 됩니다. 이후 그는 파리로 이동해, 과학자이자 외교관이었던 멜키세데크 테브노가 이끌던 모임과 교류하며 연구를 이어 갔어요. 테브노는 실험과 직접 관찰의 중요성을 강조한 인물로, 스바메르담에게도 자연을 눈으로 보고 증거로 설명해야 한다는 태도를 심어 주었습니다.

1667년, 스바메르담은 네덜란드로 돌아와 레이던 대학교에서 의학 박사 학위를 받았습니다. 그의 학위 논문은 〈폐의 호흡 작용에 대하여〉로, 인체의 생리 기능을 해부학적으로 설명한 연구였어요. 그러나 의학을 공부하던 젊은 스바메르담의 관심은 점점 사람의 몸보다 더 작은 생명으로 옮겨갔습니다. 그가 현미경 아래에서 마주한 것은 사람들이 하찮게 여기던 곤충의 세계였지요. 그는 곤충을 해부하면서 놀라운 사실을 깨닫습니다. 곤충의 작은 몸속에도 근육과 내장처럼 정교한 구조가 존재한다는 사실을요. 이는 곤충을 '불완전한 동물'로 보았던 고대의 생각과는 정면으로 배치되는 발견이었어요.

1669년, 스바메르담은 자신의 연구를 정리해 『곤충의 일반 역사』를 출간합니다. 이 책에는 네덜란드와 프랑스 일대에서 수집한 곤충의 내부 구조, 변태 과정, 번식 방식이 세밀한 해부 그림과 함께 기록되어 있었어요. 그는 곤충이 그저 본능에 따라 움직이기만 하는 단순한 존재가 아니라, 질서 있게 짜인 내부 구조를 가진 하나의 완전한 생명체라고 보았지요.

하지만 스바메르담의 아버지는 아들이 의사로서 안정적인 생계를 꾸리길 원했고, 곤충 연구에 몰두하는 삶을 탐탁지 않게 여겼어요. 결국 아버지는 경제적 지원을 끊었고, 스바메르담은 병원에서 해부 허가를 받아

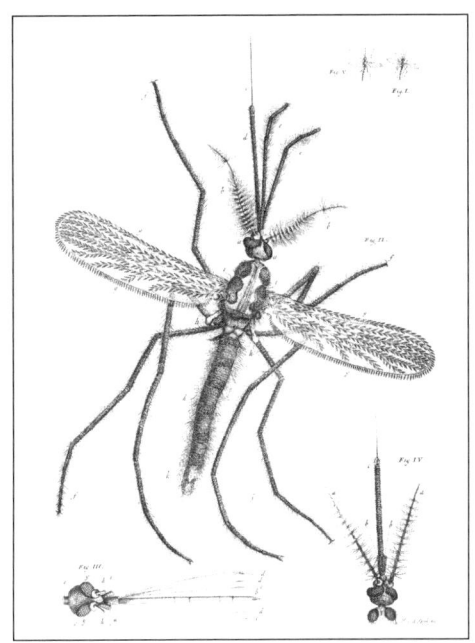

사람의 시신을 연구하며 생계를 이어 가야 했습니다. 그 와중에도 그는 틈틈이 곤충 해부를 멈추지 않았어요.

그는 벌을 해부하던 중, 사람들이 '왕벌'이라 불러 온 존재가 사실은 암 컷, 즉 여왕벌이라는 사실을 밝혀냅니다. 여왕벌의 몸속에서 수많은 알 을 발견했기 때문이지요. 하지만 이 발견은 너무 파격적이어서, 그는 생 전에 이를 널리 발표하지 못했습니다.

또한 그는 나비의 애벌레를 해부해, 그 내부에 이미 날개와 다리의 구조 가 존재한다는 사실을 확인했습니다. 이는 변태가 갑작스러운 변신이 아니 라, 애벌레 단계부터 차곡차곡 준비되는 연속적인 발달 과정임을 보여 주 는 증거였어요. 스바메르담은 『곤충의 일반 역사』에서 이렇게 적었습니다.

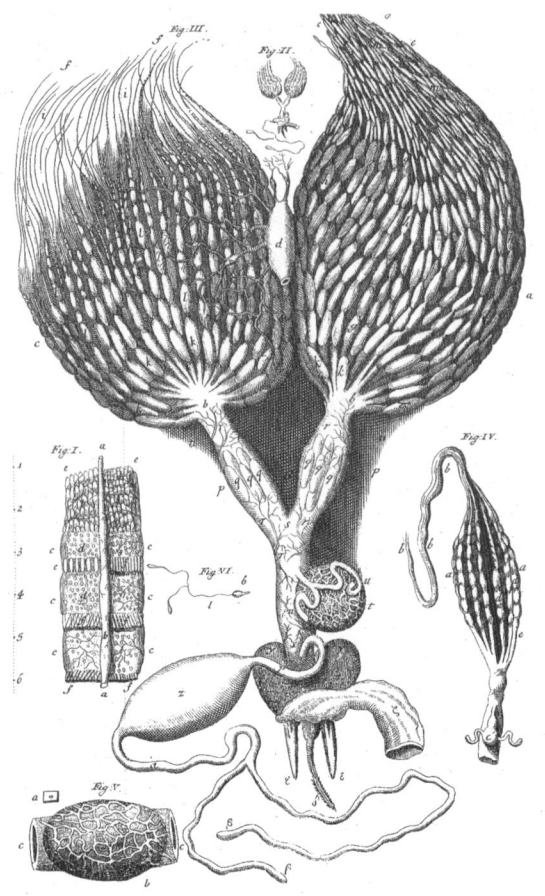

"모든 곤충은 알에서 시작한다."

그는 곤충과 인간 사이에 본질적인 위계 차이는 없으며, 모든 생명은 같은 창조 질서 안에 놓여 있다고 믿었어요. 곤충을 하찮은 존재로 여기는 생각을 그는 '저속한 오류'라고 불렀습니다. 이 신념은 이후 곤충학과 발생학이 과학으로 자리 잡는 데 중요한 토대가 되었습니다.

근대 곤충학의 탄생

17세기 유럽에서 현미경이 등장하자, 과
학자들은 더 이상 생명을 겉모습만으로 판
단하지 않게 되었습니다. 작은 생명체의 내
부 구조를 직접 보고 설명하려는 시도가 본
격적으로 시작되었지요. 레디와 말피기, 스
바메르담 같은 선구자들은 곤충이 '불완전
한 존재'가 아니라 정교한 구조를 지닌 생
명체임을 밝혀냈습니다. 이러한 연구는 18

피에르 앙드레 라트레유

세기에 들어 하나의 학문으로 정리되기 시작합니다. 곤충은 더 이상 수
집 대상이나 기이한 존재가 아니라, 분류하고 비교해야 할 자연의 일부
가 되었어요.

[피에르 앙드레 라트레유]

프랑스의 곤충학사 피에르 앙드레 라트레유Pierre André Latreille는 근대
곤충 분류학의 기초를 다진 인물입니다. 그는 곤충을 분류할 때 색이나
크기보다, 입·날개·변태 방식 같은 구조적 특징이 중요하다고 보았어요.
라트레유의 연구를 통해 딱정벌레목, 벌목, 파리목, 나비목, 노린재목, 메
뚜기목과 같은 주요 곤충 분류 체계가 정교하게 정리되었지요. 그의 체
계는 이후 곤충학자들에게 공통 언어가 되었고, 근대 곤충 분류학의 기
초가 되었어요.

- 콜레옵테라Coleoptera – 딱정벌레목: 딱딱한 앞날개로 날개를 덮는 곤충들(예: 풍뎅이, 무당벌레, 딱정벌레 등)

- 하이메노프테라Hymenoptera – 벌목: 얇고 투명한 두 쌍의 날개를 가지며, 일부는 고도로 발달한 사회성을 보이는 곤충들(예: 꿀벌, 개미, 말벌 등)

- 디프테라Diptera – 파리목: 한 쌍의 날개만 가지고, 뒷날개가 평형기로 변한 곤충들(예: 파리, 모기 등)

- 레피도프테라Lepidoptera – 나비목: 비늘 가루로 덮인 날개를 가진 곤충들(예: 나비, 나방 등)

- 헤미프테라Hemiptera – 노린재목: 입이 빨대처럼 생긴 곤충들(예: 매미, 진딧물, 노린재 등)

- 오소프테라Orthoptera – 메뚜기목: 뒷다리가 길어 뛰는 데 적합한 곤충들(예: 메뚜기, 여치, 귀뚜라미 등)

[찰스 다윈]

영국의 생물학자 찰스 다윈Charles Darwin은 비글호 항해를 통해 식물과 곤충의 관계를 세밀히 관찰했습니다. 꽃의 구조와 곤충의 입, 몸 형태가 서로 맞물려 변화해 왔다는 사실은 다윈에게 중요한 단서가 되었지요.

이 관찰은 훗날 다윈의 대표 저서 『종의 기원』으로 이어졌어요.

찰스 다윈

[윌리엄 커비와 윌리엄 스펜스]

1833년, 런던에서는 영국 곤충 학회가 설립됩니다. 이것은 곤충학이 단순한 취미나 수집이 아니라, 하나의 독립된 과학 분야로 자리 잡았다는 상징적인 사건이었어요. 학자들은 곤충의 생태, 분류, 그리고 인간 산업과의 관계를 함께 논의했지요.

이보다 앞서 영국의 곤충학자 윌리엄 커비William Kirby와 윌리엄 스펜스William Spence는 『곤충학 서설』을 출간합니다. 이 책은 곤충의 본능과 사회적 행동을 체계적으로 다룬 최초의 곤충학 저서로, 학문과 교양을 잇는 다리가 되었어요.

윌리엄 스펜스

윌리엄 커비

파브르, 관찰이 예술이 되다

[장 앙리 파브르]

19세기 후반, 프랑스 남부의 뜨거운 햇살 아래, 한 과학자가 조용히 땅바닥에 엎드려 있었습니다. 그의 이름은 장 앙리 파브르Jean-Henri Fabre 예요. 가난한 시골 교사였던 그는 누구보다도 곤충을 사랑한 사람이었어요.

파브르는 프랑스 남부 생레옹Saint-Léons의 한 산골 마을에서 태어났습니다. 부모는 가난한 농부였고, 집에는 책 한 권조차 없었어요. 대신 그는 들판의 꽃, 나비, 매미, 돌 밑의 곤충들을 스승 삼아 배웠지요. 그는 훗날 어린 시절을 떠올리며 학교보다 자연에서 더 많은 것을 배웠다고 말하기도 했어요. 파브르에게 들판은 교실이었고, 곤충은 가장 먼저 만난 교과서였던 셈이지요.

성인이 된 파브르는 곤충의 행동을 오랫동안 관찰하며, 그 움직임이 아주 섬세한 감각과 본능에 따라 이루어진다는 사실에 주목했습니다. 그는 벌이 공간을 기억하는 방식, 매미가 소리에 반응하는 특성, 개미가 집단으로 협력하는 행동을 실험과 관찰로 기록했어요. 하지만 당시 많은 학자가 곤충을 거의 반사적으로 움직이는 존재로 여겼기 때문에, 이런 연구는 쉽게 받아들여지지 않았지요.

1870년대 말, 파브르는 가족과 함께 프랑스 남부 세리냥으로 이주합니다. 그곳에서 그는 평생의 연구 공간이 될 작은 정원을 가꾸었어요. 이 정원은 말벌, 쇠똥구리, 매미, 개미, 거미가 살아 움직이는 작은 생태계였습니다. 파브르는 해가 뜨면 정원으로 나가 곤충을 관찰했고, 밤에는 등불 아래에서 하루의 기록을 남겼지요.

이렇게 이어진 30여 년의 관찰은 『곤충기』 열 권으로 완성되었습니다. 이 책에는 실험실보다 자연 속에서 얻은 관찰이 가득 담겨 있었어요.

파브르의 연구는 점차 널리 알려졌습니다. 프랑스 정부는 그의 공로를 인정해 레지옹 도뇌르 훈장을 수여했고, 찰스 다윈 역시 그의 관찰에 깊은 감탄을 표하며 편지를 보냈어요. 그러나 파브르는 명예에 흔들리지 않고, 끝까지 자신의 정원에서 곤충을 관찰하는 삶을 이어 갑니다.

파브르는 곤충을 해부하기보다 이해하려 했고, 작은 생명 하나에도 질서와 의미가 담겨 있음을 보여 주었어요. 그의 연구는 이후 생태학과 행동 생물학, 그리고 과학 글쓰기의 중요한 토대가 되었습니다.

앙리 파브르

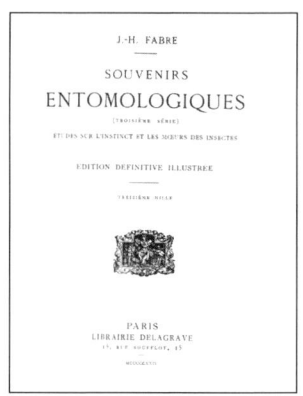

파브르 『곤충기』

곤충학은 이때부터 단순한 해부의 학문을 넘어, 생명을 이해하려는 과학으로 한 걸음 더 나아가게 됩니다. 그리고 그 변화의 중심에는, 조용히 자연을 바라보던 과학자 파브르가 있었습니다.

현미경에서 밭으로, 과학이 땅을 만나다

19세기 후반, 산업 혁명과 함께 유럽의 농업은 빠르게 변화했습니다. 기계화된 농업과 대규모 단일 재배가 늘어나자, 곤충은 더 이상 관찰의 대상이 아니라 수확을 위협하는 현실적인 문제가 되었어요. 이번에 곤충을 다시 바라보게 만든 것은 호기심이 아니라, 먹고사는 문제였습니다. 1850~1870년대, 유럽의 주요 곡창 지대는 해충 피해로 큰 어려움을 겪었습니다. 감자잎벌레, 포도 필록세라, 누에의 곰팡이병 같은 문제는 농가의 생계를 위협했지요. 이때부터 곤충학은 실험실을 벗어나, 밭과 포도원, 누에 사육장으로 향하기 시작했습니다.

영국에서는 엘리너 앤 오머로드Eleanor Anne Ormerod가 이러한 변화의 중심에 있었습니다. 그녀는 들판을 직접 찾아다니며 해충 피해를 조사했고, 1877년에 『해로운 곤충에 대한 관찰 보고서』를 펴내 농업 현장에 곧바로 활용할 수 있는 지식을 제공했습니다. 오머로드는 곤충을 몰라서

엘리너 앤 오머로드

- 1828년: 영국 서식스의 크로버러에서 태어남.
- 1840년대: 곤충 표본 채집에 관심을 보이기 시작함.
- 1868년: 가정에서 독학으로 농업 해충 연구를 본격적으로 시작함.
- 1877년: 농업 해충 보고서를 발표하며 명성을 얻음.
- 1882년: 영국 왕립 농업협회의 자문 곤충학자로 임명되어 국가적 방제 체계 확립에 기여함.
- 1899년: 농업 해충 방제 공로로 에든버러 대학교에서 명예 법학 박사 학위를 받음.
- 1901년: 세인트 알반스에서 사망함.

생기는 피해는 자연의 문제가 아니라 인간의 무지에서 비롯된 것이라고 강조했지요.

찰스 발렌타인 라일리

같은 시기, 대서양 건너 미국에서는 찰스 발렌타인 라일리Charles V. Riley가 포도 재배를 위협하던 필록세라 문제에 맞섰습니다. 그는 곤충을 완전히 없애려 하기보다, 해충에 저항성을 가진 미국산 포도 뿌리를 이용해 유럽 포도를 접목하는 방법을 제안했어요. 이 해결책은 유럽 포도 산업을 구했을 뿐 아니라, 곤충의 생태를 이해하면 농업과 공존할 수 있다는 사실을 보여 준 결정적인 사례였습니다.

이 시기의 곤충학자들은 점점 깨닫기 시작했습니다. 해충을 무조건 제거하는 방식은 오래가지 못한다는 것을요. 대신 곤충의 생활사, 번식 시기, 천적과의 관계를 이해하고 조절하려는 시도가 늘어났습니다. 이는 훗날 20세기에 정립된 종합 해충 관리(IPM)의 출발점이 되었어요.

곤충학은 더 이상 현미경 아래에만 머무르지 않았습니다. 연구자의 기록과 농부의 경험, 실험실의 관찰과 들판의 노동이 하나로 이어졌지요. 이렇게 곤충학은 기초 과학이면서 동시에 응용과학, 곧 인간의 삶과 자연을 연결하는 생활의 과학으로 자리 잡기 시작했습니다.

자연이 만든 가장 정교한 항공술, 꿀벌

우리가 아는 꿀벌은 작고 친숙한 곤충이에요. 하지만 그 비행 기술만큼은 세상 어떤 비행기보다도 정교합니다. 이 작은 몸의 날갯짓 속에는 공기 역학과 생물학, 그리고 신경 과학이 함께 숨어 있지요.

1930년대 초, 프랑스의 동물학자 앙투안 마낭Antoine Magnan과 그의 조수 앙드레 생트라귀André Sainte-Laguë는 당시 항공기 공기 역학 이론을 이용해 벌의 비행을 계산해 보았습니다. 그 결과는 예상 밖이었어요. 비행기에서 쓰이던 이론으로는 이 작은 곤충의 비행을 설명할 수 없었던 것입니다. 날개는 너무 작고, 몸은 상대적으로 무거워 보였지요. 이 모순은 과학자들에게 새로운 질문을 던졌어요. "혹시 꿀벌은 우리가 알던 비행 법칙과는 다른 방식으로 날고 있는 게 아닐까?"

이후 연구는 꿀벌의 날개가 새나 비행기처럼 단순히 위아래로만 움직이지 않는다는 사실을 밝혀냈습니다. 꿀벌은 초당 약 200회 이상 날개를 흔들며, 날개 끝에서 강한 회오리를 만들어 내요. 이 회오리는 날개 위쪽의 공기 압력을 순간적으로 낮추어 추가적인 양력을 만들어 내지요. 꿀벌은 공기를 밀어내는 대신, 공기를 회전시켜 끌어올리며 나는 존재인 셈입니다.

1990년대, 영국의 생물역학자 찰스 엘링턴Charles Ellington은 초고속 카메라를 이용해 곤충의 날개가 8자 모양으로 진동하며 비정상적 양력을 만들어 낸다는 사실을 밝혔어요. 이 발견은 곤충 비행 연구의 전환점이 되었어요.

빠른 날갯짓으로 꽃에
접근하는 꿀벌

[꿀벌 비행의 비밀]

꿀벌이 날 수 있게 하는 또 하나의 비밀은 근육에 있습니다. 꿀벌의 비행 근육은 비동기성Asynchronous Muscle으로 작동해, 한 번의 신경 자극으로 여러 차례 수축할 수 있어요. 이 덕분에 꿀벌은 적은 에너지로도 빠르고 안정적인 비행을 유지할 수 있지요. 자연이 설계한 이 생체 엔진은 효율성과 단순함, 그리고 정밀한 제어를 모두 갖추고 있답니다.

21세기에 들어 과학자들은 초고속 영상 분석과 유체 역학 시뮬레이션을 통해 꿀벌의 비행을 더욱 정밀하게 연구하고 있습니다. 캘리포니아 공과 대학의 신경생물학자 마이클 디킨슨은 꿀벌의 비행이 완벽하게 안정된 상태가 아니라, 끊임없이 조정되는 불안정한 비행임을 밝혔습니다. 매 순간 날개 각도와 속도를 미세하게 바꾸며 공기 흐름을 능동적으로 조절해 비행한다는 뜻이지요.

이 연구는 오늘날 마이크로 드론과 소형 비행 로봇을 설계하는 데 중요한 영감을 주었습니다. 작은 비행체를 안정적으로 띄우기 위해서는, 꿀벌처럼 유연한 불안정성을 활용해야 한다는 사실이 밝혀졌기 때문이에요.

꿀벌의 비행은 수학이 만든 기적이 아니라, 생명이 오랜 진화를 통해 찾아낸 해답이라 할 수 있습니다. 하늘을 나는 이 작은 곤충의 날갯짓 속에는 자연의 실험과 생명의 지혜, 그리고 과학이 아직 완전히 풀지 못한 아름다움이 담겨 있어요.

생각의 가지

곤충 관찰과 발견의 역사

아리스토텔레스
- 『동물지』
- 곤충의 형태, 행동 등에 관심을 갖고 관찰함.

테오프라스토스
- 곤충은 식물을 이해하기 위한 중요한 단서
- 식물과 곤충, 환경은 서로 얽혀 있음.

파브리키우스
- 곤충의 입의 구조를 분류의 중요 기준으로 삼음.

프란체스코 레디
- 구더기 실험_ 자연 발생설을 반박함.

스바메르담
- 현미경으로 곤충을 관찰함.
- 곤충의 몸속에도 정교한 구조와 일정한 질서가 존재한다.

근대 곤충학
- 라트레유_ 곤충 분류
- 찰스 다윈_『종의 기원』, 자연 선택
- 커비와 스펜스_『곤충학 서설』, 곤충의 본능과 사회적 행동

파브르
- 『곤충기』, 곤충에 담긴 질서와 의미를 찾으려 함.

실용 곤충학
- 오머로드와 라일리
- 기초 과학이자 응용과학, 생활의 과학으로 자리 잡기 시작함.

7장

세포, 생명의 기본 단위

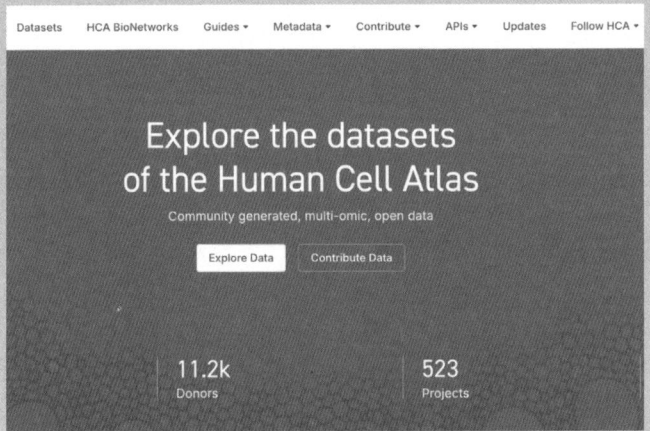

인간을 이루는 모든 세포를 하나의 지도로, 휴먼 셀 아틀라스

━━━ 정교수의 pick ━━━

◆ 세포 ◆ 생명 단위 ◆ 미생물 ◆ 로버트 훅
◆ 레이우엔훅 ◆ 슐라이덴 ◆ 슈반
◆ 피르호 ◆ 세포설

보이지 않던 세계에서 생명의 언어까지

우리는 수십조 개의 세포로 이루어진 존재입니다. 피부를 만질 때도, 숨을 쉴 때도 세포들은 쉬지 않고 움직이고 있지요. 하지만 인류가 세포의 존재를 분명히 알게 된 것은 그리 오래된 일이 아니에요. 너무 작아서 눈으로 볼 수 없었기 때문이지요.

그래서 과학자들은 "우리 몸을 이루는 세포는 무엇이며, 어디에 있고, 어떤 일을 할까?"라는 질문에 답하기 위해 하나의 거대한 지도를 만들기 시작했어요. 이 프로젝트가 바로 인간 세포 지도 Human Cell Atlas입니다.

2016년에 제안된 이 프로젝트를 통해, 전 세계 연구자들은 인체를 이루는 세포의 종류와 기능, 위치를 정밀하게 기록하기 시작했습니다. 유전자가 생명의 설계도라면, 세포 지도는 그 설계도가 실제로 어떻게 작동하는지를 보여 주는 실행 기록에 가깝지요. 같은 DNA를 가진 세포라도, 어떤 조직에 있느냐에 따라 전혀 다른 역할을 하니까요. 이 연구는 암이나 희귀 질환처럼, 세포 단위에서 이해해야 할 질병을 새롭게 바라보는 길을 열고 있어요.

최근에는 세포가 시간에 따라 어떻게 이동하고 변하며 조직을 이루는지를 3차원으로 기록하려는 연구도 이어지고 있습니다. 세포의 삶을 한 장의 사진이 아니라, 움직이는 이야기로 기록하려는 시도지요.

보이지 않는 세계의 문이 열리다, 현미경

우리는 지금, 너무 작아서 눈에 보이지 않는 것들도 관찰할 수 있습니다. 세균, 세포, DNA, 심지어 단백질과 같은 분자 수준의 세계까지, 우리 눈앞에 펼쳐지지요. 이러한 변화는 하나의 도구가 발명되면서 시작되었어요. 바로 현미경이에요. 세포를 이해해 온 인류의 역사 역시, 이 작은 도구에서 출발했다고 해도 과언이 아니랍니다.

현미경의 뿌리는 렌즈에 있습니다. 고대 로마 시대에도 유리구슬로 물체를 확대해 보려는 시도는 있었어요. 그러나 오늘날 우리가 말하는 현미경에 가까운 장치는 1590년경, 네덜란드에서 처음 등장합니다. 두 개의 볼록 렌즈를 길게 연결해 사물을 더 크게 확대하는 방식의 현미경이었어요. 당시 현미경의 확대 배율은 10~30배 정도에 불과했습니다. 지금

초기의 현미경

의 기준으로 보면 미미한 수준이지만, 사람
들은 "눈으로는 볼 수 없던 것들이 세상에
존재한다"라는 사실에 매우 놀라워했지요.

자카리아스 얀선

그렇다면 현미경은 누가 처음 발명했을
까요? 이 질문에는 명확한 한 사람의 이름
을 붙이기 어렵습니다. 다만 많은 기록에서
네덜란드의 렌즈 제작자 자카리아스 얀선
Zacharias Janssen과 그의 아버지가 초기 복
합 현미경 제작에 관여했다고 이야기해요.

전해지는 이야기 중 하나에 따르면, 어린 얀선이 렌즈 두 개를 가지고
놀다가 교회 건물이 유난히 크게 보이는 현상을 발견했고, 이를 계기로
그의 아버지가 렌즈를 결합한 장치를 만들었다고 합니다. 사실 여부를
확인할 수는 없지만, 이 일화는 당시 사람들이 우연과 호기심을 통해 새
로운 세계의 문을 열어갔음을 잘 보여 줘요.

1609년, 이탈리아의 천문학자 갈릴레오 갈릴레이는 망원경을 개조
해 작은 것들을 확대해 볼 수 있는 기계를 만들었습니다. 볼록 렌즈 하
나와 오목 렌즈 하나를 적당한 길이의 관에 넣어 조립한 이 장치는 당
시로선 매우 혁신적인 시도였지요. 그는 이 장치를 작은 눈이라는 뜻의
Occhiolino(오키올리노)에 비유하며, 인간의 시야를 확장하는 새로운
도구로 생각했어요.

그로부터 16년 뒤인 1625년, 이탈리아 의사이자 학자인 조반니 파베르
Giovanni Faber는 이 장치를 보고, 현미경Microscope이라는 이름을 붙입니
다. '작은 것을 본다'라는 뜻의 이 이름은 미시 세계를 탐구하는 과학의

상징이 되었어요.

이제 현미경은 단순한 도구를 넘어, 생명을 드러내는 창이 됩니다. 그 중심에 안톤 판 레이우엔훅Anton van Leeuwenhoek이 있어요. 레이우엔훅은 원래 천의 품질을 검사하기 위해 렌즈를 다루던 상인이었어요. 그는 그 과정에서 렌즈를 다루는 기술을 익혔고, 점차 유리 렌즈를 직접 만드는 데 몰두하게 됩니다.

그 결과 레이우엔훅은 기존의 어떤 학자도 만들지 못했던, 놀라울 만큼 해상도가 높은 단렌즈 현미경을 완성합니다. 현미경의 구조는 단순했지만, 성능은 탁월했어요. 그의 현미경은 손바닥 안에 들어갈 정도로 작았고, 렌즈 하나와 나사로 초점을 조절하는 방식이었지만 당시의 대형 복합 현미경보다 훨씬 선명한 이미지를 보여 줬지요.

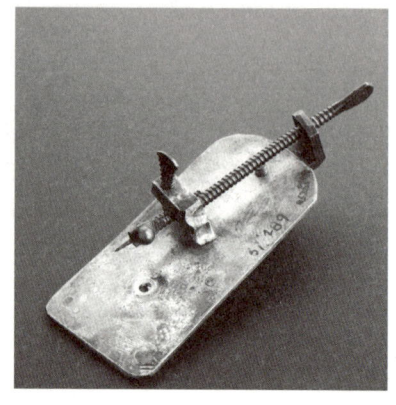
레이우엔훅의 현미경

이 작은 도구 덕분에 레이우엔훅은 세균과 정자, 적혈구 같은 아주 작은 생명체를 인류 역사상 처음으로 직접 눈으로 관찰할 수 있었습니다. 그의 발견은 생명이 보이지 않는 세계에서 어떻게 움직이는지를 처음으로 드러내며, 훗날 미생물학의 출발점이 되었어요.

Who? Who!

안톤 판 레이우엔훅

• 1632년: 네덜란드 델프트에서 태어남.
• 1650년대: 상인으로 일하며 렌즈 연마 기술에 관심을 가짐.
• 1670년대: 고배율 미세 렌즈를 직접 제작하여 단일 렌즈 현미경을 제작함.
• 1674년: 연못물 속에서 최초로 단세포 생물을 관찰하고 이를 애니멀큘이라 명명함.
• 1676년: 박테리아를 관찰함.
• 1680년: 영국 왕립 학회의 회원으로 선출됨.
• 1700년대 초: 적혈구, 정자, 근육 섬유 등 다양한 생체 구조를 지속적으로 관찰함.
• 1723년: 델프트에서 사망함.

세포라는 이름의 탄생

모든 생명체는 세포로 이루어져 있습니다. 사람도, 고양이도, 나무도, 눈에 보이지 않는 박테리아까지 모든 생명체는 세포Cell라는 기본 단위로 이루어진 구조물이에요. 세포는 생명체를 구성하는 가장 작은 단위이며, 생명 활동을 수행하는 최소 단위이기도 해요.

세포라는 이름을 처음 붙인 사람은 로버트 훅Robert Hooke입니다. 훅은 자신이 만든 현미경으로 코르크를 얇게 잘라 관찰하던 중, 벌집처럼 반복되는 빈 공간을 발견했어요. 그는 이 구조를 수도사의 작은 방을 뜻하는 라틴어 Cella에서 따 'Cell'이라 불렀지요.

훅은 자신의 관찰 결과를 1665년에 출간한 책 『마이크로그라피아Micrographia』에 담았습니다. 이 책은 당시 유럽에서 큰 반향을 일으키며 현미경 관찰을 대중화시켰고, 미시 세계에 대한 과학자들의 관심에도 불을 붙였어요.

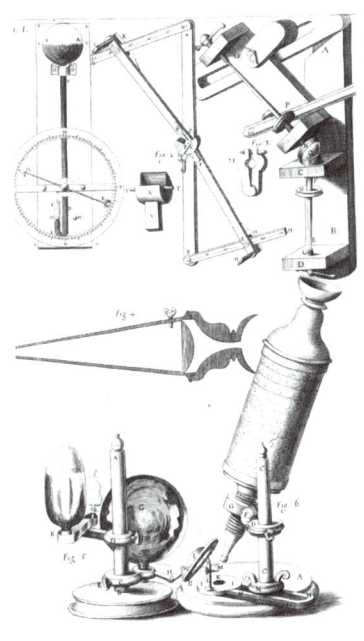

사실 훅이 본 것은 식물 세포의 내부가 아니라 세포를 감싸고 있는 단단한 벽인 '세포벽Cell wall'이었습니다. 세포벽은 식물 세포를 보호하고 형태를 유지시켜주는 구조예요. 코르크처럼 딱딱한 식물 조직에서는 죽은 세포의 내용물은 사라지고 벽만 남아 있는 경우가 많습니다. 훅

훅의 현미경 그림

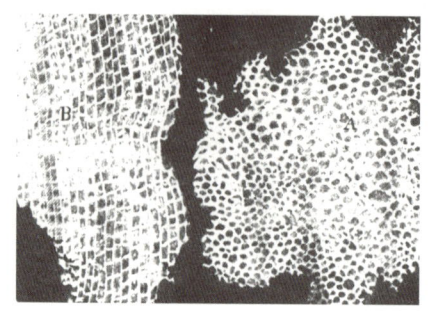

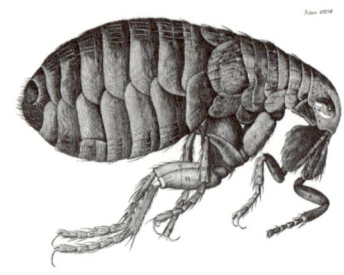

훅이 발견한 죽은 코르크의 세포   마이크로그라피아에 있는 벼룩의 확대 세밀화

이 관찰한 코르크도 바로 그런 경우였어요. 즉, 그는 살아 있는 세포가 아니라 죽은 세포의 세포벽을 본 거예요. 하지만 훅의 발견은 인류가 처음으로 세포라는 구조를 인식하고 이름 붙인 순간이었어요.

훅의 연구 결과는 이후 세포 연구의 방향을 바꾸었습니다. 연구가 축적되면서 과학자들은 식물 세포에는 단단한 세포벽이 있지만, 동물 세포는 세포벽이 없고 세포막Cell membrane만 있다는 사실을 깨닫게 돼요. 이 차

로버트 훅
•1635년: 영국 와이트섬 프레시워터에서 태어남.
•1653년: 옥스퍼드 대학교 크라이스트처치 칼리지 입학하여 로버트 보일의 조수로 실험 연구에 참여함.
•1662년: 런던 왕립 학회 실험 관리관으로 임명됨.
•1665년:『마이크로그라피아』출간, 현미경으로 세포라는 용어를 최초로 사용함.
•1678년: '변형은 힘에 비례한다'라는 훅의 법칙을 발표함.
•1680년대: 시계 진자와 나선 스프링 연구로 정밀 기계공학 발전에 기여함.
•1703년: 런던에서 사망함.

이는 훗날 식물과 동물이 서로 다른 방식으로 형태를 유지하고 환경에 대응한다는 점을 설명하는 중요한 단서가 됩니다.

생명의 기본 단위, 세포

19세기, 현미경 기술이 발전하면서 독일 출신의 생물학자 두 명이 등장합니다. 바로 마티아스 슐라이덴Matthias Jakob Schleiden과 테오도어 슈반Theodor Schwann이에요. 그들은 각자 식물과 동물 조직을 연구하고 있었어요.

1838년, 슐라이덴은 식물 조직이 세포로 이루어져 있다고 주장합니다. 이어 1839년에는 슈반이 동물 역시 세포로 이루어져 있다고 정리하며 세포설을 확장했지요. 그들은 이렇게 선언합니다.

Who? Who!

마티아스 야코프 슐라이덴

- 1804년: 독일 함부르크에서 태어남.
- 1827년: 하이델베르크 대학교에서 법학 학위를 받은 후, 변호사로 활동함.
- 1830년대 초: 식물학을 연구하며 현미경 관찰을 통해 식물 조직 연구를 시작함.
- 1838년: 식물 세포설을 제안함.
- 1839년: 슈반과 함께 세포설의 기초를 확립함.
- 1840~1850년대: 예나 대학교 교수로 재직하며 식물 발생과 조직 연구를 주도함.
- 1881년: 독일에서 사망함.

"모든 생명체는 세포로 이루어져 있다. 세포는 생명체의 구조와 기능의 기본 단위다."

이것이 바로 오늘날까지 생물학의 기본을 이루는 세포 이론Cell Theory
이에요.

하지만 세포 이론이 발표되었을 때만 해도, 과학자들은 세포의 내부
구조에 대해서는 거의 알지 못했습니다. 당시 현미경으로는 세포 안을
자세히 구분하기 어려웠기 때문이에요. 이후 현미경 기술이 계속 발전하
면서 과학자들은 세포 안에도 다양한 구조가 존재한다는 사실을 발견하
기 시작합니다. 가장 먼저 주목받은 구조 가운데 하나가 바로 세포핵이
었어요. 그리고 시간이 지나면서 골지체, 소포체 같은 세포 소기관들도
차례로 밝혀지게 됩니다.

테오도어 슈반
•1810년: 독일 노이스에서 태어남.
•1834년: 본 대학교에서 의학 박사 학위를 받음.
•1836년: 요하네스 뮐러의 실험실에서 소화 효소 펩신을 발견함.
•1838년: 슐라이덴의 식물 세포 연구에 자극받아, 동물도 세포로 이루어
 져 있음을 규명함.
•1839년:『동물과 식물의 구조와 성장의 일치에 관한 현미경적 연구』를
 발표함.
•1840~1850년대: 신경 조직 연구를 통해 슈반 세포 개념을 정립함.
•1858년: 벨기에 리에주 대학교 교수로 부임함.
•1882년: 독일 쾰른에서 사망함.

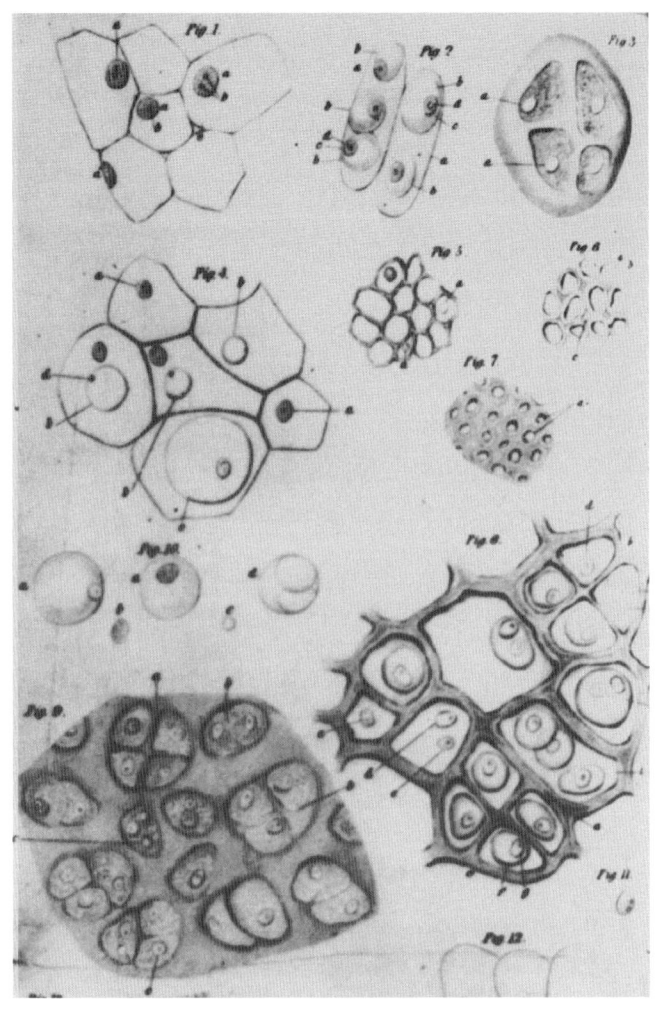

슈반의 『동물과 식물의 구조와 성장의 일치에 관한 현미경적 연구』에 수록된 세포

세포 속 또 하나의 세계

[세포핵의 발견]

1719년, 레이우엔훅은 현미경으로 연어의 적혈구를 관찰하던 중, 적혈구 한가운데에 둥그런 구조물을 발견합니다. 오늘날 우리는 이것이 세포핵Nucleus이라는 사실을 알고 있지만, 당시 그는 그 구조물의 의미를 완전히 이해하지는 못했어요.

그로부터 100년 후 1831년, 스코틀랜드의 식물학자 로버트 브라운Robert Brown은 난초의 꽃 세포를 현미경으로 관찰하다가 불투명하고 둥근 구조물을 다시 발견합니다. 그는 이 구조가 단순한 점이나 그림자가 아니라, 세포의 핵심을 이루는 독립된 구조임을 알아내고, 세포핵Nucleus이라는 이름을 붙여요. 이 발견은 세포가 단순한 주머니가 아니라, 내부에 질서와 중심을 지닌 구조라는 사실을 처음으로 분명히 보여 줍니다.

세포핵은 일반적으로 공처럼 둥근 모양이지만, 생물에 따라 형태와 크기는 크게 달라집니다. 때로는 길게 늘어난 끈 모양, 혹은 분리된 구

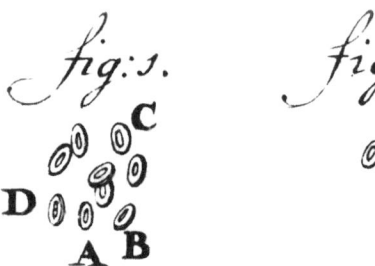

레이우엔훅이 그린 연어 적혈구 속 구조물의 모습

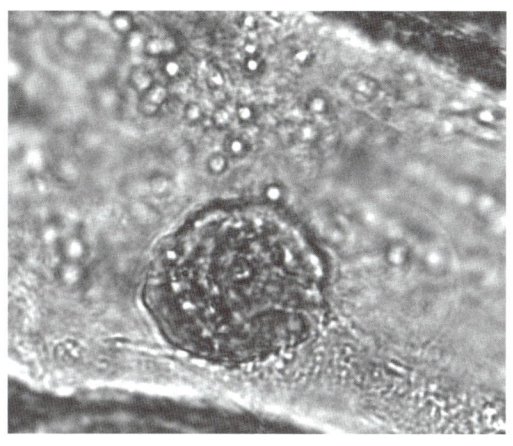

양파 표피 세포의 핵(3000배)

조로 나타나기도 해요. 또한 세포핵의 크기도 생물에 따라 달라요. 예를 들어, 물곰팡이의 세포핵은 지름 약 1마이크로미터(천분의 일 밀리미터)이지만, 소철의 난세포 속 세포핵은 지름이 약 60마이크로미터에 이른답니다.

Who? Who!

로버트 브라운

- 1773년: 스코틀랜드 몬트로즈에서 태어남.
- 1790년: 에든버러 대학교에서 의학을 공부하며 식물학에 관심을 갖기 시작함.
- 1801년: 영국 탐험가 매슈 플린더스와 함께 호주 탐사에 참여하여 수천 종의 식물을 채집함.
- 1827년: 꽃가루에서 나온 미세 입자의 불규칙한 운동을 관찰하여 '브라운 운동'을 발견함.
- 1831년: 식물 세포 안에서 세포핵을 발견하여 세포 구조 연구의 전환점을 마련함.
- 1830~1840년대: 대영 박물관 식물학부 책임자로 활동하며 식물 분류학 발전에 기여함.
- 1858년: 런던에서 사망함.

[세포 속의 이방인, 미토콘드리아]

세포는 겉보기에는 단순한 주머니처럼 보이지만, 그 안에는 각기 다른 역할을 맡은 작은 구조들이 들어 있습니다. 이러한 구조를 세포 소기관 Organelles이라 불러요. 그중에서도 생명 활동에 필요한 에너지를 만들어 내는 핵심 기관이 바로 미토콘드리아예요.

1850년대 스위스의 생리학자 알베르트 폰 쾰리커Albert von Kölliker는 근육 세포를 현미경으로 관찰하던 중, 줄무늬 근육 속에서 마치 반짝이는 별처럼 줄지어 있는 작은 과립들을 발견했어요. 다른 사람들은 그저 세포 속의 점처럼 생각했지만, 쾰리커는 달랐어요. 그는 그 과립들이 단순한 장식이 아니라 근육의 움직임과 깊은 관련이 있을 거라고 믿었지요. 쾰리커는 이 과립들을 조심스럽게 분리해 물속에 담가 보았어요. 그러자 놀라운 일이 일어났습니다. 부풀어 오른 과립들이 얇은 막으로 싸여 있었던 거예요. 세포 안에도 작은 '막의 세계'가 존재한다는 사실을 처음 알아낸 순간이었지요.

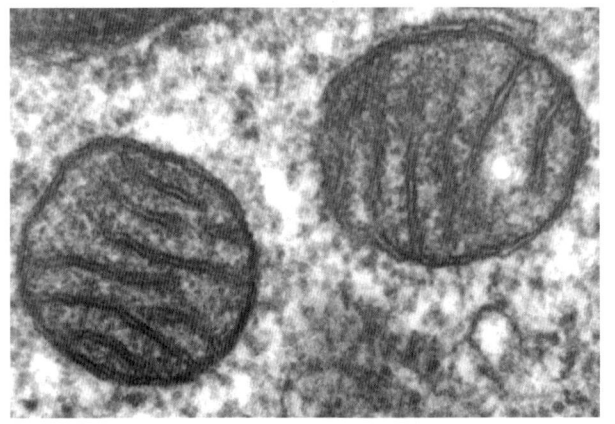

미토콘드리아

훗날 이 과립들은 1890년, 스웨덴의 해부학자 레치우스Retzius에 의해 '사르코솜Sarcosome', 즉 '근육의 몸(근립체)'이라는 이름을 얻게 되었어요. 이후 리하르트 알트만Richard Altmann은 이 알갱이가 모든 세포에 들어있는 생명의 기초 단위라고 믿고 '바이오블라스트Bioblasts'라 명명했습니다.

1898년, 독일 병리학자 카를 벤다Carl Benda는 이 소기관에 미토콘드리

알베르트 폰 쾰리커
- •1817년: 스위스 취리히에서 태어남.
- •1840년대: 뷔르츠부르크와 취리히 대학교에서 의학을 공부, 현미경 연구에 몰두함.
- •1847년: 뷔르츠부르크 대학교 해부학 교수로 임명됨.
- •1857년: 근육 세포 속에서 작은 과립을 관찰함. 이는 훗날 미토콘드리아로 확인됨.
- •1860~70년대: 세포 구조와 미세 조직 연구로 유럽 생리학·조직학 발전에 큰 영향을 끼침.
- •1897년: 영국 왕립 학회로부터 코플리 메달을 받음.
- •1905년: 독일 뷔르츠부르크에서 사망함.

오토 하인리히 바르부르크
- •1883년: 독일 프라이부르크에서 태어남.
- •1906년: 하이델베르크 대학교에서 화학 박사 학위를 받은 후, 의학 분야로 관심을 넓힘.
- •1914년: 세포 호흡 연구 시작, 산소와 효소의 관계를 규명함.
- •1931년: 세포 호흡과 산화 효소의 성질에 관한 연구로 노벨 생리의학상을 받음.
- •1930~40년대: 세포 호흡의 화학적 과정을 규명해 미토콘드리아 기능을 이해하는 데 기여함.
- •1950년대: 암세포의 에너지 대사 이상(바르부르크 효과)를 제안함.
- •1970년: 서베를린에서 사망함.

아Mitochondria라는 이름을 붙입니다. 이는 실, 섬유를 뜻하는 그리스어 미토스Mitos와 알갱이, 과립을 뜻하는 그리스어 콘드리온Chondrion에서 나온 말로, 현미경 아래에서 보이는 독특한 형태를 반영한 거예요.

시간이 흘러 20세기 초, 독일의 생화학자 오토 하인리히 바르부르크Otto Heinrich Warburg가 등장합니다. 그는 세포가 산소를 이용해 에너지를 만드는 과정을 연구해 세포 호흡의 원리를 밝히는 데 크게 기여했어요. 그리고 이 발견으로 1931년, 노벨 생리의학상을 받습니다.

[세포 속의 우체국, 골지체]

두 번째로 소개할 세포 소기관은 이탈리아의 생물학자 카밀로 골지Camillo Golgi가 발견한 골지체Golgi Apparatus입니다. 골지는 신경계 질환을 이해하기 위해 뇌와 신경 조직의 병리학적 구조를 연구했어요. 그는 병의 원인을 눈으로 직접 보고 싶었지요.

골지체

매일 밤, 그의 연구실에는 희미한 등불이 켜졌습니다. 그 빛 아래에서 골지는 뇌 조직을 슬라이드 위에 올려놓고 끈질기게 들여다봤어요. 그러던 중 그는 신경 세포 안에서 세포핵 근처에 얇은 막들이 층층이 쌓인 구조를 발견합니다. 그 모습은 마치 잘 정리된 편지봉투 꾸러미 같기도 하고, 얇은 접시들이 겹쳐진 선반 같기도 했지요. 1898년, 그는 이 신비한 구조를 세상에 발표합니다. 바로 골지체였어요.

골지체는 세포 속에서 만들어진 단백질과 지질을 한곳에 모아 정리한 뒤, 필요한 곳으로 보내 주는 역할을 합니다. 마치 물건을 포장하고 배송하는 물류 센터처럼 움직인다고 생각하면 이해하기 쉬워요. 세포가 만든 단백질은 골지체를 거쳐야만 다른 기관으로 안전하게 전달될 수 있지요. 그래서 과학자들은 골지체를 '세포의 우체국', 또는 '분류소'라고 부르기도 해요.

골지체의 가장 중요한 역할은 소포체에서 만들어진 단백질을 가공해 목적지로 보내는 것입니다. 소포체에서 만들어진 단백질은 인체에서 바로 사용할 수 없어요. 그래서 골지체는 당 붙이기(당화), 지질 추가 등 화학적 수정을 거치고, 단백질을 용도에 맞게 분류하고 포장해 인체에서 사용 가능한 단백질로 바꾸어 주지요.

골지의 발견은 당시로서는 매우 놀라운 일이었습니다. 세포 안에 이토록 정교하고 조직적인 구조가 있다는 사실은 아무도 상상하지 못했기 때문이에요. 이 사실은 쉽게 받아들여지지 않았고, 한동안 논쟁의 대상이 되기도 했습니다. 그러나 전자 현미경의 등장과 함께 그 존재가 명확히 확인되면서, 골지체는 세포 기능을 이해하는 데 결정적인 열쇠가 되었어요.

작은 현미경 아래에서 시작된 한 과학자의 관찰은, 세포 속에도 또 하나의 질서 있는 세계가 존재한다는 사실을 드러냈습니다. 그리고 그 발견은 오늘날 생명 과학의 언어로 이어지고 있어요.

[소포체 발견]

세 번째로 소개할 소기관은 소포체Endoplasmic Reticulum입니다. 1940년대 중반, 전자 현미경이 본격적으로 활용되면서 세포 안에 얇고 복잡한 막 구조가 펼쳐져 있다는 사실이 처음으로 확인되었어요. 이 구조는 벨기에의 생물학자 알베르 클로드Albert Claude와 키스 포터Keith Porter, 어니스트 풀럼Ernest Fullam이 관찰했는데, 이후 포터는 세포질 속에 그물처럼 퍼져 있는 모습을 보고 소포체라고 불렀어요.

소포체는 구조와 기능에 따라 거친면소포체와 매끈면소포체로 나뉩니다. 거친면소포체의 표면에는 라이보솜이 붙어 있어, 분비되거나 세포막

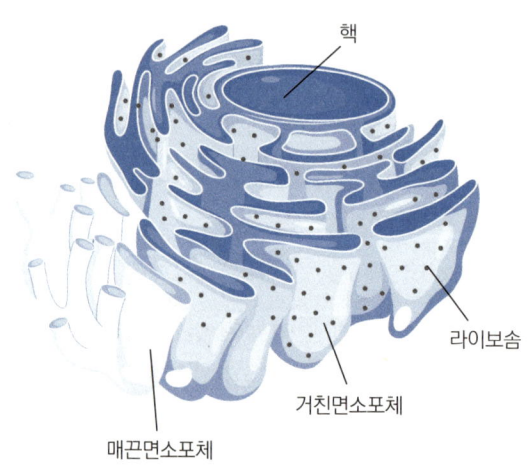

핵

라이보솜

거친면소포체

매끈면소포체

소포체

에 삽입될 단백질이 만들어지지요. 반면 매끈면소포체는 라이보솜이 없어 표면이 매끈하며, 지질과 스테로이드 호르몬 합성, 해독 작용, 그리고 칼슘 이온 저장에 관여해요. 특히 간세포처럼 해독 기능이 중요한 세포에는 매끈면소포체가 잘 발달해 있지요.

[또 다른 세포 소기관들]

이렇게 세포 소기관들이 발견되면서 세포는 더 이상 단순한 주머니가 아니라 복잡한 내부 질서를 지닌 세계로 드러나기 시작합니다. 19세기 생리학자 요하네스 에반겔리스타 푸르키네는 세포 안의 살아 있는 물질 전체를 원형질Protoplasm이라 불렀어요. 이후 원형질 가운데 세포핵을 제외한 부분을 세포질Cytoplasm이라 구분하게 되었고, 세포질 속에는 소포체, 색소체, 미토콘드리아, 골지체와 같은 다양한 소기관이 존재함이 밝

알베르 클로드
- 1899년: 벨기에 룩셈부르크주 롱글리에에서 태어남.
- 1928년: 리에주 대학교에서 의학 박사 학위를 받은 후, 록펠러 연구소 연구원으로 합류함.
- 1930년대: 세포를 분쇄하고 차등 원심 분리해 소기관을 분리하는 기술 개발함.
- 1940년대: 전자 현미경과 세포 분획법을 결합해 세포 소기관 연구 방법론을 확립함.
- 1950년대: 미세 과립 연구를 통해 라이보솜 발견의 단서를 제공하며 현대 세포학의 토대를 확립함.
- 1974년: 조지 팔라데, 크리스티앙 드 뒤브와 함께 노벨 생리의학상을 공동 수상함.
- 1983년: 벨기에 브뤼셀에서 사망함.

혀졌지요.

여기서 색소체는 식물 세포에서 볼 수 있는 소기관으로 크기가 4에서 6마이크로미터 정도입니다. 색소체는 엽록체, 백색체, 유색체로 나뉘는데, 이 가운데 엽록체만이 엽록소를 가지고 있어 광합성을 하며, 유색체와 백색체는 각각 색소 저장과 물질 저장 기능을 담당해요.

식물 세포와 동물 세포

식물 세포와 동물 세포에는 공통적으로 핵, 세포질, 세포막, 미토콘드리아와 같은 기본적인 구조가 있습니다. 그러나 식물 세포에는 동물 세포에는 없는 세포벽과 엽록체가 존재하지요.

반대로 동물 세포에는 식물 세포에 없는 중심립이 있습니다. 중심립은 단백질로 이루어진 원기둥 모양의 구조로, 지름은 약 0.2마이크로미터,

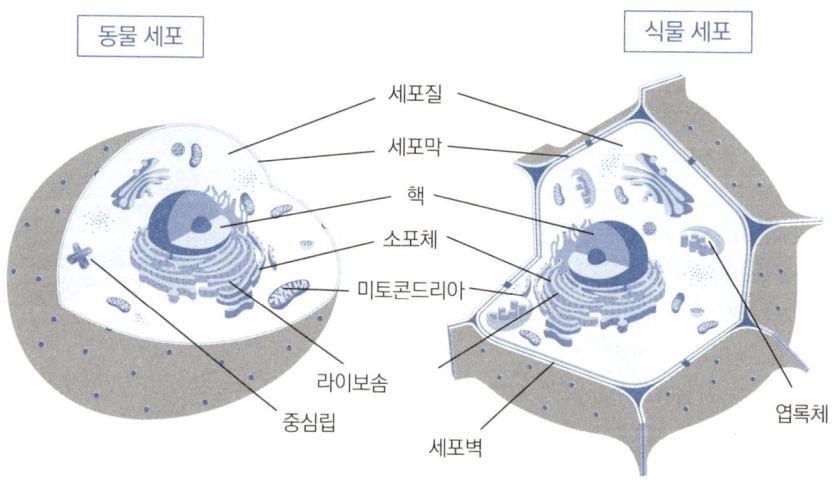

동물 세포

식물 세포

세포질
세포막
핵
소포체
미토콘드리아
라이보솜
중심립
세포벽
엽록체

길이는 약 0.4마이크로미터 정도예요. 중심립은 세포 분열 과정에서 중요한 역할을 하지요.

액포 역시 두 세포 사이의 차이를 보여 줍니다. 성숙한 식물 세포에는 큰 중앙 액포가 발달해 있는 경우가 많은데, 이 액포는 세포의 형태를 유지하고 물질을 저장하는 역할을 해요. 반면 동물 세포에서는 액포가 작거나 일시적인 소포 형태로 나타나지요.

질병과 세포의 관계

세포설을 처음 주장한 슐라이덴은 새로운 세포가 이미 존재하는 세포의 표면에 있는 싹에서 생겨난다고 주장했습니다. 알다시피 이 주장은 틀린 내용이지요.

1855년, 독일의 의사 루돌프 피르호Rudolf Virchow는 한 걸음 더 나아가 "모든 세포는 세포로부터 생긴다Omnis cellula e cellula"라고 말했습니다. 그리고 질병의 원인 역시 세포 수준에서 찾아야 한다고 보았어요. 즉, 몸이 아픈 이유는 몸 전체가 아니라 세포가 제 역할을 하지 못하기 때문이라는 생각이었지요.

이후 프랑스의 과학자 루이 파스퇴르Louis Pasteur는 많은 질병이 세포 자체의 문제뿐 아니라, 몸 밖에서 들어온 미생물에 의해 발생한다는 사실을 밝혀냅니다. 세균과 같은 미생물이 몸속에 들어와 세포를 공격하면 병이 생길 수 있다는 거예요.

오늘날 생물학과 의학은 이 두 관점을 함께 받아들입니다. 세포 자체가 병들어 기능을 잃을 수도 있고, 외부에서 들어온 미생물이 세포를 감염시켜 질병을 일으킬 수도 있는 거예요. 결국 건강이란, 세포가 제 역할을 다할 때 비로소 유지할 수 있지요.

눈에 보이지 않는 세포의 세계는 우리 삶과 멀리 떨어져 있지 않습니다. 세포의 상태가 곧 몸의 상태를 만들고, 그 축적이 건강을 좌우하지요. 결국 세포를 이해하는 일은 곧 인간을 이해하는 일이라 할 수 있어요.

Who? Who!

루돌프 피르호

•1821년: 독일 쉬벨바인에서 태어남.

•1843년: 베를린 대학교에서 의학 학위를 받은 후, 병리학 연구를 시작함.

•1848년: 사회 개혁에도 참여하며 "의학은 사회과학이다"라는 신념을 밝힘.

•1855년: 모든 세포는 세포로부터 생긴다고 주장하며 세포설의 핵심 원리를 확립함.

•1858년: 『세포병리학』을 출간하며 질병을 세포 수준에서 설명함.

•1870~90년대: 국회의원으로 활동하며 공중보건·위생 정책 개선에 기여함.

•1902년: 베를린에서 사망함.

생각의 가지

세포, 생명의 기본 단위

현미경의 발견 — 렌즈 기술의 발전으로 미시 세계 관찰이 가능해짐.

레이우엔훅 — 단렌즈 현미경으로 세균·정자 등 미생물을 최초로 관찰함.

로버트 훅 — 코르크 관찰을 통해 '세포'라는 용어를 사용함.
로버트 훅 — 훅이 관찰한 것은 살아 있는 세포가 아니라 세포벽 구조

슐라이덴 — 식물은 세포로 이루어져 있다고 주장.

슈반 — 동물도 세포로 이루어져 있음을 밝혀 세포설을 확립함.

피르호 — 모든 세포는 세포로부터 생긴다는 원리를 제시함.

세포 소기관 — 미토콘드리아·골지체·소포체 등 세포 내부 구조 연구가 발전함.

8장

감각과 반응의 과학, 생리학

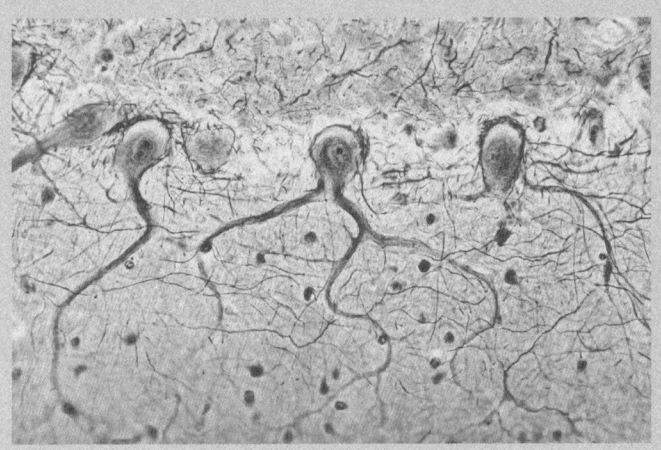

뇌의 신경 세포

감각에서 인식으로, 생리학의 탄생

우리가 아침에 눈을 뜨는 순간, 뇌에서는 수많은 신경 세포가 동시에 깨어납니다. 셀 수 없이 많은 전기 신호가 오가고, 화학 물질이 메시지를 나르며, 기억과 감정과 선택이 만들어지지요. 그 속에서 우리는 기뻐하고, 두려워하고, 사랑하고, 창조해 냅니다. 뇌 과학은 바로 이 '보이지 않는 작동'을 지도처럼 그려내는 학문이에요.

과거에는 마음과 몸이 완전히 다른 것이라고 생각했습니다. 그러나 오늘날 우리는 생각과 감정이 뇌의 정교한 회로와 화학적 소통 위에서 나타나는 현상이라는 것을 알고 있어요. 그렇다고 인간이 단순한 기계라는 뜻은 아닙니다. 오히려 뇌를 이해할수록, 인간이 얼마나 정교하고 복잡한 존재인지 더 선명해져요.

21세기의 뇌 과학은 연구실을 넘어 삶의 영역으로 확장되고 있습니다. 인공 지능은 신경망에서 영감을 얻었고, 뇌-컴퓨터 인터페이스는 생각만으로 기계를 움직이게 만들었어요. 또한 가상 현실은 뇌의 감각을 속이고, 정신 의학은 우울과 불안을 신경 회로의 조절로 다루기 시작했지요. 이렇게 감각과 감정, 기억과 의식은 이제 신비의 영역이 아니라, 과학의 탐구 대상이 되었어요.

뇌, 고대 이집트 사람들은 어떻게 생각했을까?

우리는 지금, 뇌가 생각하고 느끼는 중심이라는 사실을 너무나 당연하게 받아들입니다. 신경 세포들이 전기 신호를 주고받으며 몸을 움직이고, 감정을 느끼고, 기억을 저장한다고 배우지요. 하지만 이런 신경계의 원리를 사람들이 처음부터 알고 있었던 건 아닙니다. 인류는 수천 년 동안 아주 조금씩 신경계의 실체를 밝혀왔어요.

신경계 연구의 역사는 생각보다 오래되었습니다. 실제로 뇌를 과학으로 이해하기 훨씬 이전에도, 사람들은 머리의 상처가 행동과 말, 의식에 영향을 준다는 사실을 경험으로 알고 있었어요. 그중에서도 가장 흥미로운 사례는 바로 트레파네이션이라는 수술이에요. 이는 머리뼈에 구멍을 뚫는 고대의 외과적 치료법인데, 신석기 시대부터 시행된 것으로 알려져 있어요. 목적은 시대와 지역에 따라 달랐겠지만, 머리 부상이나 질병을 치료하려는 시도였을 가능성이 커요. 상상만 해도 아찔하지만, 당시 사람들에게는 생명을 살리기 위한 선택이었을 거예요.

고대 이집트의 의학 문서에서도 뇌 손상에 따른 증상과 결과에 대한 기록이 비교적 구체적으로 남아 있습니다. 이 문서들을 보면, 당시 사람들이 단순한 민간 신앙을 넘어, 관찰에 기반한 의학적 지식을 갖추었음을 알 수 있어요.

흥미로운 점은, 이집트 사람들이 생각의 중심을 뇌가 아니라 심장에 두었다는 점입니다. 당시 사람들은 감정, 생각, 지혜가 뇌가 아니라 심장에서 나온다고 믿었어요. 고대 그리스의 역사가 헤로도토스는 미라를 만들 때, 콧구멍을 통해 구부러진 쇳조각으로 뇌를 꺼냈다고 해요. 남은 뇌 조직은 용액으로 씻어내 두개골을 비우고 정리했다고 하지요. 반면 심장은 대부분 남겨 두었어요. 심장이 인간의 기억과 판단을 담당한다고 여겨졌기 때문이에요.

이처럼 고대 이집트의 해부학적 관점은 오늘날의 과학과는 달랐지만, 그들 나름의 논리와 신념을 바탕으로 형성된 것이었습니다. 뇌를 단순한 물질로 여겼던 이 시각 역시, 이후 수천 년에 걸친 뇌 연구의 역사에서 중요한 출발점이 되었어요.

뇌, 고대 그리스 사람들은 어떻게 생각했을까?

고대 그리스에서는 뇌와 마음의 관계를 두고 여러 견해가 충돌했습니다. 히포크라테스 학파는 '감각과 이해'가 뇌와 연결된다는 관점을 제시했어요. 감각 기관들이 대부분 머리 근처에 있고, 특히 눈과 귀, 혀 같은 기관들이 뇌와 가깝기 때문에 뇌가 감각뿐 아니라 지능의 중심이라고 생각했지요.

플라톤 역시 이성의 기능을 머리와 연결하려 했습니다. 그는 사람의 영혼이 세 부분으로 나뉘어 있고, 그중에서도 이성적인 영혼은 뇌에 있다고 생각했어요. 그리고 감정이나 욕망은 심장과 배 쪽에 있다고 말했지요.

하지만 아리스토텔레스는 달랐습니다. 그는 심장이야말로 사고의 중심이라고 믿었어요. 심장은 늘 움직이며 생명의 열을 품고 있는 반면, 뇌는 차갑고 비교적 변화가 없는 기관이어서 심장에서 생기는 열을 식혀 주는 역할을 한다고 보았어요.

이 논쟁을 의학의 영역에서 크게 뒤흔든 인물은 로마 제국 시대의 의사 갈레노스입니다. 그는 머리를 다친 사람들을 관찰한 결과, 우리가 느끼고 움직이며 생각하는 모든 활동이 뇌와 깊이 연결되어 있다고 이해했어요. 그의 연구는 '뇌가 감각과 운동의 중심이다'라는 관점이 의학의 큰 흐름으로 자리 잡는 데 큰 영향을 주었지요.

이슬람의 뇌 연구

중세 이슬람 세계는 의학과 철학이 함께 발전하던 시기였습니다. 아불카시스, 아베로에스, 이븐시나, 아벤조아르 같은 뛰어난 의사이자 철학자들이 활동하던 때였지요. 이들은 인간의 몸과 마음을 신비나 주술의 영역이 아니라, 이해와 설명의 대상으로 바라보려 했어요.

당시 많은 사람은 정신 질환이나 경련, 간질 같은 증상을 악령에 씌었거나 저주받은 것으로 여겼습니다. 하지만 이슬람 세계의 학자들은 그런 증상들이 뇌에서 비롯된 현상일 수 있다고 생각했어요. 이는 당대 기준으로 아주 획기적인 생각이었어요.

이븐시나는『의학 정전』에서 우리 몸에서 느끼고, 움직이고, 판단하는 일을 맡는 중심 기관이 뇌라고 설명했습니다. 그는 뇌 속에 방이 있어 방마다 기억, 상상, 지각 같은 기능을 담당한다고 보았어요. 뇌의 기능을 구분해 설명하려는 선구적인 시도였지요. 외과 의사였던 알 자흐라위는 풍부한 임상 경험을 바탕으로 두개골 골절과 머리 외상에 대한 수술 기법을 체계적으로 정리했어요. 아벤조아르는 관찰과 임상 경험을 중시하며, 질병을 신의 형벌이 아니라 자연 현상으로 이해하려 했고 동시에 의사의 책임과 윤리도 강조했지요.

한편 철학자이자 의사였던 아베로에스는 아리스토텔레스의 철학을 바탕으로 감각과 지성의 관계를 분석하며, 정신과 육체의 작용을 논리적으로 설명하려 했습니다. 의학적 실험보다는 철학적 해석이 중심이었지만, 뇌와 정신의 관계를 이성적으로 사유하려는 중요한 시도였어요.

이처럼 이슬람 세계의 의사들은 뇌를 신비의 대상이 아니라 관찰과 이해의 대상으로 바라보았습니다. 그들이 남긴 기록은 라틴어로 번역되어 르네상스 유럽으로 전해졌고, 현대 신경의학과 생리학의 토대를 이루는 밑거름이 되었어요.

르네상스, 뇌의 문을 열다

중세가 지나고 르네상스 시대가 오면서 사람들은 다시 인간의 몸에 관심을 가지기 시작했습니다. 이 시기, 중요한 인물 중 하나가 바로 레오나르도 다빈치입니다. 다빈치는 여러 차례 시신을 해부하며 근육과 장기뿐 아니라 뇌의 구조에도 깊은 관심을 기울였어요. 특히 뇌 속 빈 공간인 '심실'의 형태를 알아보기 위해, 동물의 뇌에 녹인 왁스를 주입해 굳힌 뒤 그 모양을 꺼내 보는 실험도 했지요. 이는 뇌 심실이 정신 기능의 중심이라는 당시의 이론을 탐구하기 위한 시도였어요. 이때 남긴 다빈치의 해부 스케치는 예술을 넘어 과학적 기록으로도 높은 가치를 지니고 있어요.

르네상스 해부학의 진정한 전환점을 만든 인물은 안드레아스 베살리우스입니다. 그는 1543년에 『인체의 구조에 대하여』를 출간하며, 직접 해부한 인체의 구조를 정밀한 삽화와 함께 제시했어요. 그는 대뇌, 소뇌, 연수, 신경의 분포 등을 직접 관찰하고 기록하면서, 사람의 정신과 행동이 어디서 비롯되는지 탐구했지요. 이를 통해 베살리우스는 오랫동안 권위로 받아들여지던 갈레노스의 해부학적 오류를 수정했고, 뇌와 신경의 실제 구조를 보다 정확히 기록했어요. 이는 훗날 신경 생리학과 현대 신경 해부학으로 이어지는 중요한 전환점이 되었지요.

폐를 지나 다시 심장으로, 순환의 비밀

1553년, 한 스페인 의사가 세상을 놀라게 할 글을 썼습니다. 그의 이름은 미겔 세르베투스Miguel Servetus예요. 그는 신학자이자 의사였고, 세상

미겔 세르베투스
- 1511년: 스페인 아라곤 지방의 비야누에바 데 시흐나에서 태어남.
- 1531년: 『삼위일체의 오류』를 출판하며 삼위일체 교리에 도전, 종교적 논쟁의 중심에 섬.
- 1530~1540년대: 프랑스 파리에서 의학을 공부하며 의사로 활동함.
- 1553년: 『기독교의 회복』에서 혈액이 폐를 거쳐 이동하는 폐순환을 기술함. 혈액 순환을 이해하는 데 중요한 선구적인 발견으로 평가됨.
- 1553년: 이단으로 몰려 제네바에서 화형당함.

과 신의 관계를 깊이 고민하던 사람이었어요.

오랫동안 혈액에 대한 설명은 갈레노스 전통에 묶여 있었습니다. 혈액은 간에서 만들어져 심장을 거쳐 몸으로 퍼지고, 일부는 심장 안의 '보이지 않는 구멍'을 통해 오른쪽에서 왼쪽으로 넘어간다고 믿었던 거예요. 그런데 세르베투스는 이 설명에 의문을 품고, 『기독교의 회복』에서 혈액이 심장의 오른쪽에서 폐로 들어가 공기(정기)와 섞인 뒤, 다시 심장의 왼쪽으로 돌아온다고 썼습니다.

이는 인류가 혈액이 폐를 거쳐 이동한다는 사실, 즉 오늘날의 폐순환을 이해하는 데 중요한 단서가 되었습니다. 하지만 세르베투스의 발견은 낯선 내용인데다, 그의 책 『기독교의 회복』이 종교적 논란을 불러일으키며, 폐순환에 관한 설명까지 이단의 글로 취급받았어요. 결국 그는 1553년, 제네바에서 화형대에 올랐고, 그의 책도 대부분 불태워지고 맙니다.

데카르트와 감각의 기계론

17세기 프랑스의 철학자 르네 데카르트는 "나는 생각한다, 고로 존재한다"라는 말로 잘 알려져 있습니다. 하지만 그는 단지 철학자만이 아니라, 인간의 몸을 과학적으로 이해하려 했던 근대 생리학의 개척자이기도 했어요. 그가 특히 관심을 가진 주제는 바로 감각이었어요. 그는 감각을 기계처럼 작동하는 신경의 흐름으로 설명하려 했습니다. 그의 설명에 따르면, 불에 손이 닿았을 때 손의 움직임은 열 자극이 신경을 따라 뇌로 전달되고, 뇌에서 다시 신호가 내려와 근육이 움직이기 때문이에요. 즉,

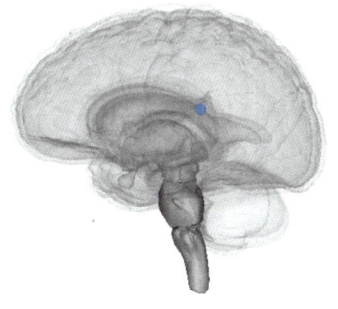
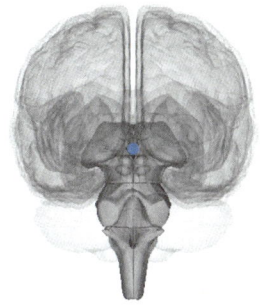

데카르트가 '영혼의 자리'로 여긴 솔방울샘(파란 부분)

감각은 영혼의 즉각적인 반응이 아니라, 외부의 자극이 신경을 따라 이동하면서 생기는 몸의 작용이라는 뜻이지요.

그는 이 생각을 『인체의 설명De homine』에서 자세히 그려 넣었습니다. 그는 몸을 정교한 기계로, 신경을 정보가 오가는 관으로, 감각을 외부로부터 들어오는 입력 신호로 비유했어요. 이 관점은 오늘날 우리가 익숙하게 사용하는 자극 → 신경 → 반응이라는 생리학적 사고의 토대가 되

르네 데카르트
- 1596년: 프랑스 라에에서 태어남.
- 1618년: 네덜란드 군에 입대하며 수학과 물리학 연구에 몰두함.
- 1628년: 네덜란드로 이주해 철학, 수학, 자연 철학 연구를 병행함.
- 1637년: 『방법서설』 발표, "나는 생각한다, 고로 존재한다"라는 철학적 선언으로 근대 합리주의 철학을 확립함.
- 1649년: 『인간의 열정』을 출간, 인간의 감정과 신체 상호작용에 관한 이론을 제시함.
- 1650년: 스웨덴 스톡홀름에서 사망함.

었지요.

데카르트는 ==뇌가 정신과 마음을 연결하는 중심 기관==이라고 생각했습니다. 특히 솔방울샘Pineal Gland을 '영혼이 육체와 만나는 장소'라고 주장했지요. 그는 자유 의지나 감정이 이곳을 통해 몸과 상호작용한다고 설명했어요. 물론 현대 과학의 시선으로 보면 틀린 설명이지만 당시로서는 심신의 관계를 과학적으로 설명하려 한 첫 시도였지요.

이러한 데카르트의 생각은 훗날 신경 생리학과 심리학, 나아가 현대 뇌 과학으로 이어지는 길을 열었습니다. 비록 그는 영혼이 몸속의 한 지점에서 작용한다고 보았지만, 감각과 운동을 자연법칙으로 설명하려 한 시도 자체는 매우 혁신적이었어요. 이후 과학자들은 이 질문을 이어받아, 뇌 전체가 어떻게 기능하는지를 실제 구조와 관찰을 통해 밝히기 시작합니다.

신경 과학의 창시자, 토마스 윌리스

토마스 윌리스Thomas Willis는 잉글랜드 월트셔의 작은 마을 그레이트 베드윈에서 태어났습니다. 그의 아버지는 지역 영주의 영지를 관리하는 사람이었어요.

윌리스는 옥스퍼드 대학교 크라이스트처치에서 공부하고 1642년, 석사 학위를 받았습니다. 그 무렵 영국은 내전의 소용돌이에 휘말린 상태였어요. 이 전쟁은 윌리스의 삶에도 큰 흔적을 남깁니다. 왕당파에 섰던 윌리스는 찰스 1세를 지지했는데, 의회파에 의해 가족의 농장을 빼앗기는 일까지 겪었다고 전해져요.

그는 전쟁중에도 의학 공부를 멈추지 않았습니다. 그리고 1646년, 의학사 학위를 받고, 옥스퍼드셔 애빙던의 시장에 정기적으로 나가 본격적으로 진료 활동을 펼칩니다.

윌리스가 특별한 인물로 자리 잡게 된 배경에는, 당대 옥스퍼드에 형성된 실험·지식 공동체가 있었습니다. 그는 존 윌킨스

토마스 윌리스

를 중심으로 한 '옥스퍼드 서클Oxford Circle'과 같은 모임의 인물들과 교류하며 경험과 관찰을 중시하는 새로운 학문 풍토를 익혔어요. 이 모임은 훗날 런던에서 왕립 학회가 탄생하는 데에도 중요한 역할을 합니다.

1650년에는 윌리스와 윌리엄 페티가 교수형 후 살아남은 앤 그린Anne Greene을 치료한 사건이 큰 화제가 되기도 했습니다. 처형당한 그녀는 숨이 끊어졌다고 여겨졌지만, 기적적으로 살아났어요. 이 일은 당대 사람들이 '생명'과 '죽음'을 바라보는 방식, 그리고 의학이 할 수 있는 일의 경계를 다시 생각하게 만든 사건으로 기록되지요.

그리고 1664년, 윌리스는 뇌와 신경에 관한 대표작 『뇌의 해부학Cerebri Anatome』을 출간합니다. 이 책은 뇌를 단지 해부해 그린 그림 모음이 아니라, 신경계의 구조를 체계적으로 설명하려는 야심 찬 시도였어요. 여기에서 그는 '신경학Neurologia'이라는 용어를 사용하며 신경을 연구하는 학문을 하나의 영역으로 세우는 데 큰 영향을 주었지요.

그의 업적 중 가장 유명한 것은 바로 '윌리스의 고리Circle of Willis'입니

다. 이는 뇌의 바닥 부분에서 동맥들이 고리 모양으로 이어지는 구조로, 뇌혈류와 뇌졸중 같은 질환을 이해하는 데 매우 중요한 개념이에요.

월리스는 뇌에서 나오는 신경들을 살펴보고, 당시 기준으로 나름의 분류 체계를 만들어 정리했어요. 그는 뇌량Corpus callosum의 평행한 섬유 구조를 주목했고, 줄무늬체Corpora striata와 시상Optic thalami, 소뇌의 백질·회백질 분포 등을 자세하게 설명했어요. 또 뇌실에 액체가 존재하며, 이 액체가 노폐물과 관련된 역할을 한다고 보았지요. 더 나아가 인지 기능의 중심을 뇌실이 아니라 대뇌 피질에서 찾으려 했고, 대뇌 피질의 주름 구조가 고등 인지와 연결된다고 설명했습니다.

1672년에는 『짐승의 영혼에 관한 두 개의 담론Two Discourses concerning the Soul of Brutes』을 출간해 인간과 동물의 생명 작용과 감각 능력을 논의하기도 했습니다. 월리스의 연구는 '뇌는 무엇을 하는가'라는 질문을 철학적 고민에 머물게 하지 않고 의학적으로 설명할 수 있는 문제로 끌어온 중요한 계기가 되었어요.

역사 속으로

영국 내전

영국 내전(1642-1651)은 국왕 찰스 1세와 의회Parliament 사이의 권력 갈등이 폭발해 벌어진 전쟁입니다. 핵심 쟁점은 "국왕이 의회 동의 없이 통치·과세할 수 있는가"와 "종교를 둘러싼 갈등을 어떻게 해결할 것인가"였어요. 결정적 계기 중 하나는 1642년, 찰스 1세가 하원(하원 의사당)에서 의회 의원 5명을 체포하려 한 사건이었습니다. 이 사건으로 인해 양측의 긴장이 극단으로 치달았고, 양측이 군대를 모으면서 전면전으로 이어졌어요. 이때 왕을 지지한 세력은 왕당파로, 의회를 지지한 세력은 의회파로 불렸습니다. 전쟁은 결국 의회파의 승리로 끝났는데, 이는 이후 영국 정치가 의회 중심 체제로 이동하는 중요한 전환점이 되었어요.

감각의 탄생, 아리스토텔레스에서 뮐러까지

우리가 세상을 느끼는 순간, 그 시작은 감각입니다. 눈으로 본 풍경, 귀로 들은 음악, 코로 맡은 냄새, 혀로 맛본 단맛, 피부로 느낀 온기까지, 이 모든 것은 우리가 세상과 처음 만나는 방식이에요. 이처럼 감각은 우리가 세계와 처음 만나는 창이라 할 수 있어요.

기원전 4세기, 아리스토텔레스는 인간이 세상을 인식하는 방식에 주목했습니다. 그는 인간의 몸이 외부 세계와 연결되는 다섯 개의 문을 가지고 있다고 보았어요. 바로 시각, 청각, 후각, 미각, 촉각이에요. 하지만 그는 이 다섯 감각을 단순히 영혼이 세상을 느끼는 신비한 통로로만 보지 않았어요. 그는 감각이란 생명체가 외부 세계와 서로 영향을 주고받는 자연스러운 과정이라고 생각했어요.

눈은 빛의 변화를 감지하고, 귀는 공기의 떨림을 느끼고, 코는 냄새 입자를 받아들이며, 혀는 맛을 구별합니다. 피부는 온도와 압력을 느끼는 섬세한 조직으로 작동하지요. 이런 설명은 매우 놀라웠는데, 그전까지 감각은 신의 선물이나 영혼의 작용으로 여겨졌기 때문이에요. 아리스토텔레스는 감각을 자연 현상처럼 설명할 수 있는 생명 현상으로 바라봤어요. 그의 오감 개념은 훗날 생리학과 신경 과학으로 이어지는 씨앗이 되었지요.

시간이 흘러 19세기 전반, 독일의 생리학자 요하네스 뮐러Johannes Müller는 감각의 본질을 근본적으로 다시 질문합니다.

"감각은 무엇을 자극받느냐의 문제가 아니라, 어디서 자극받느냐의 문제 아닐까?"

당시 많은 사람은 감각이 단순히 외부 자극의 결과라고 생각했어요. 빛이 눈에 들어오면 시각이 생기고, 소리가 귀를 울리면 청각이 생긴다고 믿었던 거예요. 하지만 뮐러는 이 통념에 의문을 제기합니다. 그는 잘 알려진 감각 현상을 예로 들며 설명했어요. 눈을 손가락으로 살짝 누르면, 실제로 빛이 없는데도 '번쩍'하는 빛의 느낌이 들지요. 이는 빛이 들어와서 생긴 감각이 아니라, 물리적인 압력이 눈의 신경을 자극했기 때문이에요. 그런데도 우리의 뇌는 이 자극을 '빛'으로 해석합니다. 왜 그럴까요?

뮐러는 여기에 중요한 답을 내놓았어요. 감각이 어떻게 느껴지는지는 자극의 종류 때문이 아니라, 어떤 감각 신경이 자극을 받았는지에 따라 달라진다는 것이었지요. 눈의 신경은 어떤 방식으로 자극받든 항상 '빛'으로 반응하고, 귀의 신경은 어떤 자극이 와도 '소리'로 해석합니다. 그는 이를 특수 신경 에너지 법칙Specific Energy of the Nerves이라 불렀어요. 이 이론은 감각을 단순한 자극의 결과가 아니라, 신경이 정보를 해석하는 방식으로 이해하게 만들었습니다. 감각은 외부 세계가 그대로 들어오는 것이 아니라, 신경계의 언어로 번역된 결과라는 생각이 자리 잡기 시

요하네스 뮐러
•1801년: 독일 코블렌츠에서 태어남.
•1822년: 본 대학교에서 의학 박사 학위를 받음.
•1826년: 시각의 비교 생리학 연구를 발표하며, 비교 생리학적 접근을 본격화함.
•1833~1840년: 『인간 생리학 핸드북』을 집필하여 감각·운동·순환 등 생리 기능을 체계적으로 정리함.
•1858년: 베를린 근교 테겔에서 사망함.

작한 것이지요.

이러한 뮐러의 통찰은 이후 헬름홀츠를 비롯한 생리학자들에게 이어지며, 감각 연구를 뇌와 신경의 문제로 확장시켰습니다. 오늘날 인공망막, 보청기, 인공피부 같은 인공 감각 기술 역시 이러한 흐름 위에서 발전해 왔어요. 감각은 더 이상 신비의 영역이 아니라, 신경 과학이 탐구하는 중요한 주제가 된 것입니다.

벨과 마장디 법칙

우리는 세상을 느끼고, 그에 반응하며 살아가는 존재입니다. 뜨거운 것을 만지면 재빨리 손을 떼고, 갑자기 큰 소리를 들으면 몸이 움찔하지요. 이처럼 아주 빠르고 자연스러운 반응 속에는 두 종류의 신경이 함께 작동하고 있어요. 바로 '감각 신경'과 '운동 신경'입니다. 오늘날 우리는 감각을 느끼는 신경과 몸을 움직이는 신경이 서로 다른 역할을 한다는 사실을 너무나 당연하게 알고 있어요. 하지만 이 구분이 분명히 밝혀진 것은 19세기에 들어서의 일이었습니다.

19세기 초, 영국의 해부학자 찰스 벨Charles Bell과 프랑스의 생리학자 프랑시스 마장디François Magendie는 신경이 단순한 '정보의 통로'가 아니라, 기능에 따라 나뉘어 있는 구조라는 점을 밝혀내려 했습니다. 그전까지 사람들은 감각과 운동이 같은 신경을 따라 오가며 전달된다고 생각했어요. 신경은 그저 메시지가 드나드는 하나의 길이라고 여겼던 것이지요.

벨은 해부학적 관찰을 통해 중요한 단서를 얻었습니다. 그는 척수에서 나오는 신경 다발이 두 갈래로 나뉘어 있다는 사실에 주목했고, 이 두 갈래가 서로 다른 기능을 담당할 가능성을 제기했어요. 하지만 이를 확실히 증명하기 위해서는 실험이 필요했습니다.

이 역할을 맡은 사람이 바로 마장디였습니다. 그는 동물 실험을 통해 척수에서 나오는 신경근의 기능을 하나씩 확인했어요. 개구리나 강아지의 척수에서 나오는 신경을 드러낸 뒤, 뒤쪽 신경근Posterior root과 앞쪽 신경근Anterior root을 각각 자극하거나 절단하는 실험을 진행했지요.

그 결과는 분명했습니다. 뒤쪽 신경근을 끊으면 동물은 통증이나 온도 같은 감각을 느끼지 못했지만, 근육은 여전히 움직일 수 있었어요. 반대로 앞쪽 신경근을 끊으면 감각은 남아 있었지만, 근육이 움직이지 않았지요. 자극을 느껴도 반응할 수 없었던 거예요.

이 실험을 통해 과학자들은 척수에서 나오는 신경들이 각각 다른 역할을 맡고 있다는 사실을 분명히 알게 되었습니다. 뒤쪽 신경근은 몸에서 들어오는 정보를 뇌와 척수로 전달하는 감각 신경Afferent nerve이고, 앞쪽 신경근은 뇌와 척수의 명령을 근육과 기관으로 전달하는 운동 신경Efferent nerve이었던 거예요.

감각 신경은 몸 밖에서 들어오는 정보(입력)를 뇌나 척수로 보내는 길이에요. 예를 들어, 뜨거운 것을 만졌을 때 "뜨겁다!"라는 신호가 이 길을 통해 올라가지요. 운동 신경은 뇌나 척수의 명령(출력)을 근육이나 기관으로 보내는 길입니다. 예를 들어, 손을 확 빼라는 명령이 이 길을 통해 전달되지요. 이 원리는 이후 벨-마장디 법칙Bell-Magendie Law이라고 불리게 돼요. 이 법칙은 신경계가 하나의 단순한 선이 아니라, 입력과 출력이 분리된 기능적 시스템이라는 사실을 처음으로 명확히 보여 주었지요.

벨과 마장디의 발견은 의학에도 큰 변화를 불러왔습니다. 의사들은 신경 손상을 입은 환자를 진찰할 때, 감각이 사라졌는지, 움직임이 멈췄는지를 구분함으로써 손상된 신경이 감각 경로인지, 운동 경로인지를 판단할 수 있게 되었어요. 즉, 증상을 통해 신경 손상의 위치와 성격을 추론하는 길이 열린 거예요. 또한 이 발견은 이후 신경 해부학과 신경 생리학, 재활의학, 신경외과, 그리고 현대 뇌 과학에 이르기까지 모든 신경 연

찰스 벨

- 1774년: 스코틀랜드 에든버러에서 태어남.
- 1793년: 에든버러 대학교에서 의학과 해부학을 공부함.
- 1798년: 외과의 자격을 얻고 형 존 벨과 함께 해부학 강의를 시작함.
- 1799년: 런던으로 이주하여 외과의이자 해부학자로 활동함.
- 1811년: 척수 신경의 전근과 후근이 서로 다른 기능을 가질 수 있음을 제시함.
- 1829년: 런던 대학교 해부학 교수로 임명됨.
- 1842년: 영국 노스엄벌랜드에서 사망함.

프랑시스 마장디

- 1783년: 프랑스 보르도에서 태어남.
- 1801년: 파리로 이주해 의학을 공부하고 해부학 및 생리학 연구를 시작함.
- 1822년: 동물 실험을 통해 척수 전근은 운동, 후근은 감각 기능을 담당함을 실험적으로 입증함.
- 1828년: 프랑스 과학아카데미 회원이 됨.
- 1830년대: 실험 생리학의 창시자로 불리며 현대 생리학의 기초를 확립함.
- 1855년: 프랑스 파리에서 사망함.

구의 기본 원리가 되었습니다. 감각과 운동이 갈라지는 순간, 신경계는 더 이상 하나의 '신비한 선'이 아니라, 기능적으로 조직된 정교한 체계로 이해되기 시작한 거예요.

전기로 밝혀낸 뇌의 비밀

우리가 오늘날 "뇌는 전기 신호로 작동한다"라고 말할 수 있게 된 데에는, 한 과학자의 끈질긴 실험이 있었습니다. 그 주인공은 에밀 뒤 부아-레이몽Emil du Bois-Reymond이에요.

젊은 시절의 그는 철학과 문학에 깊은 관심을 가졌지만, 곧 생명 현상을 기계적·물리적으로 설명할 수 있다는 생각에 매료됩니다. 특히 그의 호기심을 사로잡은 것은 '전기'와 '생명'의 관계였어요. "살아 있는 몸속에서도 전기가 흐를 수 있을까?" 이 질문이 그의 연구 인생을 바꾸어 놓았지요.

에밀 뒤 부아-레이몽은 작은 전류를 측정할 수 있는 정밀한 장비를 직접 제작했습니다. 그리고 개구리와 물고기의 신경과 근육, 심지어 사람의 팔을 대상으로 실험을 반복했지요. 그 결과, 자극이 가해질 때 신경과 근육에서 실제로 전기적 변화가 발생한다는 사실을 실험으로 증명해 냈습니다. 이 발견은 곧 '생체 전류Bioelectricity'라는 개념을 탄생시켰어요. 신경이 정보를 전달하는 과정이 실제로 측정할 수 있는 전기적인 현상이라는 사실이 처음으로 분명해진 거예요. 말 그대로, 우리가 느끼고, 생각하고, 움직이는 모든 순간에 미세한 전기 신호가 몸속을 오가고 있다는 뜻이었지요.

이 연구를 통해 뒤 부아-레이몽은 전기 생리학Electrophysiology이라는 새로운 학문의 길을 열었습니다. 그는 이후 베를린 대학교 교수로 재직하며 신경과 근육의 전기적 성질을 연구하고 강의했고, 그의 연구는 신경을 과학적으로 탐구할 수 있는 토대를 마련했어요. 신경을 물질적·물리적 현상으로 이해하는 관점은 훗날 산티아고 라몬 이 카할 같은 과학자들이 뉴런 이론을 세우는 데 중요한 배경이 되었지요.

뒤 부아-레이몽은 실험 과학자이면서도, 과학의 한계를 깊이 성찰한 인물이기도 했습니다. 그는 이렇게 말했지요. "우리는 모른다. 그리고 앞으로도 모를 것이다." 이 말은 과학이 모든 것을 설명할 수 있다는 오만이 아니라, 끝없이 질문하고 탐구해야 한다는 겸손한 선언이었어요.

그의 연구 이후, 과학자들은 신경의 전기 신호를 기록하고 분석하기 시작했고, 전기 생리학은 빠르게 발전했습니다. 오늘날 우리는 뇌파 검사(EEG)로 뇌의 상태를 살펴보고, 전기 자극으로 신경 질환을 치료하며,

에밀 뒤 부아-레이몽

- 1818년: 독일 베를린에서 태어남.
- 1836년: 베를린 대학교에 입학하여 의학과 자연 과학을 공부함.
- 1843년: 생리학 박사 학위를 받음.
- 1848년: 신경과 근육의 전기 현상을 다룬 연구를 발표하며 전기 생리학의 기초를 마련함.
- 1849~1870년대: 전기 생리학 연구를 통해 신경·근육 흥분의 전기적 본질을 규명함. 프로이센 과학 아카데미에서 핵심적인 역할을 맡아 독일 생리학의 발전을 이끌어 감.
- 1896년: 독일 베를린에서 사망함.

에밀 뒤 부아-레이몽의 실험 장비

심지어 뇌 신호로 인공 팔과 다리를 움직이는 시대에 살고 있어요. 전기는 더 이상 번개나 기계 속에만 있는 힘이 아니에요. 그것은 바로, 우리 생각과 감각이 흐르는 언어가 된 것이지요.

헬름홀츠와 전기 신호

신경은 전기 신호로 움직인다는 사실이 밝혀지자, 과학자들 사이에서는 또 하나의 질문이 떠올랐습니다. "그렇다면 이 전기 신호는 얼마나 빠르게 이동할까?" 당시 많은 사람은 신경 신호가 번개처럼 즉각적으로 전달될 것이라고 생각했어요. 하지만 독일의 생리학자 헤르만 폰 헬름홀츠Hermann von Helmholtz는 이 생각에 의문을 품었습니다. 그는 "만약 신경이 물리적 현상이라면, 그 속도 역시 측정할 수 있어야 한다"라고 보았어요.

헬름홀츠는 실험실에서 개구리의 신경과 근육에 전극을 연결하고, 자극을 준 뒤 근육이 수축하기까지 걸리는 시간을 정밀하게 측정했습니다. 그리고 자극 지점과 반응 지점 사이의 거리를 바탕으로 신경 전도 속도를 계산했어요. 그 결과는 예상과 달랐습니다. 신경 신호의 속도는 초속 약 30~40미터로, 무한히 빠른 것이 아니라 측정 가능한 속도였던 거예요. 이 실험은 신경이 단순한 전선처럼 전기를 순간적으로 전달하는 통로가 아니라, 전기적 과정과 생물학적 반응이 함께 작용하는 복잡한 생체 시스템임을 분명히 보여 주었어요. 이 발견을 통해 과학자들은 인간의 몸을 단순한 기계가 아니라, 정교하게 조율된 생체 전기 장치로 이해하기 시작했습니다.

[헬름홀츠의 시각에 대한 연구]

헬름홀츠의 관심은 신경에만 머물지 않았습니다. 그는 감각 기관, 특히 시각의 원리에도 깊은 관심을 가졌어요. 헬름홀츠는 우리가 색을 어떻게

헤르만 폰 헬름홀츠
- •1821년: 독일 포츠담에서 태어남.
- •1838년: 베를린 의학·외과 아카데미에 입학하여 생리학과 물리학을 공부함.
- •1847년: 에너지 보존 법칙을 수학적으로 정립한 논문을 발표함.
- •1850년: 신경 자극의 전달 속도를 최초로 측정함.
- •1851년: 눈의 구조를 연구해 검안경을 발명함.
- •1871년: 베를린 대학교 물리학 교수로 임명되어 음향학과 시각 연구를 심화함.
- •1894년: 독일 베를린에서 사망함.

느끼는지는 눈 안에 있는 서로 다른 감각 채널들이 어떻게 반응하느냐에 따라 달라진다고 보았어요.

그는 색 지각이 여러 가지 빛을 각각 따로 느끼는 과정이 아니라, 서로 다른 감각 반응의 조합으로 이루어진다고 설명했어요. 이 생각은 '영-헬름홀츠의 삼원색설Trichromatic Theory'로 불리며, 우리가 보는 모든 색이 세 가지 기본적인 감각 반응의 비율로 만들어진다는 관점을 제시했습니다.

- 빨간빛에 강하게 반응하는 수용체(L-세포)
- 초록빛에 반응하는 수용체(M-세포)
- 파란빛에 반응하는 수용체(S-세포)

헬름홀츠는 눈의 망막에 이러한 서로 다른 감각 반응을 담당하는 체계가 존재할 것이라는 이론으로 제안했습니다. 오늘날 우리는 이것이 실제로 L·M·S 원뿔 세포라는 서로 다른 광수용체로 이루어져 있으며, 각 세포가 빛의 파장에 따라 다른 강도로 반응한다는 사실을 알고 있지요. 즉, 우리 눈은 모든 색을 하나씩 따로 인식하는 것이 아니라, 빨강(R)·초록(G)·파랑(B) 세 가지 신호의 조합을 계산해 색을 만들어 내는 시스템인 셈이에요. 헬름홀츠의 삼원색설은 이후 현대 시각 과학과 디지털 색 표현(RGB)의 이론적 기초가 되었습니다.

[헬름홀츠와 검안경]

오늘날 안과에 가면 의사 선생님이 작은 손전등 같은 기계를 들고 "눈 좀 크게 떠보세요"라며 눈 안쪽을 들여다보는 장면을 쉽게 볼 수 있습니다. 이때 사용하는 도구가 바로 검안경Ophthalmoscope이에요. 그런데 이 검안경, 단순한 진료 도구가 아니라 인간 역사상 처음으로 '살아 있는 사람의 눈 내부'를 들여다보게 만든 혁신적인 발명품이었어요. 그리고 이 획기적인 발명을 한 인물이 바로 헬름홀츠입니다.

19세기 중반 이전까지만 해도, 의사들은 사람의 눈을 겉으로만 살필 수 있었습니다. 각막이나 눈동자는 볼 수

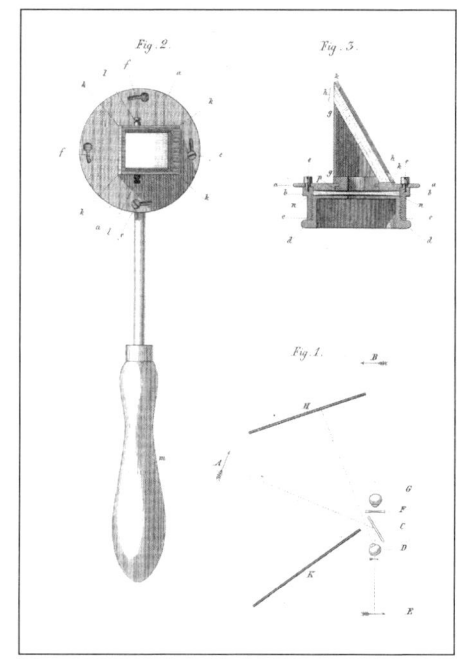

헬름홀츠의 검안경

있었지만, 빛을 감지하는 망막이나 시신경처럼 눈의 내부 구조는 관찰할 수 없었지요. 눈은 마치 살아 있는 블랙박스처럼, 기능은 알려져 있지만 내부는 닫혀 있는 기관이었어요.

1851년, 헬름홀츠는 눈에 대해 연구하던 중 한 가지 기막힌 아이디어를 떠올립니다. "눈 안으로 빛을 비춘 뒤, 그 빛이 반사되어 나오는 경로를 다시 들여다볼 수 있다면 내부를 볼 수 있지 않을까?" 그는 거울과 렌즈, 광원을 조합해 매우 단순한 구조의 장치를 만들었고, 이를 통해 살아 있는 사람의 망막을 직접 관찰하는 데 처음으로 성공합니다. 이후 검안경은 시신경 질환, 망막 질환을 진단하는 필수 도구로 자리 잡아요.

헬름홀츠는 청각의 원리에도 깊은 관심을 가졌습니다. 그는 달팽이관의 구조를 분석해 소리의 높낮이에 따라 달팽이관의 서로 다른 위치가 진동한다는 사실을 밝혔어요. 이 이론은 오늘날 청각 생리학과 음향 과학의 기초가 되었지요. 이렇게 헬름홀츠의 업적은 하나의 기관을 넘어서, 감각을 물리적·생리학적으로 이해할 수 있다는 확신을 과학자들에게 심어 주었어요.

감각을 수학으로 재다, 베버의 법칙

우리는 매일 눈부시게 많은 감각 속에 살아갑니다. 눈으로 색을 보고, 귀로 소리를 듣고, 손끝으로 질감을 느끼고, 코와 혀로 냄새와 맛을 구별하지요. 그런데 곰곰이 생각해 보면, 감각은 단순히 자극의 양이 커질수록 강해지는 게 아니에요. 우리의 뇌는 자극의 절대적인 크기보다, 자극의 변화 정도에 훨씬 더 민감하게 반응해요. 이 흥미로운 원리를 처음 밝혀낸 인물이 바로 19세기 독일의 생리학자 에른스트 하인리히 베버Ernst Heinrich Weber입니다.

베버는 아주 단순한 질문에서 출발했습니다.

"사람은 어느 정도의 차이에서 '달라졌다'라고 느끼는가?"

그는 사람들에게 무게가 다른 물체를 번갈아 쥐게 하며 실험을 반복했습니다. 책 한 권을 들고 있을 때 한 권을 더 얹으면 대부분은 "더 무거워

졌네!"라고 느낍니다. 하지만 이미 다섯 권을 들고 있는 사람에게 한 권을 더 얹으면, 많은 사람은 "글쎄? 별로 차이가 안 나는데…"라고 말하지요. 이 실험을 거듭한 끝에 베버는 중요한 사실을 발견했습니다. 사람이 자극의 변화를 느끼기 위해 필요한 최소한의 변화량은 처음 자극의 크기에 비례한다는 것이었어요. 이 관계는 곧 '베버의 법칙Weber's Law'으로 불리게 됩니다.

예를 들어 볼까요? 100그램의 추를 들고 있을 때 5그램이 늘어나면 변화를 느끼지만, 1킬로그램의 추를 들고 있을 때 5그램이 늘어나는 것은 거의 느끼지 못합니다. 100그램의 5그램은 약 5퍼센트의 변화지만 1킬로그램의 5그램은 고작 0.5퍼센트만큼의 변화이기 때문이에요. 이처럼 감각이 변화를 인식하기 위해 필요한 최소한의 비율을 '베버 분수Weber Fraction'라고 합니다. 이 분수값은 감각의 종류마다 달라요. 예를 들어, 시각은 매우 정밀해서 약 1퍼센트 안팎의 변화에도 반응하지만, 무게 감각은 훨씬 둔감해 약 5퍼센트 정도의 변화가 있어야 차이를 느낍니다.

에른스트 하인리히 베버

•1795년: 독일 라이프치히에서 출생.

•1817년: 라이프치히 대학교에서 의학 박사 학위를 받음.

•1818년: 같은 대학교 비교 해부학 교수로 임명됨.

•1834년: 감각 자극의 변화와 지각의 관계를 설명하는 '베버의 법칙'을 제시함.

•1840년대: 촉각, 무게, 위치 감각 등 인간 감각을 정량적으로 연구하며 감각 생리학을 발전시킴. 구스타프 페히너의 심리 물리학에 이론적 기초를 제공함.

•1878년: 독일 라이프치히에서 사망함.

베버의 법칙이 중요한 이유는, 이것이 뇌가 세상을 해석하는 방식을 수학으로 표현한 최초의 시도 중 하나였기 때문입니다. 우리는 절대적인 밝기나 소리, 무게를 그대로 느끼지 않아요. 항상 '이전에 비해 얼마나 달라졌는가'를 느낄 뿐이지요. 우리의 감각은 '절댓값의 눈'이 아니라 '비율의 눈'을 가지고 있는 셈입니다. 이 개념은 이후 심리학자 구스타프 페히너Gustav Fechner에게 이어졌어요. 그는 베버의 법칙을 바탕으로 감각의 세기를 수식으로 표현했고, 이것이 '페히너의 법칙'으로 발전하면서 심리 물리학의 탄생을 이끌었습니다.

브로카와 후각의 비밀

우리는 어떤 냄새를 맡을 때, 그 냄새와 함께 과거의 기억이나 감정이 떠오를 때가 있습니다. 어린 시절의 비 오는 날 냄새, 할머니 댁 부엌의 된장 냄새처럼요. 왜 냄새는 이렇게 감정과 강하게 연결될까요? 이 질문

폴 브로카
•1824년: 프랑스에서 태어남.
•1844년: 파리 의학부에 입학해 의학과 외과학을 공부함.
•1850년대: 뇌 해부와 언어 장애 연구에 몰두함.
•1861년: 언어를 조절하는 뇌 부위를 발견해 '브로카 영역'이라 명명함.
•1860~70년대: 인간의 두개골과 뇌를 비교 연구하며 언어 능력의 생리적 근거를 탐구함.
•1878년: 프랑스 의학 아카데미 회원으로 선출됨.
•1880년: 프랑스 파리에서 사망함.

을 처음으로 뇌의 구조에서 풀어 보려 한 인물 가운데 한 사람이 바로 프랑스의 해부학자 폴 브로카Paul Pierre Broca였어요.

브로카는 뇌의 구조를 비교·해부하면서, 감각 정보가 뇌에서 처리되는 경로가 감각마다 다르다는 점에 주목했습니다. 시각이나 청각 같은 감각은 대뇌 피질의 특정 영역을 거쳐 인식되지만, 후각은 이들과는 다른 길을 따른다는 사실을 알아냈어요. 그는 후각 신경이 뇌 깊숙한 영역, 즉 감정과 본능, 기억과 밀접한 구조들과 해부학적으로 매우 가까이 연결되어 있다는 점을 강조했습니다. 오늘날 우리가 편도체Amygdala와 해마 Hippocampus라고 부르는 이 영역들은, 감정 반응과 기억 형성에 중요한 역할을 하는 곳이지요.

말을 만드는 뇌의 자리, 브로카 영역

우리가 말을 할 때는 입과 혀만 움직이는 것이 아닙니다. 사실 그보다 먼저 뇌가 문장을 만들고 말할 내용을 준비하는 과정이 필요해요. 이 역할을 하는 뇌의 한 부분이 바로 브로카 영역입니다.

폴 브로카는 말을 거의 하지 못하는 환자를 연구하다가, 환자의 왼쪽 전두엽 일부가 손상되어 있다는 사실을 발견했어요. 이 환자는 말을 제대로 하지 못했지만, 다른 사람의 말을 이해하는 데에는 큰 문제가 없었지요. 이 연구를 통해 브로카는 말을 만들어 내는 기능이 뇌의 특정한 영역에 있다는 사실을 처음으로 밝혀냈습니다. 이후 사람들은 이 부분을 발견자의 이름을 따서 브로카 영역이라고 부르게 되었지요.

브로카 영역이 손상되면 생각은 할 수 있지만 말을 유창하게 하지 못하는 '브로카 실어증'이 나타날 수 있습니다. 예를 들어, "나는 오늘 학교에 갔다"라는 문장을 말하려 해도 "나… 학교… 갔다"처럼 끊어져 나오기도 합니다.

이전까지는 뇌가 하나의 기관처럼 작동한다고 생각했지만, 브로카의 연구를 통해 뇌의 각 부분이 서로 다른 기능을 담당한다는 사실이 처음으로 밝혀졌습니다. 지금도 신경 과학에서는 브로카의 연구를 뇌 기능 연구의 중요한 출발점으로 평가하고 있어요.

브로카는 후각과 가까운 뇌의 안쪽 구조들에 주목하며, 이 부위를 '변연엽Limbic lobe'이라 불렀어요. 그리고 이 개념은 후대 연구자들에 의해 감정과 기억을 담당하는 뇌 체계를 설명하는 핵심으로 발전합니다.

후대의 신경 과학 연구들은 브로카의 통찰을 실험적으로 확인해 주었습니다. 냄새를 맡으면 즉시 편도체가 활성화되고, 이 신호가 해마로 전달되며 기억과 결합한다는 사실이 밝혀졌지요. 그래서 우리는 냄새를 맡는 순간, 그 냄새와 관련된 감정이 순식간에 되살아나는 경험을 하게 되는 거예요. 이처럼 브로카의 관찰은 감각을 단순한 입력이 아니라, 감정과 행동을 여는 출발점으로 이해하게 만든 중요한 전환점이 되었어요.

뇌를 이루는 최소 단위, 뉴런

오늘날 우리는 "뇌는 수많은 신경 세포로 이루어져 있어요"라고 말합니다. 그리고 이 뇌세포를 뉴런이라고 부르지요. 이 이름은 1891년, 독일의 해부학자 발데어-하르츠Wilhelm von Waldeyer-Hartz가 처음 사용했어요. 하지만 이 개념이 과학적으로 자리 잡기까지는 오랜 논쟁과 치열한 관찰의 역사가 필요했어요. 19세기 말, 뇌 연구의 방향을 결정적으로 바꾼 두 인물이 등

산티아고 라몬 이 카할

장합니다. 바로 산티아고 라몬 이 카할Santiago Ramón y Cajal과 카밀로 골

지예요. 두 사람은 같은 현미경 기술을 사용했지만, 뇌를 완전히 다르게 해석했습니다.

[신경 과학의 개척자, 카할]

카할은 1852년 5월 1일, 스페인 나바라 지방의 작은 마을 페틸라 데 아라곤에서 태어났습니다. 그는 어린 시절부터 규칙과 권위를 싫어하는 반항적인 아이였어요. 학교에서는 말썽을 자주 부렸고, 그림 그리기와 체조, 무술을 좋아하는 자유로운 성격이었지요. 하지만 의사였던 아버지는 아들의 예술적 기질을 탐탁지 않게 여겼습니다. 아버지는 그를 제화공과 이발사 밑에 도제로 보내 혹독하게 단련하려 했어요.

카할의 인생을 바꾼 것은 1868년 여름이었습니다. 아버지를 따라 묘지에서 인체 유골을 관찰하던 중, 그는 처음으로 몸의 구조를 이해하는 학문, 즉 해부학에 강한 호기심을 느끼게 됩니다. 이후 사라고사 의과 대학에 진학한 카할은 1873년 졸업한 후, 스페인 육군 의무관으로 임명되어 쿠바 전쟁에 파견되었어요.

쿠바에서 그는 말라리아와 결핵을 동시에 앓으며 죽음의 문턱까지 갔습니다. 긴 요양 끝에 회복한 그는 연구에 전념하게 되었고, 마드리드에서 박사 학위를 받은 뒤 사라고사와 발렌시아에서 해부학 교수로 활동합니다.

카할은 현미경을 통해 신경 조직을 집요하게 관찰했습니다. 그는 신경 세포가 하나의 덩어리가 아니라, 서로 분리된 개별 단위라는 사실을 주장했어요. 이 생각은 훗날 '뉴런 이론'으로 불리며 현대 신경 과학의 기초가 됩니다. 이러한 공로로 그는 1906년에 노벨 생리의학상을 받았고, 오늘날 '뉴런 이론의 창시자'로 평가받아요.

[병원 주방에서 시작된 혁명, 골지]

카밀로 골지는 1843년, 이탈리아 롬
바르디아 지방의 코르테노라는 마을에
서 태어났습니다. 지금 이 마을의 이름은
'코르테노 골지'로 바뀌었는데, 그만큼
골지의 명성이 널리 퍼졌음을 뜻해요. 아
버지가 의사였던 골지는 자연스럽게 의
학의 길로 들어섰고 1860년, 파비아 대
학교에 입학해 1865년, 의학 학위를 받
았습니다.

카밀로 골지

골지는 병원 인턴 생활과 공중보건 업무를 거치며 임상 경험을 쌓았
고, 이후 체사레 롬브로소와 줄리오 비조제로의 가르침 아래에서 연구자
의 길을 걷게 됩니다. 특히 병리학자 비조제로에게서 조직학적 사고와
실험 기법을 배웠어요.

1870년대 초, 골지는 파비아에서 교수직을 얻지 못하고 밀라노 근교
아비아테그라소의 만성질환 병원으로 옮기게 됩니다. 그는 이곳에서 병
원 주방을 개조해 실험실을 만들고, 신경 조직 연구를 계속했어요.

1873년, 골지는 다이크로뮴산 칼륨으로 조직을 고정한 뒤 질산은 용액
에 담그는 새로운 염색법을 개발합니다. 이 방법을 그는 '검은 반응'이라
불렀어요. 이 염색법은 극소수의 신경 세포만을 검게 물들여, 세포체와
수상 돌기, 축삭의 형태를 놀라울 만큼 선명하게 드러냈습니다. 과학자
들은 처음으로 하나의 신경 세포가 어떤 구조를 갖는지 직접 눈으로 볼
수 있게 되었지요.

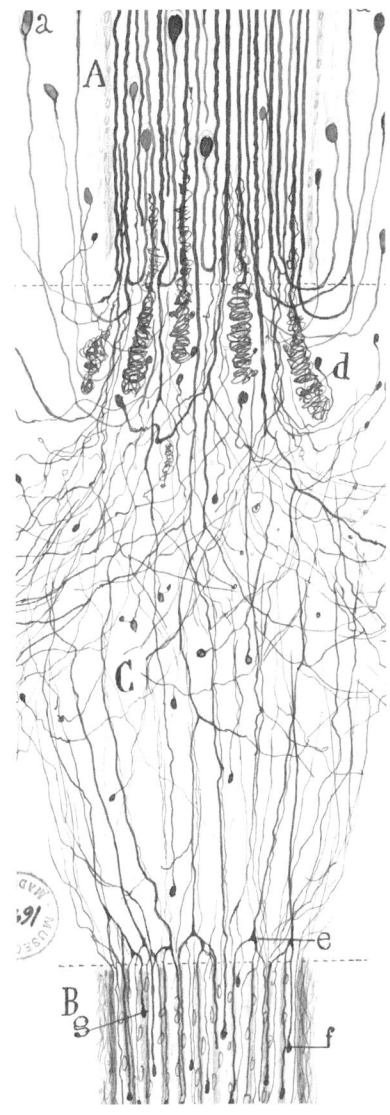

척수 바깥쪽에서 절단된 신경(카할)

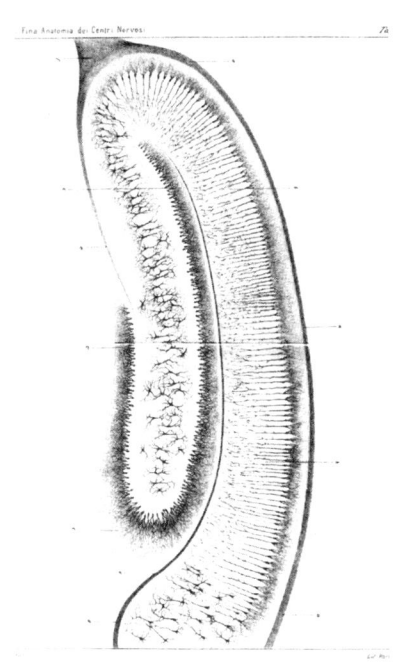

골지의 특수 염색법으로 관찰한 뇌의 해마 그림

소뇌에 있는 뉴런(카할)

골지는 이 염색법으로 신경 조직을 들여다보며, 복잡하게 얽혀 있는 뇌의 실루엣을 처음으로 그려낼 수 있었어요. 중심에 있는 세포체, 나뭇가지처럼 퍼진 수상 돌기, 길게 뻗어나간 축삭으로 이루어진 뉴런의 모습이었지요. 하지만 골지는 이 구조를 보고도 뉴런이 서로 분리된 존재라고 생각하지 않았습니다. 그는 신경 세포들이 물리적으로 이어진 연속적인 그물망을 이룬다고 보았고, 이를 '망상 이론Reticular Theory'이라고 불렀어요.

아이러니하게도 골지가 만든 염색법은 그의 이론을 뒤집는 결정적 도구가 됩니다. 카할은 바로 이 골지 염색법을 사용해 신경 세포들이 서로 맞닿아 있을 뿐, 하나로 이어진 덩어리가 아니라는 사실을 밝혀냈기 때문이에요. 그는 뉴런과 뉴런 사이에 미세한 틈이 존재하며, 정보가 그 틈을 건너 전달된다고 주장했습니다.

결국 과학계는 카할의 해석을 받아들였고, 뉴런은 뇌를 이루는 독립된 기본 단위라는 개념이 정설로 자리 잡게 됩니다. 1906년, 두 사람은 서로 다른 이론을 주장했음에도 불구하고 같은 공로, 즉 신경 조직의 구조를 밝힌 업적으로 노벨 생리의학상을 공동 수상해요.

뉴런의 발견은 뇌를 더 이상 하나의 신비한 덩어리로 보지 않게 만들었습니다. 생각, 감정, 기억, 행동은 이제 수많은 뉴런이 연결되고 신호를 주고받는 과정으로 설명될 수 있게 되었지요. 이 순간부터 뇌 과학은 철학의 영역을 넘어, 관찰과 실험에 기반한 과학으로 본격적으로 자리 잡기 시작했습니다.

뇌에 흐르는 전기 신호의 발견

1875년, 영국의 의사이자 생리학자였던 리처드 캐튼Richard Caton은 뇌에 흐르는 전기 신호를 발견한 인물입니다.

캐튼은 토끼와 원숭이의 대뇌 반구에 전극을 살짝 얹고, 거기서 나오는 미세한 전기 신호를 기록하려는 실험을 합니다. 놀랍게도, 그는 뇌에서 자발적으로 변화하는 전류의 흔적을 포착하게 돼요. 그의 기록은 오늘날 우리가 보는 정교한 뇌파 그래프와는 거리가 있지만, 분명히 자극 없이도 뇌 표면에서 전기 활동이 감지된다는 사실을 보여 준 최초의 실험이었어요.

리처드 캐튼

- 1842년: 영국 브래드퍼드에서 태어남.
- 1867년: 에든버러 대학교에서 의학 학위를 받음.
- 1868년경: 리버풀로 옮겨 의사로 활동하며 생리학 및 의학 교육에 참여함.
- 1875년: 동물의 뇌 표면에서 미세한 전기 신호(뇌전위)를 처음으로 기록, 뇌의 전기 활동 존재를 실험적으로 보여 줌.
- 1926년: 영국 해즐미어에서 사망함.

초기 뇌전위 연구의 선구자, 아돌프 벡

우리는 오늘날 병원에서 뇌파 검사를 받는 일이 낯설지 않습니다. 수면 상태나 간질, 스트레스와 같은 뇌 기능 이상을 확인하는 데 뇌파 검사는 중요한 도구가 되었어요. 그렇다면, 뇌가 스스로 전기 신호를 만들어 낸다는 사실은 누가 처음 밝혔을까요?

그 질문의 중심에 서 있는 인물은 바로 아돌프 벡Adolf Beck이라는 폴란드 출신의 생리학자예요. 그는 19세기 후반, 전혀 예상치 못한 방식으로 뇌에서 흐르는 전류를 관찰했지요.

그는 독일의 생리학자 프리드리히 골츠Friedrich Goltz의 영향을 받아, 뇌의 기능을 실험적으로 밝히는 연구에 몰두했어요. 당시로서는 매우 대담한 시도였는데, 뇌는 여전히 '조용한 기관'으로 여겨지고 있었기 때문이에요.

벡은 신경과 뇌에 흐르는 전류를 직접 측정하고 싶었습니다. 그래서 실험실에서 토끼와 개, 고양이 등을 대상으로 뇌 표면에 전극을 붙이고,

Who? Who!

아돌프 벡
- 1863년: 폴란드 갈리치아 지방에서 태어남.
- 1888년: 뇌피질에 전극을 부착해 전기적 활동 변화를 측정하는 실험을 수행함. 리처드 캐튼의 관찰을 확장하며 현대 뇌파 연구의 토대를 마련함.
- 1890년대: 동료와 함께 신경 전기 생리학 분야를 개척함.
- 1900년대: 리비우 대학교 생리학 교수로 재직하며 감각 자극에 따른 뇌 전위 변화를 분석해 정신 활동과 전기 신호의 상관성을 탐구함.
- 1942년: 제2차 세계 대전 중 나치 점령하에서 박해를 받다 비극적으로 사망함.

전류를 기록하는 실험을 시작했어요. 그러던 어느 날, 놀라운 일이 벌어졌습니다. 자극을 주지 않았는데도 뇌 표면에서 자발적인 전기 활동이 기록된 거예요. 즉, 뇌는 외부 자극이 없어도 스스로 전기 신호를 내보내고 있다는 뜻이었어요. 이것은 이전까지 아무도 예측하지 못한, 완전히 새로운 발견이었어요. 이것이 바로 뇌의 자발적 전기 활동을 보여 준 이른 기록 중 하나예요. 우리는 지금 벡의 이 발견을 '자발 뇌전위 Spontaneous Brain Potentials'라고 부르고 있어요.

이 발견은 당시에 큰 반향을 일으켰습니다. 왜냐하면, 많은 과학자들은 뇌는 외부 자극에만 반응하고, 스스로는 조용한 기관이라고 생각하고 있었기 때문이에요. 하지만 벡은 뇌는 끊임없이 자기만의 전기 신호를 만들어 낸다는 것을 증명했어요.

벡은 이 현상을 더 정확히 분석하기 위해, 빛, 소리, 피부 자극 등 다양한 실험을 하며 감각 자극이 뇌의 전기 활동에 어떤 영향을 주는지도 연구했어요. 이런 시도는 나중에 뇌의 반응성 연구로 이어졌지요. 벡은 현대의 뇌파 검사기처럼 정교한 장치가 없었기 때문에, 뇌파의 리듬이나 주파수를 정확히 파악하진 못했습니다. 하지만 그의 실험은 '뇌에는 전기적 패턴이 있다'라는 생각의 출발점이 되었어요.

뇌파를 처음 기록한 한스 베르거

오늘날 뇌파 검사는 병원에서 흔히 이루어지는 검사지만, 그 원리는 생각보다 놀랍습니다. 눈에 보이지 않는 뇌의 전기 신호를 읽어 내어 파형으로 기록한다는 것이지요. 그렇다면 이러한 시도를 처음으로 해낸 사람은 누구였을까요? 사람의 머리에서 뇌파를 처음으로 기록한 과학자는 독일의 정신과 의사이자 신경학자였던 한스 베르거Hans Berger예요. 그는 누구보다 뇌와 마음 사이의 연결을 믿었고, 결국 그 믿음을 전기 신호로 눈앞에 드러내는 데 성공했어요.

한스 베르거는 1873년, 독일에서 태어났습니다. 젊은 시절 그는 철학과 문학에도 깊은 관심을 가졌지만, 한 사건이 그의 인생의 방향을 바꾸어 놓았어요. 기병 훈련 중 말에서 떨어지는 큰 사고를 당해 생명을 잃을 뻔했던 일이었지요. 나중에 그는, 그 사고가 일어나던 바로 그 시각에 멀리 떨어져 있던 여동생이 강한 불안감을 느꼈다는 사실을 알게 됩니다. 이 경험은 베르거에게 깊은 질문을 남겼어요. "인간의 마음과 뇌 사이에는 어떤 연결이 있는 걸까?" 이 질문은 그를 정신과 의사이자 연구자의 길로 이끌었어요. 그는 뇌와 마음의 관계를 측정할 수 있는 물리적인 신

Who? Who!

한스 베르거
- 1873년: 독일 예나에서 태어남.
- 1897년: 예나 대학교에서 의학 박사 학위를 받고 정신 의학 연구를 시작함.
- 1900~1920년대: 뇌의 전기적 활동과 정신 상태의 관계에 관심을 가지고 실험을 지속함.
- 1924년: 인체에서 처음으로 뇌의 전기적 신호(뇌파)를 기록하는 데 성공함.
- 1929년: 『인간의 뇌전도에 관하여』를 발표하며 EEG 연구의 출발점을 마련함. 알파파 개념을 제시하며, 인간 뇌의 전기 활동을 기록하는 방법을 확립하는 데 기여함.
- 1941년: 예나에서 사망함.

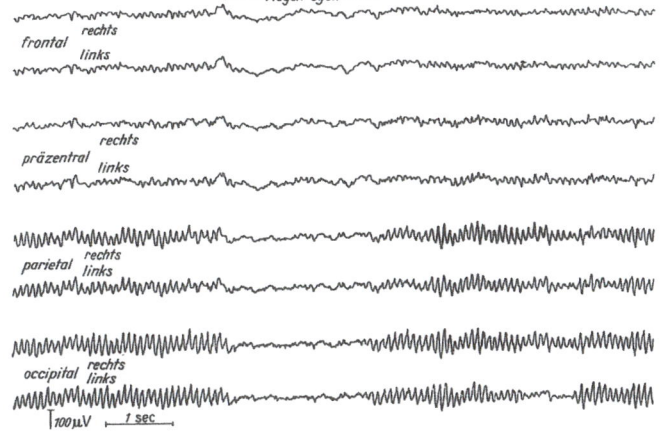

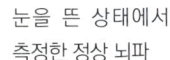
눈을 뜬 상태에서
측정한 정상 뇌파

호로 이해하려고 했지요.

당시까지 뇌의 전기 활동은 일부 동물 실험에서만 관찰되었을 뿐, 사람의 두피에서 직접 측정된 적은 없었습니다. 베르거는 극도로 민감한 전류 측정 장비를 직접 다듬고 개량하며, 수많은 시행착오를 반복했어요. 그리고 마침내 1924년, 그는 인간의 두피에서 자발적인 전기 신호를 기록하는 데 성공합니다.

그가 발견한 신호 중에는, 눈을 감고 편안히 있을 때 규칙적으로 나타나는 파형이 있었어요. 이 파형은 훗날 알파 리듬*α* rhythm, 즉 오늘날 말하는 알파파로 불리게 됩니다. 베르거는 전기적 흔적을 통해, 인간의 정신 활동이 단순한 추상이 아니라 측정 가능한 생리적 현상임을 보여 주고자 했어요.

하지만 그의 발견이 처음부터 환영받은 것은 아닙니다. 사람들은 "잡음일 뿐이다", "근육이나 맥박에서 생긴 신호일 것이다"라며 외면했어요. 많은 과학자들이 그의 결과를 의심했고, 베르거는 한동안 외로운 연구자로 남아야 했지요. 그러나 시간이 흐르면서, 다른 연구자들이 그의 실험을 반복해 같은 결과를 얻기 시작했습니다. 결국 베르거의 발견은 인정받았고, 뇌파 검사Electroencephalography는 전 세계 병원과 연구실에서 사용되는 표준적인 진단 도구가 되었어요.

한스 베르거는 단지 뇌파를 기록한 기술자가 아니었습니다. 그는 마음과 뇌의 관계를 과학의 언어로 연결하려 한 선구자였습니다. 오늘날 우리가 뇌파를 통해 수면, 의식 상태, 뇌전증, 명상과 집중의 변화를 분석할 수 있는 것은, 바로 그의 집요하고 고독한 실험 덕분이에요.

시냅스의 신비를 밝혀낸 존 에클스

우리는 매일 생각하고, 느끼고, 꿈꾸며 살아갑니다. 그런데 이런 모든 활동이 눈에 보이지도 않는 작은 세포, 뉴런Neuron에서 시작된다는 걸 알고 있나요? 뉴런은 뇌와 신경계를 구성하는 기본 단위를 말합니다. 한 사람의 뇌에는 약 860억 개의 뉴런이 존재하고, 그 사이에는 수백 조 개에 이르는 시냅스Synapse가 형성되어 있어요. 이 뉴런들은 전기 신호를 주고받으며 우리가 "기억한다, 느낀다, 행동한다"라는 모든 과정을 만들어 내지요. 하지만 오랫동안 과학자들은 한 가지 의문을 품고 있었어요. "뉴런과 뉴런 사이는 아주 좁은 틈으로 떨어져 있는데, 신호는 그 틈을 어떻게 건너갈까?"

이 어려운 질문에 답한 사람이 바로 오스트레일리아 출신의 생리학자 존 케어 에클스John Carew Eccles입니다. 그는 신경 생리학의 거장 찰스 셰

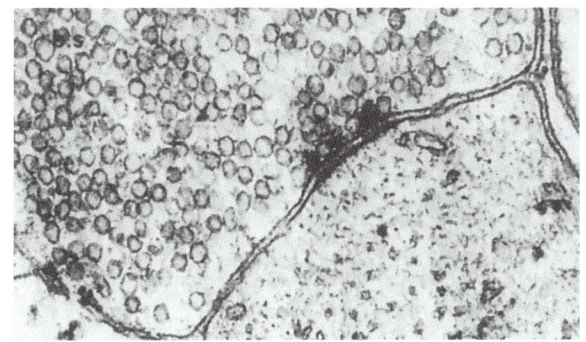

전자 현미경으로 관찰한 신경 세포 사이의 시냅스 구조

링턴Charles Sherrington 밑에서 공부했습니다. 셰링턴은 '시냅스'라는 개념을 정립한 인물이었어요. 에클스는 스승의 영향을 받아, 신경 신호가 어떻게 전달되는지 실험으로 밝히고자 했습니다.

20세기 초, 신경 과학자들 사이에는 치열한 논쟁이 있었습니다. "뉴런은 전기로 직접 연결되어 있을까, 아니면 화학 물질을 통해 신호를 전달할까?" 이미 선행된 연구로 화학적 전달의 가능성이 제시되었지만, 여전

Who? Who!

존 케어 에클스

- 1903년: 오스트레일리아 멜버른에서 태어남.
- 1925년: 멜버른 대학교에서 의학 학위를 받고, 옥스퍼드에서 생리학을 연구함.
- 1930~40년대: 신경 세포 간 정보 전달의 메커니즘을 밝히기 위한 연구를 진행함.
- 1950년대: 중추 신경계 시냅스의 흥분성과 억제성 전달을 정밀하게 밝히는 데 기여함.
- 1963년: 앨런 호지킨, 앤드루 헉슬리와 함께 신경 자극의 전도 기전 연구로 노벨 생리의학상을 공동 수상함.
- 1970년대: 인간의 의식과 자유의지 문제를 생리학적 관점에서 탐구함.
- 1997년: 스위스에서 사망함.

히 전기적 연결설을 지지하는 학자들도 많았어요. 에클스 역시 초기에는 전기적 전달을 더 선호했지요. 그러나 그는 곧 자신의 생각을 바꾸게 됩니다. 전기 자극만으로는 신호가 완벽히 전달되지 않는다는 걸 확인했기 때문이에요. 대신, 뉴런의 축삭 끝에서 분비되는 화학적 신호가 다음 뉴런의 수상 돌기에 전달되어, 그곳에서 새로운 전기 신호를 만들어 낸다는 사실을 실험으로 밝혀냈지요.

에클스는 초미세 전극을 이용해 척수의 단일 뉴런에서 전위를 직접 측정했습니다. 그 결과, 시냅스에서 전달되는 신호가 단순한 전기적 연속이 아니라, 다음과 같은 두 가지 형태로 나타난다는 것을 밝혀냈어요.

- 흥분성 시냅스 후 전위(EPSP): 뉴런이 발화하도록 돕는 신호
- 억제성 시냅스 후 전위(IPSP): 뉴런의 발화를 억제하는 신호

뉴런은 이 수많은 흥분과 억제 신호를 동시에 받아 계산합니다. 그리고 일정한 기준을 넘으면 '발화'하고, 그렇지 않으면 '침묵'하지요. 즉, 뉴런 하나는 단순한 전선이 아니라 입력 신호를 통합하고 판단하는 작은 계산 장치와 같다는 사실이 밝혀진 거예요. 이 연구는 뇌를 단순한 전기 회로로 보는 생각에서 벗어나, 정보를 골라내고 서로 연결해 처리하는 정교한 네트워크로 이해하게 만든 중요한 계기가 되었습니다.

1963년, 에클스는 앨런 호지킨, 앤드루 헉슬리와 함께 신경 세포의 전기적 작동 원리를 밝힌 공로로 노벨 생리의학상을 수상합니다. 이들의 연구는 현대 신경 생리학의 기초를 완성한 업적으로 평가받고 있어요. 그러나 에클스는 실험실에만 머물지 않았습니다. 그는 평생 "정신은 뇌

의 산물인가?"라는 질문을 붙잡고 있었어요. 말년에는 철학자 카를 포퍼 Karl Popper와 함께 『The Self and Its Brain』을 저술하며, 정신과 뇌가 서로 영향을 주고받는다고 주장해요. 그에게 신경 과학은 단지 전기 신호의 연구가 아니었습니다. 그것은 "인간이 무엇인가"라는 근본적인 질문에 다가가는 길이었습니다.

파블로프, 몸이 배운 기억을 발견하다

우리는 어떤 소리나 냄새만으로도 예전 기억을 떠올릴 때가 있습니다. 어떤 사람은 국밥 냄새를 맡으면 할머니 집이 생각나고, 또 어떤 사람은 휴대폰 알림 소리만 들어도 심장이 먼저 반응한다고 해요. 이런 반응은 기분 탓이 아니라, 우리 몸이 저절로 학습했기 때문에 일어나는 반응이에요. 그리고 이 사실을 처음 밝혀낸 사람이 있습니다. 바로 러시아의 생리학자 이반 파블로프Ivan Pavlov예요.

파블로프는 1849년, 러시아 랴잔에서 태어났습니다. 그의 집안은 대대로 성직자 집안이었고, 아버지는 장남인 그가 가문의 전통을 이어 교회에 봉사하길 바랐어요. 그래서 파블로프는 11살 때 랴잔 신학교에 들어가 신학 교육을 받습니다. 아버지는 그가 훌륭한 신부가 되리라 믿었지요.

그 무렵 러시아 사회는 빠르게 변하고

이반 파블로프

있었습니다. 나라를 발전시키기 위한 과학과 의학 연구에 대한 관심과 투자가 점차 늘어나고 있었어요. 그러나 파블로프가 다니던 신학 대학교에서는 신앙과 충돌할 수 있다는 이유로 과학책을 자유롭게 읽을 수 없었습니다.

하지만 파블로프는 호기심을 억누를 수 없었습니다. 그는 뜻이 맞는 친구들과 새벽마다 도서관에 몰래 모여 금지된 과학책을 읽고 토론했어요. 그 과정에서 그는 생명체의 작용 원리에 깊이 매혹됩니다. 심장이 뛰는 이유, 위장이 음식을 소화하는 과정 같은 것들이 그의 머릿속을 떠나지 않았어요. 결국 파블로프는 신학이 아니라 과학자의 길을 걷기로 결심합니다.

이 결정은 가족에게 큰 충격이었습니다. 특히 아버지는 신학을 포기한 아들의 선택에 크게 분노했고, 한동안 부자의 관계는 멀어졌어요. 그러나 파블로프는 멈추지 않았어요. 그는 생명을 과학으로 이해하겠다는 결심을 안고 상트페테르부르크 대학교로 향합니다.

그곳에는 당대 러시아를 대표하는 학자들이 있었습니다. 화학자 멘델레예프와 식물학자 베케토프 같은 과학자들이 학생들을 가르치고 있었어요. 파블로프는 치온 교수 밑에서 생리학을 배우며 본격적인 실험 과학의 세계에 들어섭니다. 치온 교수는 동물을 해부하고 실험하며 생명 현상을 연구했는데, 파블로프 역시 그의 실험실에 남아 밤늦게까지 토끼와 개를 대상으로 소화 기관과 심장의 작용을 탐구했어요. 그 성과는 학생의 연구라기에는 놀라울 만큼 뛰어나, 일찍부터 학계의 주목을 받기도 했지요.

이후 파블로프는 군의학 아카데미에 진학해 계속 공부했고, 1879년

의학 학위를 받습니다. 1890년, 파블로프는 임페리얼 의학 아카데미의 생리학 교수로 임용되었고, 이듬해에는 알렉산드로 올덴부르크 공작이 설립한 실험 의학 연구소에서 생리학부를 조직하고 이끌게 되었어요. 이곳은 파블로프에게 이상적인 연구 환경이었습니다. 젊은 과학자들이 그의 연구실로 모여들었고, 그는 토론의 시간을 따로 마련해 각자 실험 결과를 공유하고 자유롭게 의견을 나누게 했어요. 1890년대부터 1900년 초까지 이 연구소를 거쳐 간 공동 연구자는 수십 명에 이를 정도였다고 해요.

연구소는 알프레드 노벨의 기부를 포함한 후원 덕분에 점차 확장되어, 지하를 포함한 2층 규모의 실험실이 갖추어졌습니다. 파블로프는 특히 2층에 마련된 수술실을 아꼈어요. 그곳에서 그는 개를 대상으로 소화계 실험을 시작해요. 개는 사람과 생리 구조가 비슷하고, 실험에 적합한 동물이었어요. 그는 식도와 위를 분리하는 정교한 수술을 통해, 위액이 언제, 어떤 조건에서 분비되는지를 체계적으로 연구할 수 있었지요.

음식이 실제로 위에 들어갔을 때만 위액이 나오는 것일까? 아니면 먹고 싶다는 생각만으로도 분비가 시작될 수 있을까? 이 질문에 답하기 위해 파블로프와 동료들은 1894년부터 1897년까지 여러 해에 걸쳐 개에게 다양한 먹이를 제공하고, 분비되는 위액의 양과 농도를 측정했어요. 때로는 실험이 열 시간 이상 이어지기도 했지요.

처음에는 결과의 차이가 크지 않아 보였습니다. 그러나 파블로프는 그 '오차'에 주목했어요. 분석을 거듭한 끝에 그는 소화액의 분비가 음식의 양뿐 아니라, 동물의 상태와 기분, 좋아하는 먹이와 싫어하는 먹이에 따라서도 달라진다는 사실을 밝혀냅니다. 즉, 소화 과정은 단순한 생리 반

올덴부르크 공작이 설립한 황립 실험 의학 연구소

① 광견병 실험용 개 수레

② 강의실

③ 개 실험 시설(외부)

④ 본관 건물(임상 연구실)

⑤ 원숭이 실험실(내부)

⑥ 광견병 개 격리 우리

올덴부르크 공작이 설립한 황립 실험 의학 연구소

⑦ 개 실험실 내부

⑧ 화학 실험실(북쪽 건물)

⑨ 예방 접종실

⑩ 원숭이 실험 시설(외부)

⑪ 접수실

⑫ 온실

파블로프의 실험

응이 아니라 정신 상태의 영향을 받는다는 결론에 도달한 거예요.

우리는 이 결론을 '조건 반사'라고 부릅니다. 조건 반사는 태어날 때부터 자동으로 나타나는 무조건 반사와 달리, 경험과 학습을 통해 새롭게 형성되는 반사 작용을 말해요. 예를 들어, 먹이를 줄 때마다 종소리를 들려 주면, 나중에는 종소리만으로도 개가 침을 흘리게 돼요. 반면 날아오는 물체를 보고 무의식적으로 눈을 감는 행동은 무조건 반사에 해당하지요.

이러한 연구로 파블로프는 1904년, 노벨 생리의학상을 받습니다. 이후 세계 각국에서 그와 함께 연구하고 싶다는 요청이 이어졌고, 그는 여러 연구 기관을 오가며 끊임없이 연구했어요.

호르몬의 발견, 베일리스와 스타링

20세기 초 런던의 한 실험실에서, 두 생리학자 윌리엄 베일리스William Bayliss와 어니스트 스타링Ernest Starling은 몸속의 신호가 어떻게 전달되는지를 탐구하고 있었습니다. 당시 대부분의 학자들은 소화 기관의 운동과 분비가 모두 신경 자극에 의해 조절된다고 믿고 있었어요. 그러나 두 사

윌리엄 베일리스
- 1860년: 영국 스태퍼드셔에서 태어남.
- 1880년대: 런던 대학교에서 생리학을 공부하며 어니스트 스타링과 공동 연구를 시작함.
- 1897년: 혈관 운동과 신경 조절 메커니즘을 연구해 신경 조절 생리학 발전에 기여함.
- 1902년: 스타링과 함께 소장의 점막에서 분비되는 호르몬 세크레틴을 발견하여 혈액을 통해 작용하는 최초의 호르몬으로 내분비학의 탄생을 이끔.
- 1910년대: 생리학 실험의 정밀화와 실험 윤리 개선에도 중요한 역할을 함.
- 1924년: 런던에서 사망함.

어니스트 스타링
- 1866년: 영국 런던에서 태어남.
- 1880년대: 가이즈 병원 의학부에서 공부하며 생리학 연구에 몰두함.
- 1890년대: 심장·혈류·삼투압 작용을 규명함(스타링의 법칙).
- 1902년: 윌리엄 베일리스와 함께 최초의 호르몬 세크레틴을 발견함.
- 1905년: '호르몬'이라는 용어를 처음으로 제안하며, 화학적 신호 전달 개념을 정립함.
- 1910~1920년대: 혈액 순환, 신장 기능, 체액 조절 등을 통합적으로 설명하는 전신 생리학 이론을 발전시킴.
- 1927년: 자메이카에서 사망함.

람은 전혀 다른 가능성에 주목합니다.

그들은 실험견의 십이지장, 즉 소장의 첫 부분을 노출시킨 뒤 위산을 흘려보냈습니다. 놀랍게도 관련 신경을 모두 절단한 상태에서도 췌장에서 소화액 분비가 일어났어요. 이는 혈액 속에 있는 어떤 '화학적 신호'가 작용하고 있다는 뜻이었지요.

베일리스와 스타링은 마침내 그 신호 물질을 찾아냈습니다. 바로 '세크레틴Secretin'이에요. 십이지장의 점막 세포가 산성 자극을 감지하면 세크레틴을 분비하고, 이 물질이 혈액을 타고 췌장에 도달해 소화액 분비를 촉진한다는 사실을 밝혀낸 거예요. 이 발견으로 몸속에 신경이 아닌 화학 물질로 작용하는 전달자가 존재한다는 개념이 처음 등장했어요.

스타링은 이러한 새로운 전달 물질을 '자극하다, 불러일으키다'라는 뜻의 그리스어 hormao에서 따 '호르몬Hormone'이라 이름 붙였습니다. 이 실험을 계기로 내분비학Endocrinology이라는 새로운 학문 분야가 탄생했고, 이후 인슐린, 아드레날린, 에스트로겐 등 수많은 호르몬이 차례로 발견되었어요. 이 발견 덕분에 인체는 전선처럼 신호를 전달하는 신경의 세계와, 혈액을 통해 화학적 메시지를 전하는 호르몬의 세계, 두 개의 거대한 정보망을 지닌 정교한 생명 시스템으로 이해되기 시작합니다.

허블과 비셀의 시각 실험

우리는 매일 눈으로 세상을 봅니다. 그런데 우리가 '본다'라고 말하는 그 장면은 과연 어디에서 만들어질까요? 눈일까요, 아니면 뇌일까요?

1950년대 후반, 두 신경 생리학자 데이비드 허블David Hubel과 토르스텐 비셀Torsten Wiesel은 이 오래된 질문에 도전했습니다. 그들은 눈이 아니라 뇌의 시각 피질Visual cortex을 연구하기 시작했어요.

두 사람은 고양이의 시각 피질에 아주 미세한 전극을 삽입하고, 화면에 다양한 각도로 기울어진 빛의 막대(광학적 선)를 비추며 개별 신경

데이비드 허블
- •1926년: 캐나다 온타리오주 윈저에서 태어남.
- •1940~50년대: 맥길 대학교에서 의학을 공부하고, 신경 생리학 연구에 몰두함.
- •1958년: 하버드 의과 대학에서 토르스텐 비셀과 공동 연구를 시작함.
- •1960년대 초: 고양이의 시각 피질 연구를 통해, 시각 정보가 뇌의 뉴런에서 단계적으로 처리됨을 밝힘.
- •1981년: 비셀과 함께 시각 정보 처리의 신경 메커니즘 규명 공로로 노벨 생리의학상을 공동 수상함.
- •2013년: 미국 매사추세츠에서 사망함.

토르스텐 비셀
- •1924년: 스웨덴 웁살라에서 태어남.
- •1940~50년대: 웁살라 대학교에서 의학을 공부하고 신경 생리학 연구를 시작함.
- •1955년: 미국으로 건너가 존스홉킨스 대학교와 하버드 의과 대학에서 연구 활동을 이어감.
- •1958년: 데이비드 허블과 함께 시각 피질 연구를 시작함.
- •1960년 초: 뉴런이 빛의 방향·형태·위치에 따라 선택적으로 반응함을 발견함. 이 연구는 뇌가 감각 정보를 조립하여 시각 세계를 구성한다는 사실을 처음으로 보여 줌.
- •1981년: 허블과 함께 시각 정보 처리의 신경 메커니즘 규명 공로로 노벨 생리의학상을 공동 수상함.

세포가 어떤 자극에 반응하는지를 하나씩 기록했습니다. 그리고 놀라운 사실을 발견했어요. 어떤 신경 세포는 가로선에만 반응했고, 어떤 세포는 세로선에만 반응했으며, 또 어떤 세포는 움직이는 선에 특히 강하게 반응했습니다. 즉, 눈으로 들어온 영상은 통째로 해석되는 것이 아니라, 뇌 속에서 형태, 방향, 움직임 같은 요소로 나뉘어 분석되고 있었던 거예요.

허블과 비셀은 이러한 세포들을 단순 세포와 복합 세포로 분류하며, 시각 정보가 단계적으로 처리된다는 사실을 밝혔습니다. 이는 시각 피질이 단순한 중계소가 아니라, 조직화된 정보 처리 체계라는 것을 보여 준 결정적인 증거였어요.

허블과 비셀의 연구 이후, 과학자들은 감각 정보가 뇌 속에서 어떻게 처리되는지를 더욱 깊이 탐구하기 시작했습니다. 특히 1950~60년대는 신경 생리학이 눈부시게 발전하던 시기였어요. 이때 연구자들은 촉각, 통증, 온도 감각을 담당하는 수용기들을 체계적으로 구분하고, 각각이 어떤 자극에 반응하는지를 정밀하게 밝혀냈지요.

연구 결과, 우리 피부에는 생각보다 훨씬 다양한 종류의 감각 수용기가 존재한다는 사실이 드러났습니다. 촉각 수용기는 부드러운 압력이나 진동을 감지하고, 통각 수용기는 상처나 위험한 자극을 경고하며, 온도 수용기는 따뜻함과 차가움을 구별해 내요. 이러한 발견을 통해 과학자들은 피부가 단순히 몸을 덮는 껍질이 아니라, 촘촘한 감각망이 깔린 거대한 생체 센서라는 점을 이해하게 되었답니다.

감각의 비밀, 세포 속에서 빛을 보다

1990년대, 미국의 과학자 리처드 액설Richard Axel과 린다 벅Linda Buck 은 후각과 미각의 비밀을 푸는 놀라운 발견을 합니다. 그들은 사람의 유 전자 속에서 냄새를 감지하는 수용체 유전자를 찾아냈어요. 우리 코안에 는 약 400여 종의 냄새 수용체 단백질이 존재하는데, 냄새 분자가 코로 들어오면 이 단백질들이 자물쇠와 열쇠처럼 특정 냄새 분자와 결합해 반 응해요. 그리고 그 신호는 전기 자극으로 바뀌어 뇌로 전달되고, 우리는 그 과정을 통해 "꽃향기다", "커피 향이다"라고 느끼게 되지요.

이 연구는 냄새뿐 아니라 미각 수용체를 찾는 길도 열어 주었습니다. 그 결과 오늘날에는 단맛, 쓴맛, 신맛, 짠맛, 감칠맛을 담당하는 각각의 수용체 단백질이 어떤 유전자로부터 만들어지는지를 알고 있어요. 이 발 견으로 액설과 벅은 2004년, 노벨 생리의학상을 받습니다.

Who? Who!

리처드 액설
- 1946년: 미국 뉴욕에서 태어남.
- 1960~70년대: 컬럼비아 대학교에서 생물학과 의학을 공부하며 분자 생 물학 연구에 참여함.

- 1980년대: 유전자 전달 기술(액설-코헨 방법)을 개발해 분자 생물학 발 전에 큰 영향을 줌.
- 1991년: 린다 벅과 함께 후각 수용체 유전자 군을 발견함. 냄새 분자가 특정 수용체 조합을 통해 인식된다는 후각의 분자적 원리를 처음으로 규 명함.
- 2004년: 린다 벅과 함께 노벨 생리의학상을 공동 수상함.
- 현재: 컬럼비아 대학교에서 뇌의 감각 정보 처리와 기억 메커니즘 연구를 이어 감.

2000년대에 들어서면서, 과학자들은 더 정밀한 장비로 뇌 속을 직접 들여다보기 시작했습니다. 특히 기능적 자기공명영상(fMRI) 기술 덕분에 감각 자극이 뇌의 어느 영역에서 처리되는지 시각화할 수 있게 되었어요. 예를 들어, 손끝을 만질 때는 감각 피질의 손 영역이, 통증 자극이 오면 통증을 담당하는 영역이, 속이 불편할 때는 내장 감각 영역이 각각 활성화되는 모습이 관찰되었지요.

이 기술 덕분에 과학자들은 촉각, 통증, 온도, 내장 감각이 서로 어떻게 연결되어 있는지 하나의 뇌지도로 그릴 수 있게 되었습니다. 감각이 몸의 각 기관에서 올라와 뇌에서 통합되어 하나의 '느낌'으로 바뀌는 과정이 보이기 시작한 거예요.

그리고 2021년, 미국의 과학자 데이비드 줄리어스David Julius와 아뎀 파타푸티언Ardem Patapoutian은 감각의 마지막 퍼즐을 완성합니다. 줄리어스는 고추의 매운맛 성분인 캡사이신이 우리 몸의 온도 감지 단백질 TRPV1을 자극한다는 사실을 밝혀냈어요. 이 단백질은 뜨거운 자극을

린다 벅
• 1947년: 미국 시애틀에서 태어남.
• 1970년대: 워싱턴 대학교에서 미생물학을 전공하고, 이후 텍사스 사우스웨스턴 대학교에서 생리학 박사 학위를 받음.
• 1980년대 초: 리처드 액설과 함께 후각 유전자 연구를 시작함.
• 1991년: 액설과 공동으로 후각 수용체 유전자군을 발견해 인간이 냄새를 인식하는 분자적 기전을 밝혀냄.
• 2004년: 리처드 액설과 함께 노벨 생리의학상을 공동 수상함.
• 현재: 프레드 허친슨 암 연구 센터에서 감각과 기억의 신경 메커니즘을 연구하고 있음.

감지하는 분자 센서예요. 한편 파타푸티언은 압력과 촉각을 감지하는 PIEZO1, PIEZO2 단백질을 발견합니다. 이 단백질들은 피부나 혈관 세포 속에 자리 잡고 있다가, 압력을 받으면 열려 전기 신호를 만들어 뇌로 전달해요. 이 발견 덕분에 과학자들은 "우리가 어떻게 따뜻함과 차

데이비드 줄리어스

- •1955년: 미국 뉴욕에서 태어남.
- •1970~80년대: 매사추세츠 공과 대학교(MIT)에서 생화학을 공부하고, 컬럼비아 대학교에서 생화학 박사 학위를 받음.
- •1990년대: 캘리포니아 대학교 샌프란시스코(UCSF) 교수로 재직하며, 통증과 온도 감각의 분자적 메커니즘을 연구함.
- •1997년: 고추의 매운 성분인 캡사이신에 반응하는 수용체 단백질을 발견함. 뜨거움과 통증을 감지하는 분자 스위치를 규명하였고, 이후 TRPM8 수용체를 통해 차가움을 느끼는 분자적 원리도 밝혀냄.

- •2021년: 아뎀 파타푸티언과 함께 온도 및 기계적 자극 수용체 발견으로 노벨 생리의학상을 공동 수상함.
- •현재: 캘리포니아 대학교 샌프란시스코에서 통증 생리학과 감각 신경 연구를 이끌고 있음.

아뎀 파타푸티언

- •1967년: 레바논 베이루트에서 태어남.
- •1980년대: 내전을 피해 미국으로 이주하여 캘리포니아 대학교 로스앤젤레스(UCLA)에서 세포 생물학을 공부함.
- •1990년대: 캘리포니아공과 대학교(Caltech)에서 박사 학위를 받고, 세포가 물리적 자극을 감지하는 분자 메커니즘을 연구함.
- •2010년: 압력과 촉각에 반응하는 PIEZO1, PIEZO2 이온 채널 단백질을 발견, 세포가 기계적 자극을 전기 신호로 바꾸는 원리를 규명함.
- •2021년: 데이비드 줄리어스와 함께 온도 및 기계적 자극 수용체 발견으로 노벨 생리의학상을 공동 수상함.
- •현재: 스크립스 연구소에서 감각의 분자 생물학 연구를 이어 가고 있음.

가움, 부드러움과 거칢을 느끼는가?"를 세포와 분자 수준에서 설명할 수 있게 되었어요. 이 연구로 두 사람은 2021년, 노벨 생리의학상을 받습니다.

생각의 가지

감각과 반응의 과학, 생리학

- 미겔 세르베투스 — 갈레노스 전통에서 벗어난 폐순환의 단서를 남김.

- 토마스 윌리스
  - 신경 과학을 창시함.
  - 윌리스의 고리_뇌 바닥에서 동맥이 고리 모양으로 이어지는 구조

- 레이몽과 헬름홀츠
  - 신경은 전기 신호로 움직인다.
  - 삼원색설_ 색 지각은 다른 감각 반응의 조합이다.

- 베버의 법칙 — 자극 변화를 느끼기 위해 필요한 최소한의 변화량은 원래 자극의 크기에 비례함.

- 파블로프 — 경험과 학습을 통해 새롭게 형성되는 조건 반사 실험

- 베일리스와 스타링 — 호르몬을 발견함.

- 허블과 비셀의 시각 실험 — 개별 신경 세포가 어떤 자극에 반응하는지 기록함.

- 감각의 비밀
  - 액설과 벅_냄새를 감지하는 수용체 유전자 발견
  - 줄리어스와 파타푸티언_ 온도, 압력, 촉각을 감지하는 단백질 발견

13장

생물의 이름과 질서, 생물 분류

웁살라 대학교에 있는 꽃 시계

──── 정교수의 pick ────

◆ 생물 분류 ◆ 이명법 ◆ 생물 다양성
◆ 분류 기준 ◆ 바우힌 ◆ 레이 ◆ 린네 ◆ 윌러비

질서로 읽는 생명

스웨덴의 대학 도시 움살라에는 조용하지만 특별한 정원이 있습니다. 그곳은 단순한 식물원이 아니라, 시간이 꽃잎으로 흘러가는 '꽃 시계'의 고향이에요. 이 정원은 18세기 식물학자 칼 린네가 자연을 관찰하고 분류의 언어로 정리하려 했던 과학과 시의 무대이기도 하지요. 그가 걸었던 길을 따라가면, 지금도 꽃과 과학이 나란히 피어 있는 풍경을 만날 수 있답니다.

1751년, 린네는 『식물 철학』에서 꽃의 개화 시간과 일주 리듬에 주목하며, 꽃들의 '시간표'라는 발상을 제시했습니다. 그는 매일 움살라의 식물원을 거닐며, 해가 뜨면 피고, 해가 지면 닫히는 꽃들의 리듬을 기록했어요. 아침 일찍 피는 꽃, 한낮에 활짝 여는 꽃, 저녁 무렵 닫히는 꽃들을 관찰하며, 식물마다 서로 다른 일주 리듬이 있다는 사실에 주목했지요.

꽃 시계는 단순한 상상이 아니었습니다. 그것은 자연이 우연히 흩어져 있는 존재가 아니라, 규칙과 구조를 가진 세계라는 선언이었어요. 자연을 이해한다는 것은, 그 리듬을 발견하고 이름을 붙이며 서로의 관계를 밝히는 일이라는 뜻이었지요.

식물에 이름을 붙인 요한 바우힌

17세기 초의 유럽은 새로운 식물들로 가득하던 시기였습니다. 대항해 시대가 열리면서 신대륙과 아시아에서 온 낯선 식물들이 유럽으로 들어 왔고, 사람들은 이를 재배하거나 약으로 사용했어요. 정원을 꾸미는 데 에도 널리 활용했지요. 감자, 고추, 옥수수, 담배 같은 작물들이 처음으로 밭에서 재배되었고, 정원에는 향신료와 약초, 관상식물이 가득했어요. 하 지만 한 가지 문제가 있었습니다. 사람들은 새로 접한 식물의 이름을 제 각각으로 불렀어요. 같은 식물을 프랑스에서와 독일에서 부르는 이름이 달랐고, 심지어 같은 도시 안에서도 약제사마다 표현이 달랐어요.

이 혼란을 정리하려 한 사람이 바로 스위스의 식물학자 요한 바우힌 Johann Bauhin이었습니다. 그는 어릴 때부터 들판의 식물을 관찰하길 즐겼 고, 의사이자 학자가 된 후에는 약초의 효능과 이름을 하나하나 기록하 기 시작했지요.

그는 오랜 세월에 걸쳐 유럽 전역의 식 물 기록과 고대 문헌, 그리고 자신이 관찰 한 결과를 모아 방대한 원고를 남겼습니 다. 그리고 그 노력의 결실은 그의 사후인 1650~1651년, 세 권짜리 대작『식물의 보 편사Historia Plantarum Universalis』로 출간되 었어요.

요한 바우힌

『식물의 보편사』는 단순한 도감이 아니 라 세계 식물을 아우르는 방대한 백과사

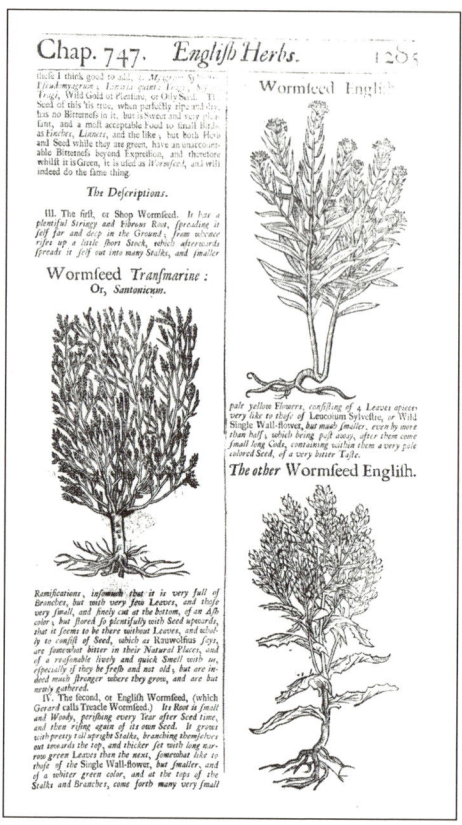

『식물의 보편사』

『식물의 보편사』 중 한 페이지

전이었습니다. 이 책에는 5,000종이 넘는 식물이 실려 있었고, 각 식물의
이름과 모습, 자라는 곳, 꽃과 잎의 구조, 그리고 약으로 쓰이는 방법까지
자세하게 기록되어 있었어요. 바우힌은 고대 그리스와 로마의 지식을 존
중하면서도, 자신의 관찰한 내용과 새로 얻은 정보를 덧붙였어요. 그는
직접 산과 들을 오르며 식물을 채집했고, 이름이 분명하지 않은 식물은
지역 사람들에게 물어 확인해 기록했지요.

『식물의 보편사』는 과학서이자 실용서이기도 했습니다. 식물의 약효, 독성, 민간요법까지 함께 정리되어 있어 의사, 약제사, 농부들 모두 참고할 수 있었어요. 이 책은 단순한 식물 분류의 시작을 넘어, 의학·약학·농학이 교차하는 르네상스 학문의 성격을 잘 보여 주는 작품으로 평가받고 있답니다.

꽃의 모양으로 식물을 정리한 투르네포르

1700년대 초, 유럽의 식물학자들은 큰 혼란에 빠져 있었습니다. 어떤 학자는 잎의 모양으로 식물을 나누고, 또 다른 학자는 약효나 자라는 장소를 기준으로 분류했어요. 같은 식물이라도 학자마다 기준이 달라 이름이 뒤섞이는 일이 흔했지요. 이때 프랑스의 식물학자 조제프 피통 드 투르네포르Joseph Pitton de Tournefort는 '꽃의 형태'라는 분명한 기준을 제시했어요.

1700년에 출간된 투르네포르의 대표작 『식물학의 체계적 기초Institutiones Rei Herbariae』는 그의 사후, 여러 판본이 보급되며 유럽 전역에 큰 영향을 미쳤습니다. 이 책은 당시 식물을 가장 체계적으로 분류한 책이었어요. 그는 꽃의 구조와 배열 방식을 기준으로 700여 개의 속Genus을 설정하고, 수천 종에 이르는 식물을 정리했

조제프 피통 드 투르네포르

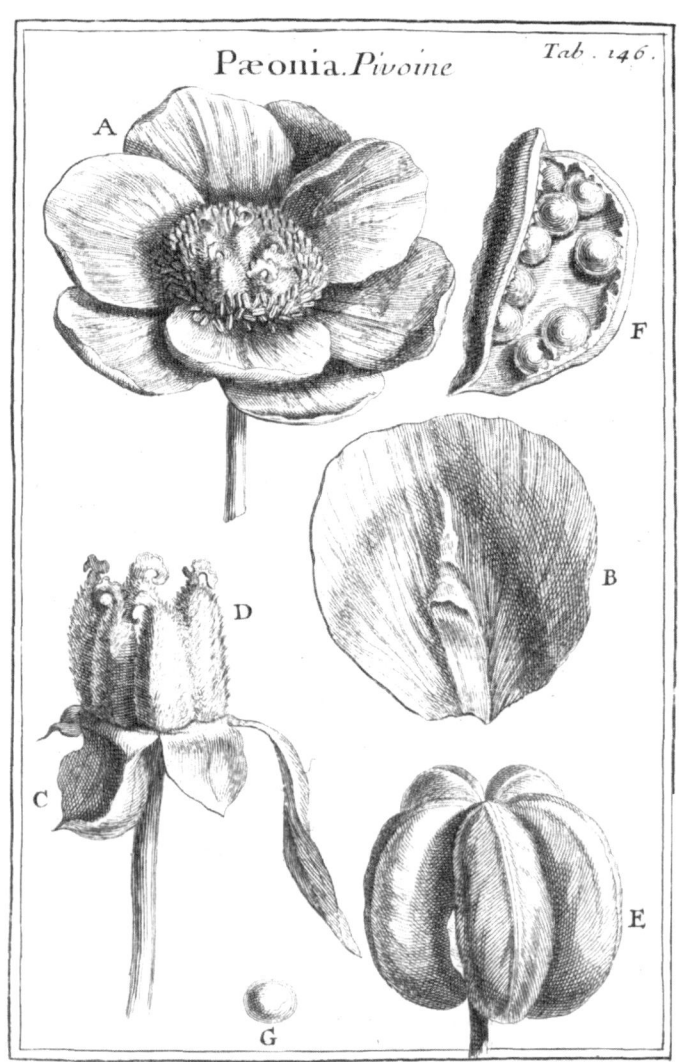

투르네포르의 속 기준

지요. 꽃잎의 수, 암술과 수술의 위치, 꽃이 모여 있는 방식(산형, 총상 등), 꽃의 대칭성과 통일성처럼 눈으로 관찰할 수 있는 형태적 특징이 그의 분류의 중심이었어요. 투르네포르는 '직접 관찰할 수 있는 구조야말로 식물을 구분하는 가장 객관적인 기준'이라고 생각했습니다.

특히 그는 '속'이라는 개념을 분류의 핵심 단위로 명확하게 사용한 학자였습니다. 같은 속에 속한 식물들은 공통된 구조를 지닌다는 그의 생각은, 이후 칼 린네가 발전시킨 이명법의 중요한 토대가 되었지요.

그전까지는 식물을 주로 약효나 쓰임에 따라 나누었지만, 투르네포르는 식물의 생김새를 직접 관찰해 누구나 비교하고 확인할 수 있는 분류 기준을 제시했습니다. 그는 세밀한 식물 삽화를 함께 실어, 독자들이 그림을 통해 식물을 직접 비교하고 식별할 수 있도록 했어요. 그의 책은 오늘날 식물도감이 시작된 계기가 되었지요.

『식물학의 체계적 기초』는 곧 유럽 여러 대학에서 교재로 사용되었고, 정원사와 약제사, 식물학자들이 함께 참고하는 표준 지침서가 되었습니다. 투르네포르의 분류 체계는 식물학을 경험과 전통의 학문에서, 관찰과 구조에 기반한 과학으로 옮겨 놓은 중요한 전환점이라 할 수 있어요.

생물 분류의 시작, 레이와 윌러비

17세기 유럽은 르네상스와 과학 혁명을 거치며 자연을 신의 피조물이 아닌 관찰과 이성의 대상으로 바라보던 시대였습니다. 망원경과 현미경이 발명되고, 항해와 탐사가 확장되면서 낯선 생물들이 계속 유입되었지요. 사람들은 궁금해졌어요.

"이렇게 생김새가 다른 생물들을 어떻게 정리해야 할까?"

"사자는 고양이랑 닮았고, 낙타는 소처럼 보이는데… 어디까지가 같은 부류일까?"

이 문제를 깊이 있게 다룬 대표적인 인물 중 한 사람이 영국의 박물학자 존 레이John Ray예요.

존 레이는 영국의 블랙노틀리라는 조용한 시골 마을에서 대장장이의 아들로 태어났습니다. 집안은 넉넉하지 않았지만, 공부를 계속할 수 있는 기회를 얻어 케임브리지에서 공부를 이어 갑니다. 1644년, 그는 케임브리지 대학교 칼리지 중의 하나인 카타린 홀Catharine Hall에 입학 허가를 받았으며, 1646년에는 트리니티 칼리지로 옮겨 연구할 기반을 갖추게 돼요.

1660년, 레이는 케임브리지 주변에 자생하는 식물들에 대한 목록을 정리하면서 비로소 박물학자의 길에 들어섭니다. 이 작업은 단순한 분류의 시도가 아니었어요. 그는 9년 동안 혼자서 자연과 마주하며, 눈앞의 식물이 왜 그런 모양을 하고 있는지, 주로 어디에서 자라는지, 그리고 계절에 따라 어떻게 달라지는지를 차분히 관찰하고 기록했어요. 그는 케임브리지 지역의 풀밭과 수풀을 하나의 살아 있는 교과서로 삼았습니다. 그곳의 식물마다 이름을 붙이고 정리한 뒤에야, 비로소 잉글랜드 전역의 식생 조사로 시야를 넓혔어요.

하지만 레이의 삶은 좀처럼 쉽게 흘러가지 않았습니다. 17세기 영국은 국왕과 의회의 갈등, 종교 문제로 시끄러웠고, 그 여파는 대학과 학자들의 삶에도 그대로 미쳤어요. 특히 1662년 제정된 '통일령Act of

Uniformity'은 모든 성직자와 교사들이 영국 국교회(성공회)의 예배와 교리에 대한 동의를 강하게 요구했고, 이에 동의하지 않은 성직자와 일부 학자들은 자리를 떠나야 했어요. 마음속 깊이 청교도 정신을 따랐던 레이는 자신의 양심에 반하는 맹세는 할 수 없다고 생각했지요. 그는 통일령에 따른 선서를 거부했고, 결국 연구원 자리에서 물러나게 됩니다.

존 레이

왕과 의회가 충돌한 시대, 청교도 혁명과 왕정복고

17세기 영국에서는 국왕과 의회가 "누가 나라를 다스릴 권한을 가지는가"를 두고 정면으로 충돌합니다. 찰스 1세는 왕권을 강하게 주장하며 의회 승인 없이 세금과 정책을 추진하려 했고, 의회는 이를 견제했어요. 여기에 종교 문제까지 겹치며 두 진영의 갈등은 더 깊어졌지요. 찰스 1세가 잉글랜드 국교회(성공회)의 예배를 강화하는 과정에서, 이를 불편하게 여긴 청교도 세력은 의회와 결합해 반대 진영을 형성합니다. 결국 1642년, 국왕을 지지하는 왕당파와 의회를 지지하는 의회파 사이에 전쟁이 벌어집니다. 이 전쟁은 오늘날 영국 내전으로 불리는데, 의회파는 올리버 크롬웰이 이끈 신형군을 중심으로 승기를 잡아요. 그리고 찰스 1세는 1649년, 재판을 거쳐 처형되지요.

찰스 1세의 처형 이후 영국은 한동안 왕이 없었습니다. 이후 크롬웰이 호국경이 되어 사실상 국가를 이끌었지만, 1658년에 그가 사망한 뒤, 뒤를 이은 리처드 크롬웰은 정치적 기반이 약해 오래 버티지 못하고 1년 만에 물러나게 돼요.

점점 정국이 불안정해지자, 의회는 결국 왕정을 되돌리기로 결정합니다. 1660년, 찰스 1세의 아들 찰스 2세가 귀환해 왕위에 오르며 영국은 다시 왕정으로 돌아가는데, 이를 왕정복고라고 합니다.

[프랜시스 윌러비와 관찰 중심의 자연사]

그런 그에게 한 사람이 손을 내밉니다. 바로 그의 제자이자 동료였던 프랜시스 윌러비Francis Willughby였어요. 윌러비는 귀족 가문 출신으로 경제적 여유가 있었고, 레이의 성실함과 관찰력을 깊이 신뢰하고 있었습니다.

그들은 손을 맞잡고 웨일스와 콘월 지방을 함께 탐사했습니다. 두 사람은 역할을 나누었어요. 레이는 식물, 윌러비는 동물에 집중하며 '진짜 자연사'를 쓰자고 결심했

프랜시스 윌러비

지요. 윌러비는 레이가 연구에만 집중할 수 있도록 모든 여건을 만들어 주었어요.

1663년부터 1666년까지, 레이와 윌러비는 유럽 대륙으로 긴 탐사 여행을 떠났어요. 이 여행은 단순한 여행이 아니었어요. 자연의 책을 직접 읽는 여정, 즉 동물과 식물에 대한 '산 지식'을 얻는 자료 수집의 시간이었지요. 그들은 이탈리아, 독일, 스위스, 프랑스 등을 다니며 새, 물고기, 들꽃, 나무, 곤충을 관찰했어요. 지역마다 달라지는 종의 모습, 기후와 지형에 따라 바뀌는 생태계를 눈으로 직접 확인한 거예요.

1666년, 긴 여행을 마치고 영국으로 돌아온 두 사람은 본격적으로 자연사 백과사전 프로젝트를 시작합니다. 이때부터 레이는 윌러비의 미들턴 저택에 거의 살다시피 했어요. 그리고 마침내 1670년, 레이는 『영국 식물 목록Catalogus Plantarum Angliae』을 출간합니다. 이 책은 이후 영국 식

Anas rostro adunco
The Hook-bill'd
Duck

『월러비의 조류학』에 묘사된 굽은 부리를 가진 오리

물 연구와 분류 작업이 더 정밀해지는 데 중요한 발판이 되었어요.

[월러비의 죽음과 레이의 약속]

1672년, 프랜시스 월러비는 갑작스럽게 세상을 떠납니다. 그는 자신이 죽으면 레이에게 해마다 60파운드의 연금을 지급하라는 유언을 남겼고, 또 아이들의 가정교사 자리도 준비해 주었어요. 덕분에 레이는 슬픔 속에서도 원고를 정리할 수 있었습니다. 그리고 마침내 1676년, 레이는 『월러비의 조류학』을 세상에 내놓게 됩니다. 이 책은 월러비의 생전 기록과 스케치를 정리해 과학적 분류와 레이의 설명을 더한 걸작이에요. 이후 그는 월러비의 이름으로 『어류의 역사』를 출간했어요.

[식물을 더 과학적으로 분류하다]

1682년, 레이는 또 한 권의 중요한 책을 세상에 내놓았습니다. 제목은 바로 『새로운 식물 연구 방법Methodus Plantarum Nova』이에요. 이 책에서 레이는 느슨하게 나뉘어 있던 식물을 더 명확하고 과학적인 기준으로 구분하기 시작했지요.

특히 그는 씨가 싹틀 때 나오는 떡잎의 수에 주목했습니다. 씨에서 떡잎이 한 장 나오는 식물과 두 장 나오는 식물은, 뿌리와 줄기, 잎과 꽃의 구조까지 전반적으로 다르다는 사실을 밝혔지요. 이렇게 해서 외떡잎식물과 쌍떡잎식물의 구분은 식물 분류에서 중요한 자연적 기준으로 자리 잡게 됩니다.

레이가 식물학에 남긴 가장 위대한 유산은 오늘날 우리가 쓰는 분류의 가장 작은 단위인 '종Species'이라는 개념을 정립한 것입니다. 그는 같은 모습, 같은 특징을 가진 개체들이 자연적으로 태어나고 그 자손도 같은 특징을 가질 때, 우리는 그것을 하나의 종이라 부른다고 했어요. 즉, 종이란 인간이 임의로 붙인 이름이 아니라, 자연 속에서 스스로 구별되는 실제 단위라고 생각했지요. 이 개념은 훗날 다윈의 진화론에도 큰 영향을 주었고, 오늘날 생물 분류의 가장 기본이 되었답니다.

1686년, 레이는 평생의 연구를 집대성한 대작 『식물의 역사Historia Plantarum』를 출간합니다. 이 책은 한 권으로 끝난 작업이 아니었어요. 그는 남은 생을 바쳐 집필을 이어 갔고, 이 방대한 저서는 1704년까지 여러 권으로 완성되었습니다. 이러한 노력 덕분에 『식물의 역사』는 식물을 단순히 나열한 도감이 아니라, 구조와 번식, 자라는 환경까지 함께 살펴 자연적인 분류 체계를 제시한 책이 되었어요.

한편 레이는 식물뿐 아니라 동물 분류에도 깊이 관여했습니다. 그는 일찍 세상을 떠난 동료 프랜시스 윌러비의 연구를 정리해, 아래와 같은 동물 분류 개요서를 내놓기도 해요.

- 『윌러비의 조류학Ornithologiae Libri Tres』: 새를 형태와 습성에 따라 체계적으로 정리한 대표 저작
- 『어류의 역사De Historia Piscium』: 물고기를 비교·분석하여 분류한 초기 자연사 저작
- 『네발동물과 뱀류의 개요Synopsis Methodica Animalium Quadrupedum et Serpentini Generis』: 포유류와 파충류에 대한 간략하고도 체계적으로 정리한 저작

레이는 말년에 곤충 연구에도 힘을 쏟았습니다. 그가 남긴 기록은 사후에 『곤충의 역사Historia Insectorum』라는 이름으로 출간되었어요. 이렇게 레이는 식물에서 시작해 동물과 곤충에 이르기까지, 자연 전체를 하나의 질서로 이해하려 한 박물학자였습니다.

린네와 이명법, 이름이 없던 세계에 세운 질서

1707년 5월 23일, 스웨덴 스몰란드 지방의 로슐트에서 한 아이가 태어났습니다. 훗날 '생물의 이름을 정리한 사람'으로 역사에 길이 남은 칼 린네Carl Linnaeus예요. 린네의 아버지는 목사이자 식물 애호가였는데, 집

주변의 식물과 정원을 가까이 두고 살았어요. 그래서 린네는 어려서부터 들과 숲에서 식물을 관찰하고 기록하는 일에 자연스럽게 익숙해졌지요. 특히 린네는 그 옆에서 꽃잎을 세고, 라틴어로 된 이름을 외우는 걸 좋아했어요. 그때부터 린네에게 식물은 단순한 장식이 아니라, 세상을 이해하는 언어가 되었지요.

칼 린네

린네의 아버지는 아들이 목사가 되기를 바랐습니다. 하지만 린네를 가르쳤던 로스만 박사는 린네의 재능을 알아보고는 린네에게 의학과 식물학을 함께 공부하라고 조언합니다. 당시 의학은 약초와 밀접한 학문이었기 때문이에요. 아버지는 처음엔 반대했지만, 선생님들의 권유에 마음을 바꿉니다. 1727년, 린네는 룬드 대학교 의대에 진학했어요. 하지만 당시 룬드 대학교에는 의학교수가 한 명뿐이었고, 식물학 강의도 거의 없었지요. 린네는 실망을 감출 수 없었어요.

이 시절 린네는 킬리안 스토바에우스Kilian Stobaeus 교수의 집에서 친구와 함께 하숙을 했습니다. 교수의 서재에는 수많은 책이 있었는데, 항상 잠겨 있었어요. 어느 날 우연히 문이 열려 있던 서재에서 린네는 몰래 책을 읽다 교수에게 들킵니다. 하지만 린네의 열정을 본 스토바에우스 교수는 자유롭게 서재를 이용하도록 허락해 주었어요. 또 강의를 무료로 들을 수 있도록 해 주었지요. 이러한 환경에서 린네는 스코네 지방의 식물들을 직접 조사하며 공부를 이어 갔어요.

여름방학이 되어 집으로 돌아온 린네는 오랜 은사 로스만 박사를 찾아

읍살라 대학교

갑니다. 박사는 그에게 읍살라 대학교로 가라는 조언을 건넵니다. 읍살라에는 당시 스웨덴에서 가장 중요한 식물원이 있었어요. 그곳은 스웨덴 식물학의 중심이었고, 린네는 그곳에서 당시 유럽 식물학의 흐름을 실제 식물과 연결해 배울 수 있었지요. 1728년 8월, 린네는 읍살라로 향합니다. 그는 도착하자마자 식물원으로 달려가 꽃과 잎, 줄기 등을 관찰했어요. 그곳은 마치 어릴 적 아버지의 정원이 커진 듯한 느낌이었지요. 이 선택은 훗날 생물의 이름을 세우는 작업, 이명법과 분류학으로 이어지는 긴 여정의 출발점이 되었어요.

[성경에서 과학으로]

어느 날, 식물원에서 연구 중이던 린네에게 한 사람이 다가왔습니다. 신학 교수 올로프 셀시우스Olof Celsius였어요. 셀시우스는 성경에 등장하는 식물들을 오랫동안 연구해 왔지만, 그것을 자연 과학의 언어로 정리하는 데에는 어려움을 느끼고 있었습니다. 전해지는 이야기로는, 린네는 성경 속에 등장하는 올리브나 무화과, 백합과 향료 작물들을 실제 식물과 연결 지어 차분히 설명했다고 해요. 단순한 암기가 아니라, 관찰과 비교에 바탕을 둔 그의 설명에 셀시우스는 남다른 가능성을 보았어요. 그리고 자신의 조수가 되어 식물의 정체를 밝히자고 제안했지요.

그 후 린네는 교수의 조교가 되어 성경 속 식물을 분석하고 그들의 실제 학명을 찾아 기록하며 연구를 도왔습니다. 이 시기 린네는 식물을 텍스트가 아닌, 관찰의 대상으로 읽는 법을 배웠어요.

[꽃의 구조에 주목하다]

이 무렵 린네는 꽃을 이루는 구조, 특히 수술과 암술에 깊은 관심을 가지고 있었습니다. 그는 1728년, 수술과 암술의 개수를 기준으로 식물들을 분류할 계획을 세우고 꽃의 해부학을 담은 논문을 씁니다. 이 논문에서 린네는 꽃의 구조를 자세히 살펴보고, 번식과 관련된 부분을 세밀하게 관찰했어요. 아직 체계적인 분류법이 완성된 단계는 아니었지만, 꽃의 구조가 식물 이해의 핵심 열쇠가 될 수 있다는 생각은 이때 분명해졌어요. 훗날 수술과 암술을 기준으로 한 식물 분류 체계는, 바로 이 시기에 이루어진 관찰에서 싹을 틔우게 되지요.

[라플란드 탐사, 현장에서 배우는 분류]

1732년 5월, 25살의 린네는 웁살라 왕립 과학 협회의 지원을 받아 북유럽 탐사를 떠납니다. 그의 여정은 스웨덴 북부에서 시작되어 핀란드, 노르웨이, 러시아 북서부까지 이어졌어요. 그곳은 밤에도 해가 지지 않는 백야의 땅이었지요. 그는 말과 배, 때로는 순록을 타고 끝없는 숲과 늪지를 건넜어요. 식량은 부족했고, 감기에 시달렸지만, 그의 눈에는 오직 자연의 신비만이 보였어요.

린네는 빙하 근처의 작은 풀, 자작나무 아래의 이끼, 순록의 먹이인 선태식물(이끼)과 지의류까지 관찰했어요. 어느 계절에 어떻게 변하는지, 어떤 환경에서 잘 자라는지, 비슷해 보이는 것들은 무엇이 다른지를 끈질기게 기록했지요. 그의 가죽 노트에는 라틴어 이름과 함께 그가 직접 그린 세밀한 스케치가 빼곡했어요.

네 달간의 탐사를 마치고, 린네는 수백 종의 표본과 기록을 손에 쥐

더 알아보기

닐스 로젠과 린네

1731년, 스웨덴 웁살라의 겨울은 길고 조용했어요. 하지만 대학교 안에서는 묘한 긴장이 감돌고 있었어요. 식물학 강의를 맡고 있던 린네와 해부학을 맡은 닐스 로젠 Nils Rosén 사이에 보이지 않는 경쟁이 시작된 거예요. 로젠은 네덜란드에서 약학 박사 학위를 받고 돌아온 유명한 젊은 학자였어요. 그는 대학교에서 영향력을 넓히고 싶어 했고 린네가 맡고 있던 식물학 강의 자리를 원했어요. 하지만 루드벡 교수Olof Rudbeck는 그의 요구를 단호히 거절했어요. 이 일로 두 사람의 관계는 멀어졌지요. 린네는 마음이 편하지 않았지만, 자신의 연구와 강의에 더욱 몰두했다고 해요.

고 돌아옵니다. 그는 그 자료를 바탕으로 1737년『라플란드의 식물Flora Lapponica』을 출간했어요. 이 책은 한 지역의 생물을 체계적으로 정리한 최초의 식물학 보고서였어요. 단순한 목록이 아니라, 식물이 자라는 환경, 계절, 토양, 심지어 그 식물을 사용하는 원주민들의 지식까지 함께 담았어요.

[네덜란드로 향하다]

1733년, 웁살라 대학교로 돌아온 린네는 이번에는 광물학 강의를 맡습니다. 그에게 자연은 식물만의 세계가 아니었어요. 돌과 흙, 금속과 곤충, 물과 생명은 모두 하나의 질서 속에 연결된 대상이었지요. 이듬해 그는 학생들과 함께 달라르나Dalarna 지방으로 탐사에 나섭니다. 이 여행은 정부의 후원을 받은 공식 조사였고, 목적은 새로운 것을 발견하는 동시에 이미 알려진 자연을 다시 정확히 관찰하는 것이었어요. 린네는 광물과 식물뿐 아니라 그 지역 사람들의 생활과 언어까지 기록했는데, 자연이 언제나 인간의 삶과 함께 존재한다고 믿었기 때문이에요.

탐사를 마친 뒤, 린네는 제자 클라스 솔베리우스Claes Sohlberg의 초대를

역사 속으로

히드라의 가면을 벗기다

여정 중 방문한 독일의 한 도시에서, 린네는 '머리가 일곱 개인 히드라의 박제'라 불리던 표본을 보게 됩니다. 사람들은 이를 기적이라며 감탄했지만, 린네는 한눈에 그것이 조작된 가짜임을 알아보았어요. 뱀의 피부와 다른 동물의 부위를 이어 붙인 조잡한 합성물이었기 때문이에요. 린네가 이를 공개적으로 지적하자 표본을 전시하던 사람들은 분노했고, 두 사람은 급히 도시를 떠나야 했어요. 그러나 이 사건은 오히려 린네의 명성을 높였습니다. 자연은 믿음이 아니라 검증의 대상이라는 그의 태도가 분명히 드러났기 때문이에요.

받았습니다. 솔베리우스의 가문은 린네의 재능을 높이 평가했는데, 그의 아버지는 린네에게 그의 아들을 네덜란드로 데려가 진짜 과학을 배우게 해 달라는 뜻밖의 제안을 해요. 이 제안은 린네 자신에게도 새로운 세계로 나아갈 기회였어요. 1735년 봄, 두 사람은 네덜란드를 향해 길을 떠납니다.

그들은 마침내 하르데르베이크 대학교에 도착합니다. 그곳은 학위를 빨리 받을 수 있는 대학교로 유명했어요. 린네는 도착하자마자 열병(간헐열)의 원인을 주제로 한 논문을 썼고, 공개 토론에서 자신이 틀리지 않았음을 당당히 입증했어요. 그리고 단 2주 만에, 그는 의학 박사 학위를 받아요. 28살이라는 젊은 나이에 박사가 된 그는 이제 유럽 학계에서도 주목받기 시작합니다.

[새로운 만남과 하테캄프의 실험실]

네덜란드에서 린네는 당대 최고의 의사이자 식물학자였던 헤르만 부르하베Herman Boerhaave를 만나게 됩니다. 부르하베는 린네의 재능을 알아보고 그에게 남아프리카와 아메리카 탐험을 제안했어요. 하지만 린네는 건강 문제로 정중히 거절했지요. 그런 그에게 부르하베는 더 넓은 길로 나아갈 수 있는 길을 조언합니다. 그 과정에서 린네는 암스테르담의 식물학자 요하네스 부르만Johannes Burman과 교류하게 돼요. 부르하베의 예상은 정확했습니다. 린네를 만난 부르만은 린네의 지식에 감탄했고, 두 사람은 겨울 동안 함께 연구하며 식물 표본과 도감을 정리했어요.

그 무렵, 린네는 또 한 명의 운명적 인물을 만나게 됩니다. 그는 네덜란드 동인도회사의 이사이자 거대한 정원의 주인 조지 클리포드 3세George

Clifford III였어요. 클리포드는 희귀 식물이 모인 대정원 하테캄프Hartecamp 를 운영하고 있었는데, 린네는 이 정원에서 거주하며 식물을 관리하고 연구를 이어 갈 기회를 얻어요. 세계 각지에서 온 식물들이 한자리에 모인 하테캄프는 린네에게 분류학은 종이 위의 표가 아니라, 실제 자연을 정리하는 언어라는 확신을 굳혀 준 현장이 되었지요.

[영국 방문과 첼시 피직 가든]

1736년 여름, 클리포드의 후원으로 린네는 영국으로 향했습니다. 그는 런던의 첼시 피직 가든Chelsea Physic Garden에서 정원 관리자 필립 밀러 Philip Miller를 만나, 자신의 새로운 식물 분류법을 설명했어요. 밀러는 처음에는 새로운 분류 체계를 받아들이는 것을 주저합니다. 하지만 시간이 지나고 그는 린네의 체계가 영국에 퍼지는 데 중요한 연결 고리 역할을 해요. 영국 여행을 마친 린네는 희귀한 식물 표본을 가득 안고 하테캄프로 돌아옵니다. 그는 식물 분류의 핵심 단위인 '속'을 더 정교하게 정리한 책 『Genera Plantarum』을 펴내요. 이 책에서 린네는 935개의 속으로

온도계 눈금을 거꾸로 돌린 린네

린네는 동료이자 친구였던 안데르스 셀시우스Anders Celsius의 온도계에도 깊이 관여했습니다. 1742년, 셀시우스는 물의 끓는점을 0도, 어는점을 100도로 정하는 새로운 온도 체계를 제안했어요. 하지만 이 눈금은 숫자가 작아질수록 온도가 높아지는 방식이어서, 일상적인 관측이나 실험에서는 다소 불편했지요. 식물 재배와 온실 관리에 온도계를 자주 활용하던 린네는, 숫자가 커질수록 더 따뜻해지는 체계가 훨씬 직관적이라고 생각했습니다. 실제로 그가 웁살라 식물원에서 어는점을 0도, 끓는점을 100도로 표시한 온도계를 사용했다는 기록이 남아 있어요. 이러한 실용적 선택을 통해 셀시우스의 온도 눈금은 오늘날 우리가 사용하는 섭씨온도(℃)의 형태로 자리 잡게 되었어요.

체계화했고, 이어『Corollarium Generum Plantarum』에는 60개의 속을 보완하며, 같은 기준으로 식물을 묶고 분류할 수 있는 기준을 만들어 갑니다.

[웁살라로 돌아오다]

1741년, 다시 웁살라 대학교로 돌아온 린네는 교수로 임명되었습니다. 곧 식물학과 자연사, 그리고 식물 정원을 맡게 된 그는 정원을 새로 설계하고 수백 종의 식물을 체계적으로 재배했어요. 1740년대 린네는 스웨덴 전역을 탐험하며 수많은 미기록 식물을 발견했습니다. 그는 식물뿐 아니라 사람들의 삶과 언어, 풍습까지 기록했지요. 이 기록들은 훗날『Flora Suecica』와『Fauna Suecica』로 이어집니다.

1750년, 린네는 웁살라 대학교의 총장이 되었습니다. 그의 강의는 늘 학생들로 가득 찼고, 특히 학생들과 함께하는 야외 관찰 수업은 큰 인기를 끌었다고 해요.

[린네의 사도들]

린네는 제자 중 가장 열정적인 17명을 뽑아 린네의 사도들Linnaeus's Apostles이라 불렀습니다. 그들은 전 세계로 떠나 새로운 식물과 동물, 광물을 채집해 돌아왔어요. 린네는 그들의 기록을 바탕으로 지구 생명의 거대한 퍼즐을 완성했지요. 비록 그가 모든 대륙을 직접 탐사한 것은 아니었지만, 제자들의 손과 발, 눈을 통해 그의 분류학은 지구의 언어가 되었어요.

첫 번째 사도였던 크리스토퍼 탄스트룀Christopher Tärnström은 1746년,

린네의 사도들

스웨덴 동인도회사 선박에 동승해 동아시아의 자연을 조사할 예정이었습니다. 하지만 그는 여정 도중 열병에 걸려 끝내 돌아오지 못해요. 젊은 제자의 갑작스러운 죽음은 린네에게 깊은 상처를 남겼어요. 탄스트룀의 죽음으로부터 2년 뒤, 핀란드 출신의 제자 페르 칼름Pehr Kalm이 두 번째로 원정길에 올랐어요. 목적지는 당시로서는 멀고도 낯선 북아메리카 대륙이었지요.

1748년 봄, 페르 칼름은 배를 타고 대서양을 건넜습니다. 긴 항해 끝에 도착한 땅은 기후도, 식물도, 냄새도 모두 달랐어요. 낯선 환경 속에서 그는 캐나다 퀘벡과 미국 동북부 지역을 오가며 2년 6개월 동안 현지의 식물과 동물을 관찰합니다. 페르 칼름은 단순히 표본을 모으는 데 그치지 않았어요. 그는 현지인들과 교류하며 식물의 쓰임과 약효, 그리고 농업 가능성까지 기록했어요. 그가 관찰한 메이플 시럽의 단풍나무, 들판의 루핀, 숲속의 블루베리, 이 모든 것이 유럽의 학자들에게는 처음 듣는 이름이었지요.

1751년, 페르 칼름은 수백 점의 표본과 씨앗을 싣고 스웨덴으로 돌아왔습니다. 그가 가져온 식물은 그야말로 새로운 세계의 보고였어요. 린네는 그 표본을 정성껏 분류하고 기록했어요. 이 성과는 1753년 출간된 린네의 대표작인『식물의 종Species Plantarum』에 실렸지요. 그의 보고 덕분에 린네는 북미의 식물학 지식을 유럽 학계에 처음으로 소개할 수 있었어요. 린네의 제자들은 스승의 분류 체계를 품고 지구 곳곳으로 떠났고, 그들 덕분에 스웨덴의 작은 연구실은 세계 생물학의 중심이 될 수 있었어요.

린네의 생물 분류

린네는 **자연을 동물계, 식물계, 광물계라는 세 개의 왕국**으로 나누어 정리했습니다. 비록 오늘날 분류학은 생물만을 대상으로 하지만, 린네는 돌과 흙 같은 무생물까지도 자연의 거대한 질서 속에 포함하려 했어요. 그는 생물을 기본적으로 계 – 강 – 목 – 속 – 종의 단계로 정리했습니다. 또한 동물을 포유강, 조강, 양서강, 어류강, 곤충강, 연충강까지 여섯 강으로 나누었어요. 당시에는 오늘날처럼 파충류와 양서류가 체계적으로 분리되지 않았지요. 오늘날 우리가 쓰는 문·과 같은 계급은 후대에 더 정교해진 거예요.

식물 분류에서 린네는 꽃의 수술과 암술의 수와 배열을 기준으로 24개의 강으로 나누는 '성적 체계'를 제시합니다. 이 체계는 인공 분류였지만,

역사 속으로

스웨덴의 두 번째 린네, 카를 피터 툰베리

카를 피터 툰베리는 린네의 제자 중 한 사람입니다. 1770년, 툰베리는 27살의 젊은 나이에 수년에 걸친 긴 원정에 나섰어요. 먼저 남아프리카에 머물며 3년 동안 식물과 동물, 그리고 현지 약용식물을 조사했어요. 그곳의 사막 식물들은 그가 유럽에서 본 적 없는 모습이었지요. 푸른 잎보다 은빛 잎이 많았고, 건기와 우기마다 식물의 형태가 완전히 달랐어요. 그는 이를 보고 자연의 지혜가 가장 극적으로 드러나는 곳이라 생각했다고 해요.

이후 그는 더 멀리, 일본으로 향했습니다. 하지만 일본은 쇄국 정책을 시행 중이었고, 모든 외국인은 데지마라는 인공섬에만 머물 수 있었어요. 툰베리는 섬 밖으로 나갈 수 없었기 때문에 식물 표본을 직접 채집하기 어려웠어요. 그럼에도 그는 포기하지 않았어요. 통역가들을 설득해 일본 전역의 식물 표본을 구했고, 때로는 상인들을 통해 씨앗을 사들이기도 했어요. 또한 데지마 주변의 정원을 샅샅이 탐색하며 새로운 식물을 발견했지요. 툰베리는 수많은 표본과 기록을 들고 스웨덴으로 돌아왔고, 린네 사후에는 스승의 분류 체계를 계승해 이를 세계의 식물로 확장했어요. 그 공로로 사람들은 그를 '스웨덴의 두 번째 린네'라 불렀답니다.

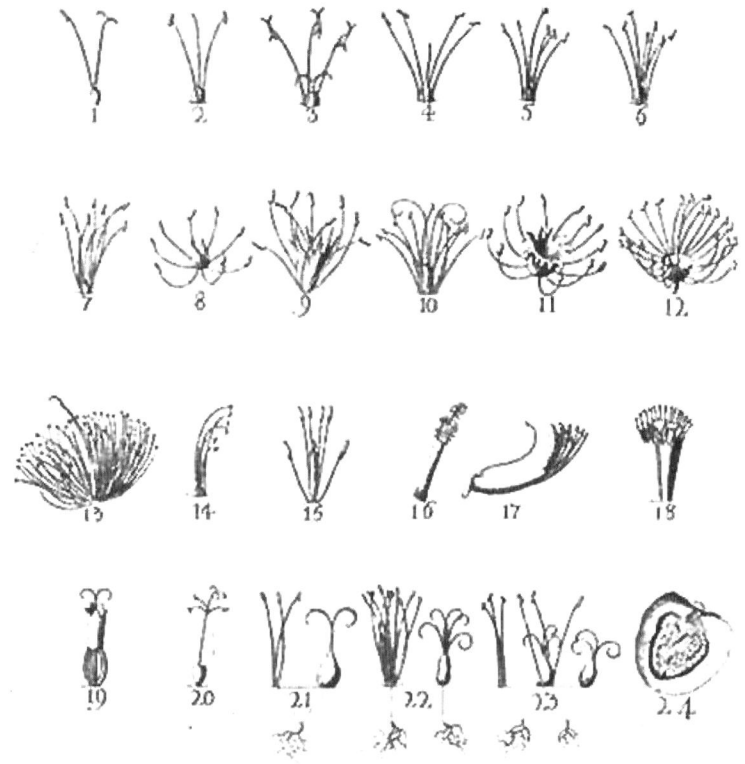

CAROLI LINNÆI CLASSES S.LITERÆ.

린네가 제시한 식물의 성적 체계 분류 도표

식물을 체계적으로 정리하는 데 큰 역할을 했고, 훗날 유전적 연관성을 따지는 '자연 분류'로 나아가는 징검다리 역할을 해요.

예를 들어, 소나무와 은행나무를 오늘날의 분류 체계로 쓰면 다음과 같아요.

- 식물계-나자식물문-구과식물강-구과목-소나무과-소나무속-소나무
- 식물계-은행나무문-은행나무강-은행나무목-은행나무과-은행나무속-은행나무

생물의 이름을 나타낼 때 분류법대로 모두 얘기하면 너무 길어집니다.

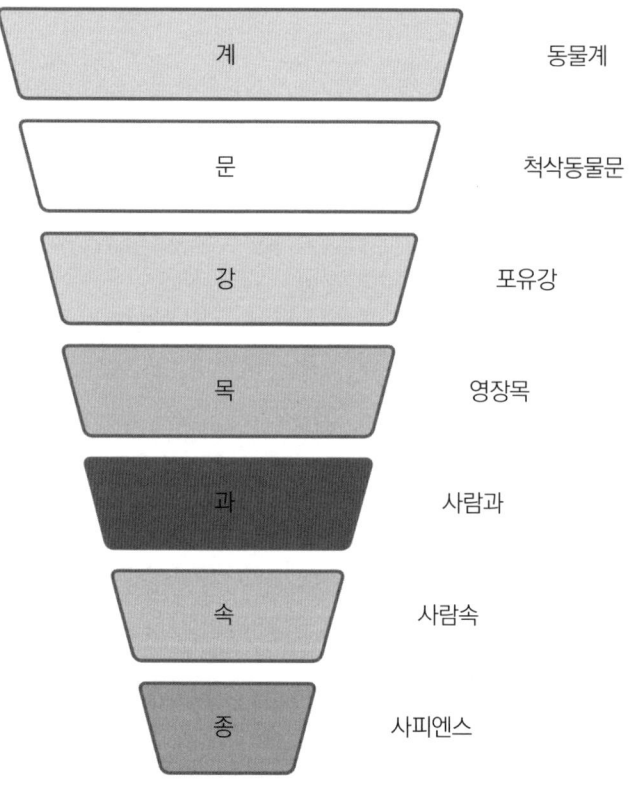

생물을 이해하는 언어, 분류 체계의 단계(사람)

그래서 린네는 <mark>생물의 이름을 속과 종으로 나타내는 이명법</mark>을 제안했어요. 속의 이름과 종의 이름을 라틴어로 쓰고, 속명은 첫 글자를 대문자로, 종소명은 소문자로 쓰는 거예요. 예를 들어, 은행나무를 이명법으로 쓰면 *Ginkgo biloba*가 되고, 소나무를 이명법으로 쓰면 *Pinus densiflora*가 돼요. 이 체계는 오늘날까지 전 세계 생물학자들이 공통으로 사용하는 학명 표기법이 되었답니다.

잎에서 세상을 본 괴테

18세기 후반, 유럽의 식물학은 이미 거대한 도약을 이루고 있었습니다. 린네가 식물의 이름과 질서를 세우고, 투르네포르가 꽃의 구조로 세계를 정리한 지 한 세기가 지난 뒤였지요. 이제 학자들은 '식물의 내면적 질서'를 이해하는 쪽으로 향하기 시작했어요. 그 중심에 독일의 철학자 요한 볼프강 폰 괴테Johann Wolfgang von Goethe가 있었어요. 그는 문학가이자 철학자였지만, 동시에 자연 학자이기도 했어요.

1790년, 괴테는 『식물변형론(식물의 변형을 설명하려는 시도)』이라는 책을 발표했어요. 이 책에서 그는 <mark>식물의 모든 부분이 사실은 '잎이 변한 것'에서 시작된다</mark>는 놀라운 생각을 제시했어요. 꽃잎, 수술, 암술, 열매까지, 겉모양은 달라도 본질적으로는 모두 잎의 변형된 형태라는 거예요.

이 발상은 단순한 식물 해부의 결과가 아니었어요. 그는 식물을 살아 있는 유기체로 보았고, 그 안에서 반복되는 형태와 리듬을 '생명의 시학'으로 이해했어요.

이처럼 식물을 '살아 있는 존재'로 바라보는 시각은 연구의 방향도 바꾸어 놓았습니다.

19세기 초, 유럽의 식물학은 연구실을 벗어나 바다를 건너는 탐험의 과학으로 확장되었어요. 유럽 각국은 식민지를 넓히며 세계 곳곳에서 새로운 식물을 수집하기 시작했지요. 이렇게 모인 식물들은 분류되고 비교되면서, 식물학은 점점 더 체계적인 학문으로 발전해 갑니다.

생각의 가지

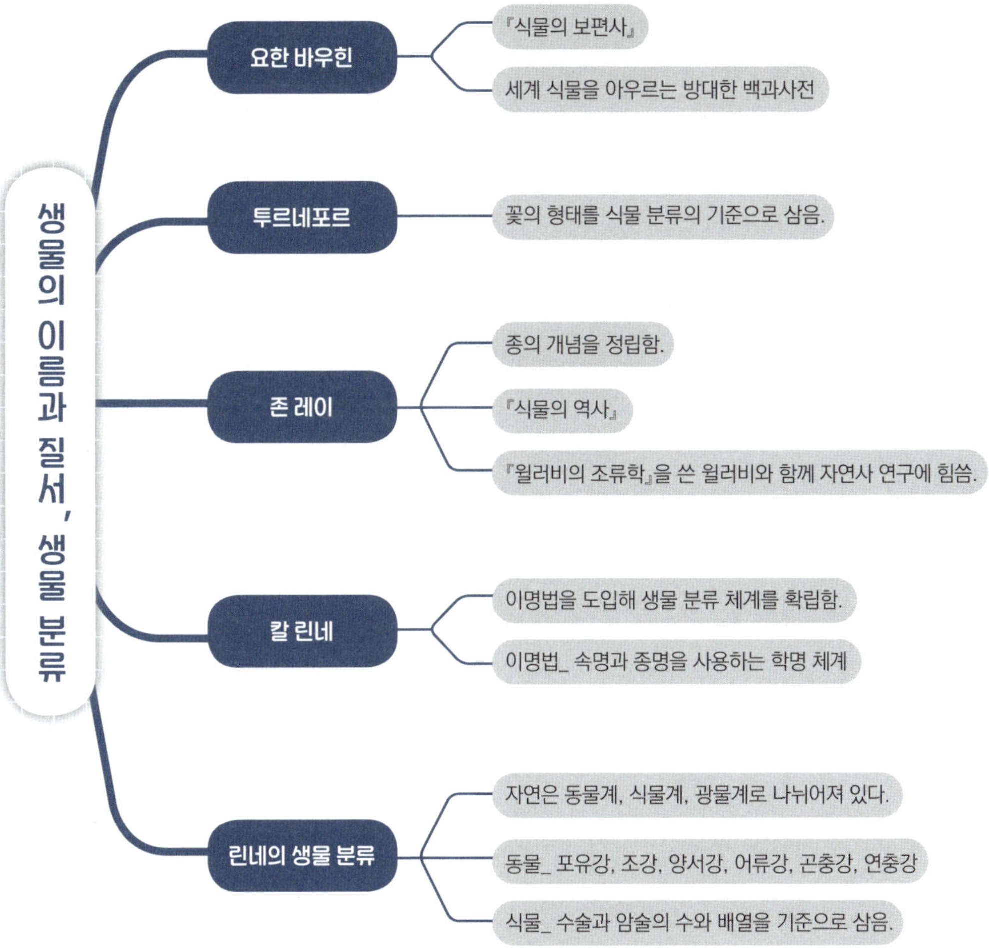

생물의 이름과 질서, 생물 분류

요한 바우힌
- 『식물의 보편사』
- 세계 식물을 아우르는 방대한 백과사전

투르네포르
- 꽃의 형태를 식물 분류의 기준으로 삼음.

존 레이
- 종의 개념을 정립함.
- 『식물의 역사』
- 『윌러비의 조류학』을 쓴 윌러비와 함께 자연사 연구에 힘씀.

칼 린네
- 이명법을 도입해 생물 분류 체계를 확립함.
- 이명법_ 속명과 종명을 사용하는 학명 체계

린네의 생물 분류
- 자연은 동물계, 식물계, 광물계로 나뉘어져 있다.
- 동물_ 포유강, 조강, 양서강, 어류강, 곤충강, 연충강
- 식물_ 수술과 암술의 수와 배열을 기준으로 삼음.

10장

생명의 변화, 진화의 발견

고정된 종이라는 관념을 넘어, 생명은 변화한다는 생각이 진화론으로 정립되었다.

정교수의 pick

◆ 아낙시만드로스 ◆ 아리스토텔레스 ◆ 종 불변설
◆ 생명의 사다리 ◆ 생물 변이 ◆ 뷔퐁의 자연법칙
◆ 용불용설 ◆ 자연 선택 ◆ 종의 기원

변화로 이해하는 생명

영화 〈혹성탈출: 진화의 시작〉은 침팬지 시저가 인간의 실험으로 지능을 얻게 되면서, 자신과 동족의 자유를 찾아가는 이야기입니다. 이 영화의 핵심은 '침팬지의 지능이 얼마나 높아졌는가'에 있지 않아요. 오히려 공감과 협력이 어디까지 확장될 수 있는지를 묻는 데 있지요.

시저는 단지 똑똑한 동물이 아니라, 다른 존재의 고통을 알아채고 분노하며, 약한 동료를 감싸는 공감하는 생명체로 그려집니다. 시저는 공감하고 선택하며, 책임지는 생명체로 성장해요.

이 관점은 영장류 연구로 잘 알려진 프란스 드 발의 문제의식과 맞닿아 있습니다. 드 발은 침팬지와 보노보*가 화해하고, 위로하고, 불공정에 반응하는 행동을 보인다는 점에 주목했어요. 이를 바탕으로 그는 도덕을 '인간만의 발명품'이라기보다 사회적 동물이 협력하며 살아남는 과정에서 자라난 성향으로 설명했지요.

영화 속 시저도 같은 길을 걷습니다. 그가 복수 대신 연대를 택하고, 힘보다 이해를 선택하는 순간, 시저는 지능이 높아진 동물이 아니라 윤리적 판단을 내리는 존재로 자리매김해요. 결국 이 영화는 도덕이 인간만의 능력이 아니라, 사회적 생명이 진화하

---

* 침팬지속에 속하는 포유류. 침팬지와는 다른 종으로 몸이 가늘고 얼굴빛이 더 검다.

며 획득한 공감의 확장임을 보여 줘요.

고대 그리스, 생명은 바뀌지 않는가?

[아낙시만드로스, 신화 밖의 생명의 기원을 찾다]

기원전 6세기, 고대 그리스 밀레토스에서 활동한 철학자 아낙시만드로스는 자연법칙에 따라 우주와 생명의 기원을 설명하려 한 사람입니다. 당시 대부분의 사람은 세상의 시작과 인간의 탄생을 신화나 신의 뜻으로 이해하고 있었지만, 아낙시만드로스는 전혀 다른 접근을 시도했어요. 그는 신의 개입 없이도 자연 안에서 생명이 어떻게 생겨났는지를 설명하고자 했지요.

아낙시만드로스는 초기 지구가 습기와 열이 풍부한 환경이었을 것이라 보고, 이러한 조건 속에서 생명이 자연스러운 변화 과정을 통해 생겨났다고 생각했습니다. 그는 생명의 기원이 물과 밀접하게 연관되어 있다고 보았으며, 최초의 생명체는 습한 환경에서 태어났다고 설명했어요. 이러한 관점은 생명을 신화가 아닌 자연 현상으로 이해하려 한, 고대 그리스 철학의 중요한 시도였습니다.

특히 주목할 점은 인간의 기원에 대한 그의 설명이에요. 아낙시만드로스는 인간이 처음부터 현재와 같은 모습으로 태어난 것이 아니라, 물고기와 유사한 생물 안에서 보호받다가, 어느 단계에 이르러 껍질을 벗고 독립된 존재가 되었다고 보았어요.

[엠페도클레스, 생명은 우연한 조합의 결과다]

기원전 5세기, 고대 그리스의 철학자 엠페도클레스는 생명의 기원을 설명하면서, 세계를 이루는 기본 요소로 불, 물, 흙, 공기라는 네 가지 원소를 제시했습니다. 그는 이 네 가지 자연 요소가 서로 사랑(흡인력)과 미움(반발력)이라는 두 가지 힘에 의해 결합하고 분리되면서 세상의 모든 사물과 생명체가 만들어진다고 생각했어요.

그가 살았던 기원전 5세기는, 아테네에서는 민주정이 꽃피고 소피스트들이 활약하던 시기였습니다. 과학과 철학이 막 신화의 그늘에서 벗어나 이성과 자연법칙에 기반한 세계관을 형성하던 과도기였지요. 그런 시대에 그는 신의 뜻이 아니라, 자연 그 자체의 힘과 조합이 생명의 원천이라고 주장함으로써, 서양 자연 철학의 한 흐름을 이끌었어요.

엠페도클레스는 생명체의 탄생이 목적이나 계획 없이 이루어진 '우연한 조합의 결과'라고 설명했습니다. 초기 지구에는 다양한 형태의 생물체들이 무작위로 생성되었는데, 그중에서도 스스로 생존할 수 있는 구조를 가진 존재들만이 살아남았고, 그렇지 못한 존재는 사라졌다고 했지요. 예를 들어, 머리와 팔이 어색하게 연결된 생명체나, 눈이 몸 밖에 달린 생물은 생존하지 못하고 소멸했다는 식의 비유를 사용했어요. 엠페도클레스의 설명은 오늘날의 진화론과는 다르지만, 생명을 자연법칙 속에서 이해하려 한 대담한 시도였다는 점에서 중요한 의미를 지녀요.

[아리스토텔레스, 종은 불변이다]

기원전 4세기, 고대 그리스의 철학자 아리스토텔레스는 생명을 바라보는 관점에서 획기적인 체계를 제시했습니다. 그는 생물을 관찰하고 분류하는 과학적 방법을 도입한 선구자로, '고대 생물학의 아버지'라고도 불려요. 하지만 그의 생명관은 오늘날의 진화론과는 전혀 다른 방향이었지요.

아리스토텔레스는 모든 생물이 처음부터 정해진 '종류'로 나뉘어 있고, 그 모습은 변하지 않는다고 생각했어요. 생물은 각각 고유한 본질Essence을 지니며, 변하지 않는 존재라는 입장이었지요. 즉, 새로운 종류의 생물이 생기거나, 기존의 생물이 다른 종류의 생물로 바뀐다는 개념은 받아들이지 않았어요. 이는 오늘날 우리가 말하는 정지론적 생명관(불변론)의 대표적인 예로, 이후 중세 스콜라 철학과 기독교적 생명관의 철학적 기초가 되었답니다.

또한 그는 생물 세계가 목적에 따라 질서 있게 배열되어 있다고 보았습니다. 이 생각을 목적론적 세계관Teleology이라고 불러요. 예를 들어, 새의 날개는 '날기 위한 목적'을 가지고 존재한다는 식의 사고방식이지요. 이런 목적론은 자연의 모든 구조와 기능이 각각의 역할과 의미를 갖고 있다는 전제에서 출발했어요.

아리스토텔레스는 생명체를 기능과 능력의 차이에 따라 위계적으로 이해하려 했어요.

무생물(광물) → 식물 → 동물 → 인간

이처럼 생명을 일종의 계층 구조로 나열했으며, 인간은 이성을 가진 유일한 존재로서 가장 고귀한 생명체로 간주했어요. 훗날 이 사다리식 서열은 훗날 '생명의 사다리Scala Naturae' 또는 '존재의 사다리Great Chain of Being'라는 사상으로 이어집니다.

이슬람 세계의 생명 연속성 사상

[알 자히즈, 생존 경쟁을 관찰하다]

9세기 이슬람 문명이 찬란하게 꽃피던 시기, 바스라와 바그다드의 학자들은 고대 그리스의 철학과 과학을 아랍어로 번역하며 지식의 새로운 지평을 열고 있었습니다. 그 중심에 3장에서 만났던 알 자히즈가 있었어요. 그는 『동물의 책』이라는 방대한 저술을 통해 동물의 생활과 환경, 그리고 먹고 먹히는 관계를 폭넓게 기록합니다.

그는 생명체를 단지 고정된 모습으로 존재하는 대상으로 보지 않았습니다. 동물은 먹이와 서식 환경, 포식자와의 관계 속에서 살아가며, 그 과정에서 생존이 쉬운 방식과 그렇지 않은 방식이 갈린다는 점에 주목했어요. 실제로 그는 약한 동물이 더 약한 것을 먹고, 강한 동물도 더 강한 존재에게 먹힐 수 있다는 식으로 생태계의 순환을 설명하며, '살기 위한 경쟁'이 자연에 널리 퍼져 있음을 보여 주었지요.

이 시기 이슬람 세계는 바그다드의 지혜의 집Bayt al-Hikma을 중심으로 수학, 천문학, 의학, 동물학까지 다양한 자연 과학이 번역되고 연구되던 지식의 황금시대였습니다. 그런 시대적 배경 속에서 알 자히즈는 생명을 신화적 이야기로만 설명하기보다, 자연 속 관계와 조건을 통해 이해하려는 방향을 분명히 보여 준 사람이었어요.

[이븐 미스카와이와 이콴 알 사파]

10세기 이슬람 세계는 철학과 과학, 종교가 활발히 교류하던 시기였습니다. 아바스 왕조 아래에서는 그리스 철학의 유산이 아랍어로 번역되며, 학문의 깊이가 한층 깊어졌어요. 이러한 시대적 흐름 속에서 활동한 대표적 철학자가 바로 이븐 미스카와이Ibn Miskawayh예요.

그는 여러 철학 저술에서 존재의 연속성과 인간의 도덕적 성숙을 함께 이야기했습니다. 이븐 미스카와이는 생명을 고정된 단계로 보지 않고, 무기물에서 식물, 식물에서 동물, 동물에서 인간으로 이어지는 연속적인 존재의 흐름 속에서 이해했어요. 특히 생명이 점차 고도화된다는 연속성에 주목했지요.

그는 식물은 돌이나 물 같은 무기물보다 더 복잡한 생명력을 가지고 있고, 동물은 식물보다 감각 및 움직이는 능력이 더 발달해 있다고 생각했어요. 그리고 인간은 동물보다 한 단계 더 높은 차원에서 이성과 도덕성, 지적 능력을 지닌 존재로 이해했지요. 무엇보다도 그는 이 모든 변화가 신의 직접적인 창조가 아니라, 신이 부여한 자연 질서 안에서 단계적으로 발전해 나가는 흐름이라고 생각했어요. 이는 생명이 한순간에 완성된 형태로 주어졌다는 생각과 거리를 두고, 시간과 질서 속에서 점차 복잡해진다는 관점을 보여 줘요.

비슷한 시기, 바스라를 중심으로 활동한 익명의 철학자 집단 '이콴 알 사파Ikhwan al-Safa', 즉 '순수한 형제들' 역시 생명과 우주의 연속성을 체계적으로 설명했습니다. 이들이 수십 년에 걸쳐 집필한 『순수한 형제들의 서간집Rasa'il Ikhwan al-Safa』은 철학, 수학, 음악, 천문학, 생물학, 신학 등 거의 모든 지식 분야를 망라한 백과사전이자 철학 논문 모음집이에요.

이콴 알 사파는 우주와 생명이 신에 의해 한 번에 만들어진 것이 아니라, 시간이 흐르면서 점차 발전하고 여러 단계를 거쳐 형성되었다고 보았어요. 그들은 무기물에서 시작된 존재가 점차 식물, 동물, 인간, 천사로

『순수한 형제들의 서간집』

이어지는 연속된 사슬 속에 있다고 설명했지요. 이 사유는 단순한 종교적 창조관을 넘어, 수학과 천문학, 자연 관찰을 바탕으로 우주의 질서를 체계적으로 이해하려는 시도라 할 수 있어요.

이 구조 속에서 식물은 광물보다 더 높은 생명력을 지니고, 동물은 감각과 운동성을 갖춘 더 높은 단계의 존재로 이해되었어요. 인간은 이성과 영혼을 통해 우주의 질서를 이해할 수 있는 유일한 존재로 여겨졌지요. 더 나아가 그들은 인간 역시 지적·영적 성숙을 통해 천상의 존재에 가까워질 수 있다고 생각했어요. 이러한 생각은 인간을 고정된 존재로 보지 않고, 우주 질서 속에서 성장하고 완성되어 가는 존재로 이해하려 했던 이들의 세계관을 잘 드러냅니다.

18세기 유럽, 변이와 선택의 문이 열리다

[모페르튀이, 변이의 가능성을 열다]

모페르튀이

18세기 유럽은 계몽주의의 물결 속에서 자연을 이성의 눈으로 이해하려는 과학 혁명적 사고가 꽃피던 시기였습니다. 그 한복판에서 활동한 인물이 바로 프랑스의 수학자이자 자연철학자인 피에르 루이 모로 드 모페르튀이Pierre-Louis Moreau de Maupertuis 예요. 그는 1751년 『자연의 체계Système de la Nature』라는 저술을 통해, 생명의 다양성과 구조를 신의 설계가 아닌 자연 내부의 원리로 설명하려 했어요.

당시 대부분의 생명관은 여전히 신의 창조에 바탕을 두고 있었지만, 모페르튀이는 생명체가 모두 처음부터 완벽하게 창조된 것이 아니라, 우연히 생겨난 다양한 변형들 중에서 환경에 적합한 것만이 살아남아 계승된다고 보았어요. 이러한 생각은 신학적 설명에서 벗어나 자연의 과정으로 이해하려 했다는 점에서 매우 중요해요. 모페르튀이는 생명의 분화를 신학적 설명에서 과학적 논리로 끌어낸 18세기의 선구자였답니다.

[이래즈머스 다윈과 계몽사상]

18세기 말, 산업 혁명과 계몽주의가 휘몰아치던 영국에서는 인간과 자연을 이성으로 이해하려는 시도가 활발히 이루어지고 있었습니다. 이 시기에 활동한 이래즈머스 다윈Erasmus Darwin은 의사이자 시인이었으며, 발명가이자 철학자, 그리고 무엇보다 찰스 다윈의 할아버지로서, 진화론의 사상적 전조를 제시한 인물이었지요.

1794년부터 1796년까지 출간된 그의 대표 저작 『주노미아Zoonomia』는 인간 생리

이래즈머스 다윈

학과 생물의 분류, 생명의 기원에 대한 생각을 담은 방대한 책이에요. 이 책에서 그는 모든 생물이 공통된 기원에서 출발했을 가능성을 제기하며, 종이 처음부터 고정된 형태로 존재한다는 생각에 의문을 던졌어요.

그는 생물이 변하는 이유가 신의 뜻 때문이 아니라, 주변 환경에 적응

하며 살아가는 과정에서 조금씩 바뀌기 때문이라고 생각했어요. 특히 특정 환경에 적응하려는 생물의 능동적 반응과 변화가 오랜 시간 누적 되어 생물의 구조 자체를 바꿀 수 있다고 믿었지요. 이러한 설명은 훗날 라마르크가 체계화한 용불용설과 닮아 있지만, 더 넓게 보면 환경과 생물 간의 상호작용, 그리고 적응의 누적이라는 진화 사상의 핵심 요소들을 이미 포함하고 있었던 셈이에요.

[뷔퐁과 종의 유동성]

18세기 프랑스의 자연 과학자 조르주루이 르클레르 드 뷔퐁Georges-Louis Leclerc de Buffon은 생명이 자연적으로 어떻게 생겨나는지 궁금해했습니다. 그는 '생물 종은 고정된 게 아니라, 어떤 조건에 따라 변할 수도 있다'라고 생각했어요.

뷔퐁은 생물의 모습과 성질이 기후, 지형, 먹이 같은 환경 조건의 영향을 받아 달라질 수 있다고 보았습니다. 그는 이러한 변화가 오랜 시간에 걸쳐 누적될 수 있으

조르주루이 르클레르 드 뷔퐁

며, 그 결과 같은 기본 형태를 지닌 생물이라도 지역에 따라 서로 다른 모습으로 나타날 수 있다고 설명했어요. 이러한 관찰은 훗날 '뷔퐁의 자연법칙Buffon's Law'으로 불리게 돼요. 즉, 환경이 비슷하더라도 지리적으로 분리된 지역에는 서로 다른 종이 분포할 수 있다는 뜻이에요.

뷔퐁은 북아메리카에 사는 많은 포유류들이 유라시아 대륙에서도 발

견된다는 점에 주목했습니다. 그는 이런 동물들이 예전에 더 따뜻했던 알래스카 지역을 거쳐 이동해 왔을 거라고 추정했어요. 또한 그는 남아메리카와 아프리카가 서로 비슷한 열대 기후임에도, 그곳에 사는 포유류들이 완전히 다르다는 점을 발견합니다. 이를 통해 뷔퐁은 땅이 연결돼 있을 때는 동물들이 이동할 수 있었지만, 시간이 지나 바다가 생기면서 동물 무리가 서로 다른 지역에 고립되었다고 생각했어요. 그리고 이렇게 떨어진 곳에서는 점점 서로 다른 종으로 나뉘게 된다고 보았지요.

뷔퐁은 이런 변화들이 단순히 신의 뜻 때문이 아니라, 기후와 지형, 시간의 흐름 같은 자연적인 요인 때문이라고 했습니다. 그래서 그는 생물의 역사를 이해하기 위해 화석도 중요하게 여겼고, 이를 통해 생명의 변화를 설명하려 했어요.

[비교 해부학과 뷔퐁]

진화를 연구할 때 비교 해부학은 중요한 단서가 됩니다. 사람의 팔, 박쥐의 날개, 고래의 지느러미처럼 겉모습은 서로 다르지만 기본적인 뼈의 배열이 같은 기관을 '상동 기관'이라고 해요. 이는 서로 다른 종이 공통 조상에서 갈라져 나왔음을 보여 주는 대표적인 증거입니다. 또한 한때는 기능을 했지만 지금은 거의 쓰이지 않는 '흔적 기관' 역시 진화의 흔적으로 여겨지지요.

이러한 개념들은 19세기 진화론에서 체계적으로 정리되었습니다. 하지만 그보다 앞선 18세기에도 조르주루이 르클레르 드 뷔퐁은 동물들의 구조적 유사성에 주목하고 있었어요. 뷔퐁은 개의 다리뼈와 물개의 지느러미처럼, 서로 다른 동물들 사이에서 나타나는 구조적 유사성을 관찰했

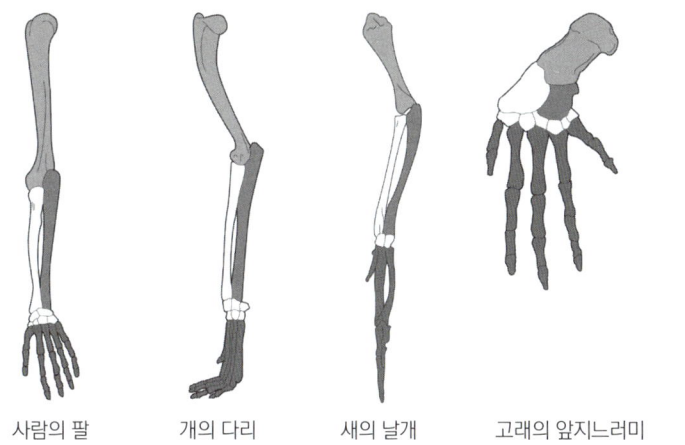

사람의 팔   개의 다리   새의 날개   고래의 앞지느러미

어요. 그는 종이 완전히 고정된 존재라기보다는 환경과 기후의 영향에 따라 변화할 수 있다고 보았지요. 이러한 변화를 그는 '퇴화Degeneration' 라는 개념으로 설명했는데, 이는 오늘날의 진화 개념과는 다르지만 종 불변설을 흔드는 중요한 시도였습니다.

다만 뷔퐁은 다윈처럼 공통 조상에서 자연 선택을 통해 종이 분화한다는 체계적인 이론을 제시하지는 못했어요. 그의 생각은 일관성이 부족했고, 진화가 어떤 과정을 통해 일어나는지에 대해서도 구체적인 설명을 하지 못했지요. 화석의 의미 역시 완전히 이해하지는 못했습니다. 그럼에도 불구하고 뷔퐁은 "종은 절대적으로 고정된 존재가 아닐 수 있다"라는 문제를 과감히 제기한 인물이었어요. 그의 이러한 의문 제기는 훗날 라마르크와 다윈이 진화론을 체계화하는 데 중요한 사상적 밑거름이 되었습니다.

라마르크, 진화를 과학 이론으로 풀다

19세기 초, 프랑스 과학계에서는 생명의 본질과 변화에 대한 논의가
한층 깊어지고 있었습니다. 그 중심에 진화라는 개념을 처음으로 과학
이론으로 정립한 장 바티스트 라마르크Jean-Baptiste Lamarck가 있었어요.

그는 1809년, 『동물 철학Philosophie Zoologique』을 출간하며, 생물의 변
화와 다양성을 체계적 이론 체계로 설명하려 했습니다. 라마르크는 생물
의 변화가 신의 창조나 고정된 본질 때문이 아니라, 환경과 습관에 따른
점진적 변화에서 비롯된다고 보았어요. 그는 특히 용불용설로 알려진 이
론을 통해 이렇게 설명했어요.

"많이 사용하는 기관은 점점 발달하고, 거의 사용하지 않는 기관은 점점 퇴화한다.
이 변화는 자손에게 유전되어 새로운 생물 형질로 이어진다."

장 바티스트 라마르크
•1744년: 프랑스 피카르디의 바장탱에서 태어남.
•1778년: 식물 분류 연구를 바탕으로 『프랑스 식물지』를 출간하며 명성
을 얻음.
•1793년: 파리 국립자연사박물관에서 교수로 활동하며 동물 분류 연구
와 교육을 본격화함.
•1800년대 초: 생물들이 환경 변화에 따라 변화할 수 있다는 개념을 강
의와 저술로 구체화하기 시작함.
•1809년: 저서 『동물 철학』에서 '용불용설'과 '획득 형질의 유전' 이론을
발표함. 그의 생각은 후에 다윈의 진화론으로 이어지는 사상적 발판이 되었음.
•1829년: 파리에서 사망함.

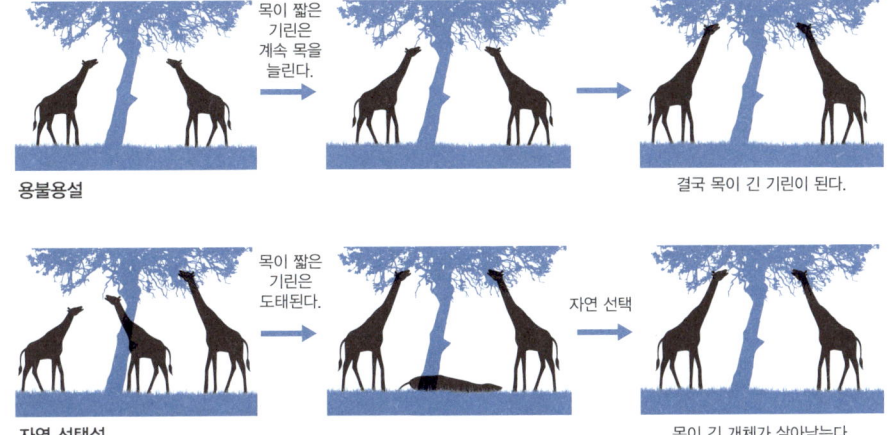

목이 짧은 기린은 계속 목을 늘린다.

용불용설

결국 목이 긴 기린이 된다.

목이 짧은 기린은 도태된다.

자연 선택

자연 선택설

목이 긴 개체가 살아남는다.

용불용설, 기린은 높은 곳에 있는 잎을 먹기 위해 목이 점차 길어졌다.

예를 들어, 기린은 높은 나뭇잎을 먹기 위해 목을 자꾸 뻗다 보니 목이 점점 길어졌고, 이 변화가 자손에게도 이어졌다는 거예요. 오늘날 우리는 획득 형질의 유전이 성립하지 않는다는 사실을 알고 있지만, 라마르크의 이론은 그 당시의 생명관을 깨는 혁명적인 발상이었어요.

세계사적으로도 1809년은 상징적인 해예요. 같은 해, 찰스 다윈이 태어났고, 나폴레옹 전쟁의 한가운데서 유럽 전역은 정치·과학·철학의 전환기를 맞고 있었죠. 라마르크는 이 시대에 생명이 고정된 질서가 아니라, 변화하고 진보하는 흐름이라는 사고를 과학적 언어로 표현한 최초의 인물이었어요.

또한 그는 생물은 간단한 형태에서 복잡한 형태로 진화하며, 그 과정은 자연의 법칙에 따라 진행된다고 보았습니다. 이를 통해 종은 고정된 것이 아니라 환경에 따라 새롭게 형성될 수 있는 존재라는 생각을 제안한 거예요. 이렇게 라마르크의 이론은 훗날 다윈의 진화론으로 이어지는 출발점이 되었어요.

찰스 다윈, 관찰이 원리로 바뀌는 순간

라마르크는 생물이 변할 수 있다는 가능성을 과감하게 말한 사람이었어요. 하지만 그의 이론은 "왜 그런 변화가 일어나는가"를 검증 가능한 증거와 원리로 설명하지는 못했어요. 그다음 세대에 등장한 찰스 다윈 Charles Darwin은 질문의 방향을 바꾸었습니다.

그는 "생물은 정말 변하는가?"에서 멈추지 않고, 어떤 조건에서 변화가 일어나고, 어떤 과정으로 누적되며, 어떤 결과로 이어지는지를 관찰과 비교로 따져 보았습니다.

다윈은 1809년 2월 12일, 영국 슈루즈베리에서 태어났습니다. 그의 집안은 학문과 예술적 소양이 풍부한 지식인 가문이었어요. 할아버지인 이래즈머스 다윈은 유명한 외과 의사이자 철학자, 작가로 존경받았고, 아버지인 로버트 다윈도 잘 알려진 의사였지요. 어린 다윈은 한때 아버지 뜻에 따라 의학을 공부하려 했어요. 하지만 그는 병든 몸을 고치는 일보다, 살아 있는 자연이 어떻게 작동하는지를 더 알고 싶어 했습니다.

다윈이 16살이 되었을 때, 아버지는 그를 스코틀랜드의 에든버러 대학교에 보내기로 합니다. 하지만 다윈에게 의학은 너무 낯설고 힘든 세계였어요. 해부 수업 시간을 견디지 못하고 교실 밖으로 도망치기 일쑤였고, 어떤 날은 해부 도중 얼굴이 새하얘져서 아무 말도 못 하고 주저앉기도 했지요. 다윈은 병들거나 죽은 몸을 연구하는 것보다는, 살아 움직이는 생물들, 숲 속의 곤충들, 바다 생물들에 더 관심이 많았어요.

찰스 로버트 다윈

의사의 길이 맞지 않다는 걸 깨달은 아버지는 이번엔 다윈을 케임브리지 대학교에 보내 신학 공부를 하게 했어요. 당시에는 자연을 탐구하는 사람들도 성직자의 길을 함께 걷는 경우가 많았기 때문이에요. 하지만 신학 역시 다윈의 진짜 관심사는 아니었어요. 그래서 다윈은 신학 수업을 듣는 한편, 지질학, 식물학, 곤충학 같은 과학 분야에 더 많은 시간을 쏟았어요.

호기심 많은 소년, 딱정벌레를 물다

어린 시절의 다윈은 자연을 무척 좋아하는 아이였습니다. 그는 돌멩이와 조개껍질, 식물과 곤충을 모으며 "이것은 왜 이런 모양일까?"라고 스스로 질문을 던지곤 했어요. 형과 함께 집 창고를 작은 화학 실험실처럼 꾸며 여러 가지 실험을 하기도 했지요. 그 일로 학교에서는 '가스 다윈 Gas Darwin'이라는 별명까지 얻기도 해요.

그는 특히 딱정벌레 채집에 깊이 빠져 있었습니다. 어느 날, 다윈은 나무껍질을 들추다 희귀한 딱정벌레 두 마리를 발견했어요. 그는 한 마리를 왼손에, 다른 한 마리를 오른손에 쥐었습니다. 그런데 그 순간, 더욱 보기 드문 딱정벌레 한 마리가 눈에 들어왔어요. 세 번째 딱정벌레까지 잡고 싶었던 그는 망설임도 없이 손에 들고 있던 딱정벌레 하나를 입에 쏙 집어넣습니다. 하지만 딱정벌레는 가만히 있지 않았고, 입안에서 고약한 냄새가 나는 분비액을 뿜어내기 시작했습니다. 결국 다윈은 벌레를 입에서 뱉을 수밖에 없었고, 세 번째 벌레도 놓치고 말았지요.

이 일화는 다윈이 자연 관찰에 얼마나 몰두했는지를 잘 보여 줍니다. 그의 과학은 거창한 실험실이 아니라, 어린 시절부터 이어진 집요한 호기심과 관찰 습관에서 시작되었어요.

1831년, 다윈은 아담 세즈윅 교수의 지질학 강의를 듣게 됩니다. 그 수업은 다윈의 인생을 바꾸는 결정적인 계기가 되었어요. 다윈은 훔볼트가 남미와 열대 지역을 탐험하며 관찰한 자연과 과학적 기록을 담은 여행 보고서 『아메리카 열대 지역 탐사기』를 접하게 됩니다. 책을 읽은 다윈은 말로 어려울 만큼 깊은 감동을 받았어요. 그리고 마음속에 "나도 저런 여행을 떠나고 싶다"라는 꿈이 싹트기 시작했지요. 얼마 지나지 않아, 그 꿈을 현실로 바꿔 줄 기회가 찾아옵니다. 바로 비글호 항해였지요.

[비글호에 승선하다]

다윈이 대학교를 막 졸업할 무렵, 영국 해군은 남아메리카 해안의 지도를 만들기 위한 탐사 항해를 준비하고 있었습니다. 이 항해를 이끌 선장은 젊은 해군 장교인 로버트 피츠로이Robert FitzRoy였어요. 피츠로이 선장은 항해에 동행할 박물학자, 즉 자연을 관찰하고 기록할 사람이 필요했어요. 당시 케임브리지의 식물학자 존 스티븐스 헨슬로가 다윈을 추천했고, 그의 열정과 성실함을 본 선장은 다윈과 함께 항

로버트 피츠로이

해하기로 결정합니다. 그리하여 1831년 겨울, 다윈은 비글호HMS Beagle에 박물학자로 승선하게 되었어요. 원래는 2~3년 정도로 예정된 항해였지만, 예상보다 길어져 무려 5년에 걸친 세계 일주 탐사가 되었지요. 이 항해는 다윈에게 다양한 생명체를 새로운 시각으로 눈을 열어 준 계기

가 되었고, 그가 나중에 진화론을 세우는 데 결정적인 밑거름이 되었답니다.

[비글호의 여정]

1831년 12월 27일, 찰스 다윈은 영국 남서부 항구 플리머스항에서 탐사선 비글호를 타고 항해를 시작합니다. 이때 다윈은 22살의 젊은 박물학자였어요. 하지만 멋진 출발과 달리, 처음 며칠 동안 그는 고생이 심했어요. 배를 처음 타본 다윈은 심한 뱃멀미에 시달렸고, 하루 종일 객실에 누워 있을 정도였다고 해요. 다행히 시간이 지나면서 점차 적응했고, 그는 다시 관찰과 독서에 집중하기 시작했지요.

항해 중 그가 읽은 책 가운데 가장 큰 영향을 준 것은 지질학자 찰스 라이엘Charles Lyell이 쓴 『지질학 원론Principles of Geology』이었습니다. 이 책에서 라이엘은 "지구의 지형은 단기간에 창조된 것이 아니라, 오랜 시간에 걸쳐 아주 조금씩 변화한 결과"라고 설명합니다. 이 주장은 당시 많은 사람이 믿고 있던 기독교의 창조설과는 완전히 다른 생각이었어요. 이때부터 다윈은 자연의 변화는 시간이 만든 결과일 수 있다는 생각을 마음속 깊이 품기 시작합니다.

① 1832년 1월 16일, 카보베르데 제도

1832년 1월 16일, 비글호는 항해를 시작한 지 약 3주 만에 아프리카 북서쪽 대서양에 있는 카보베르데 제도에 도착했어요. 이곳은 화산 활동으로 형성된 섬으로, 다윈에게는 인생 첫 번째 해외 자연 탐사지였지요. 섬에 발을 디딘 다윈은 곧바로 돌멩이와 화산암, 조개껍데기와 식물, 곤충과 새의 깃털까지 눈에 보이는 거의 모든 것을 세심하게 관찰하며 표본을 수집했어요. 그리고 밤마다 관찰한 내용을 세밀하게 기록장에 적었지요. 특히 그는 바닷가 절벽의 흰 조개층이 과거 해수면의 높이를 보여 준다는 점에 주목했어요. 이러한 관찰은 그가 읽고 있던 라이엘의 지질학 이론을 실제 자연 현장에서 확인하는 시간이 되었지요.

찰스 라이엘

카보베르데에서의 경험은 다윈에게 매우 중요했어요. 그는 지층을 단순한 돌무더기가 아니라, 오랜 시간의 기록으로 바라보기 시작했어요. 이때부터 그는 자연을 체계적으로 관찰하고 기록하는 방식을 점차 확립해 갔지요.

② 1832년 2월 28일, 남아메리카 대륙 브라질 해안

비글호는 항해 도중 카나리아 제도에 도착합니다. 하지만 상륙하지 못하고 대서양을 건너 1832년 2월 28일, 남아메리카 대륙, 브라질 해안에 도착해요. 처음으로 열대 우림을 직접 본 다윈은 숲의 울창함과 생물의 다양성에 깊은 감동을 받았다고 기록했어요. 수많은 나무와 덩굴 식물, 형형색색의 새와 곤충, 이전에 본 적 없는 식물들이 빽빽하게 들어선 풍경은 그에게 강렬한 인상을 남겨요. 그는 식물과 곤충, 조류, 조개껍질 등을 수집하며 매일매일 새로운 생물들을 관찰했습니다. 열대 지역의 압도적인 생물 다양성은, 생명이 어떻게 이처럼 다채롭게 존재할 수 있는지

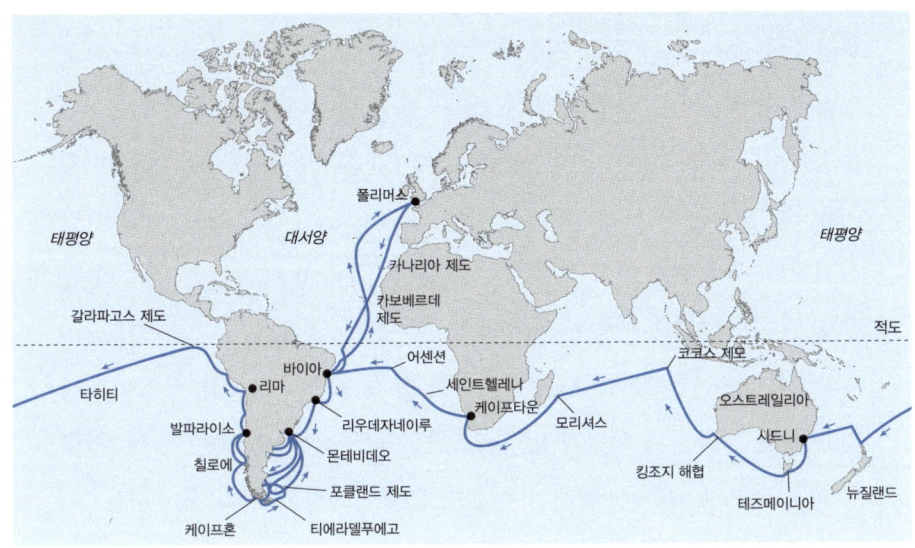

폴리머스

태평양   대서양   태평양

카나리아 제도

카보베르데
제도

갈라파고스 제도   적도

어센션   코코스 제도

타히티   바이아

리마   세인트헬레나   오스트레일리아

발파라이소   리우데자네이루   케이프타운

칠로에   몬테비데오   모리셔스   시드니

포클랜드 제도   킹조지 해협

케이프혼   티에라델푸에고   테즈메이니아   뉴질랜드

비글호의 항해 여정

에 대한 질문을 다윈의 마음속에 남겼어요.

③ 1832년 4월, 리우데자네이루

1832년 4월, 비글호는 브라질의 대도시 리우데자네이루에 도착합니다. 울창한 숲과 끝없이 이어지는 식물의 다양성은 다윈에게 깊은 감동을 주었어요. 그는 브라질의 자연을 두고 장엄하고 경이롭다고 기록했지요.

④ 1832년 9월, 남아메리카 동부 푼타알타

1832년 9월, 비글호 탐사대는 남아메리카 동부 해안의 푼타알타Punta Alta에 도착합니다. 이곳은 지금의 아르헨티나 해안 지역이에요. 다윈은 이 해안에서 탐사를 하던 중, 땅속에 묻혀 있던 커다란 머리뼈 화석 하나를 발견했어요. 그 뼈는 지금까지 본 어떤 동물과도 달랐고, 매우 크고 이상한 형태였지요. 다윈은 조심스럽게 흙을 털어내며 그 화석이 단순한 돌덩이가 아니라 한때 살아 있었던 생물의 흔적임을 깨달았어요. 이후 이들 중 일부는 톡소돈Toxodon이라는 거대한 초식 포유류의 것임이 밝혀집니다. 톡소돈은 마치 하마, 말, 설치류의 특징이 섞인 듯한 독특한 동물로 현재는 완전히 멸종된 종이에요.

다윈이 특히 주목한 점은, 이 거대한 멸종 동물들이 오늘날 남아메리카에 사는 동물들과 어딘가 닮아 있다는 사실이었어요. 예를 들어, 거대한 글립토돈의 갑옷은 현재의 아르마딜로와 유사한 점이 있었지요. 이 발견은 다윈에게 충격과 질문을 동시에 안겨 주었어요. "왜 이런 동물은 멸종되었을까? 그리고 지금 살아 있는 동물과 무슨 관계가 있을까?"

푼타알타에서의 이 경험은 그가 나중에 진화론을 구상하는 데 있어 매우 중요한 단서가 되었어요. 살아 있는 생물뿐 아니라, 멸종된 생물도 생명의 역사와 연결된 하나의 증거였던 거예요.

⑤ 1833년 12월 ~ 1834년 초, 남미 파타고니아

이 질문은 단순한 호기심을 넘어 다윈이 생물의 변화와 진화에 눈을 뜨게 되는 계기가 되었습니다. 1833년 12월 무렵, 다윈은 남미 대륙 남쪽 파타고니아로 향해요. 그곳에서 그는 또 하나의 흥미로운 생물학적 현상을 발견했어요. 바로 서로 다른 두 종류의 타조였지요. 다윈은 넓은 평원에서 커다란 타조(레아)와 그보다 작고 행동이 조금 다른 작은 타조(훗날 다윈 레아)를 관찰합니다. 두 타조는 아주 가까운 지역에 살고 있었지만, 크기와 깃털 색, 달리는 방식 등에서 차이가 있었어요. 그는 이 모습

을 보며 또다시 의문을 품었어요.

"이 두 타조는 원래부터 다르게 태어났을까? 아니면 한 조상이 환경에 따라 나뉘어 달라진 걸까?" 그는 이미 이때부터 '변화', '적응', '생존'이라는 퍼즐을 조용히 맞춰가고 있었던 거예요.

⑥ 1835년 9월 15일, 갈라파고스 제도

1835년 9월 15일, 비글호는 마침내 남미 대륙을 떠나 태평양 한가운데에 있는 갈라파고스 제도에 도착합니다. 이 제도는 에콰도르 서쪽 해안에서 약 900킬로미터 떨어져 있고, 13개의 주요 화산섬과 여러 개의 작은 섬들로 이루어져 있었어요. 검은 화산암과 바람에 깎인 바위들, 그리고 그 위를 기어다니는 커다란 이구아나와 거북, 새들이 다윈의 눈앞에 펼쳐졌어요. 이런 환경은 다윈에게 매우 낯설게 느껴졌지요.

갈라파고스 제도는 각각의 섬이 다른 기후, 다른 지형을 가지고 있었고, 그에 따라 섬마다 조금씩 다른 생물들이 살고 있었어요. 이 차이점들은 훗날 다윈이 진화론을 구상하는 데 결정적인 실마리가 되었어요.

갈라파고스 제도에 도착한 다윈은 깜짝 놀랐어요. 이곳에는 그가 유럽이나 남아메리카에서는 한 번도 본 적이 없는 동물들이 살고 있었기 때문이에요. 특히 눈길을 끈 건, 바로 갈라파고스자이언트거북Giant Tortoise 이었는데, 몸무게가 무려 230킬로그램이 넘는 것도 있었어요.

다윈은 섬마다 거북의 등딱지 모양과 목 길이가 조금씩 다르다는 점에 주목했습니다. 어떤 섬의 거북은 등이 둥글고 낮은 형태였고, 어떤 섬의 거북은 등딱지가 안장처럼 솟아 있고 목이 길게 뻗어 있었어요. 그는 이런 차이가 거북이 살아가는 환경과 관계가 있을 것이라고 생각했어요.

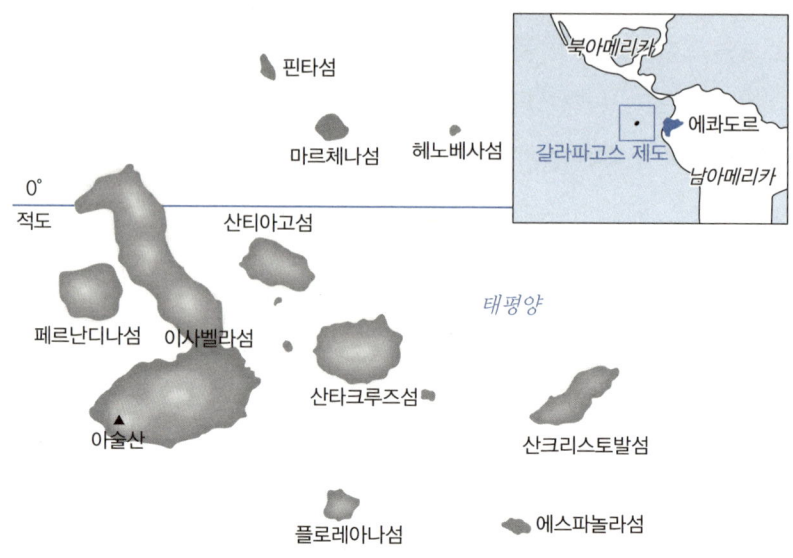

갈라파고스 제도

예를 들어, 목이 긴 거북은 키 큰 식물을 먹는 환경에서 살아가기에 더 유리했을 수 있다고 생각한 거예요. 그래서 그는 각 섬의 거북들을 비교하며 크기, 등딱지 모양, 먹는 식물, 행동 등을 꼼꼼히 기록해 두었어요.

갈라파고스 제도에서 다윈이 만난 또 하나의 중요한 생물은 작고 평범해 보이는 새였어요. 훗날 '다윈 핀치Darwin's Finch'라고 불리게 된 이 새들은 겉보기에는 비슷했지만, 부리 모양이 서로 달랐어요. 어떤 새는 두껍고 강한 부리를 가졌고, 어떤 새는 가늘고 뾰족한 부리를 가졌지요. 다윈은 갈라파고스 제도의 여러 섬을 돌아다니며 핀치새의 부리가 먹이에 따라 다르다는 사실을 기록합니다. 그리고 훗날 조류학자 존 굴드는 이 기록을 분석해 새들이 서로 다른 종임을 알아냈어요.

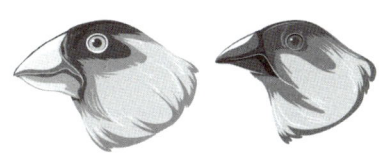

| 땅 위에 사는 큰 핀치새 | 홍수림 핀치새 | 나무를 쪼는 핀치새 | 선인장 핀치새 |

다윈은 이처럼 공통된 조상에서 갈라져 나온 새들이, 각기 다른 섬의 환경에 맞게 다른 부리를 갖고 살아간다는 점에 주목했습니다. 이 관찰은 훗날 생물의 모습이 시간과 환경에 따라 변화할 수 있다는 이론을 세우는 데 중요한 단서가 되었어요.

⑦ 1836년 1월, 오스트레일리아

1836년 1월, 비글호는 갈라파고스 제도를 떠나 넓은 태평양을 건너, 오스트레일리아에 도착합니다. 갈라파고스를 떠난 뒤 태평양을 건너 도달한 이 대륙은, 다윈에게 또 다른 생물학적 놀라움을 안겨 주었지요. 그는 이곳에서 웜뱃, 캥거루, 왈라비 같은 동물들을 처음 보았어요. 이 동물들은 새끼를 태어나자마자 배의 주머니에서 기르는 독특한 특징을 가지고 있었지요. 유럽이나 남아메리카에서는 볼 수 없는 동물들이 이 대륙에는 매우 흔하게 존재한다는 사실이 그에게 강한 인상을 남겼어요.

다윈은 한 가지 점에 주목했습니다. '오스트레일리아의 기후나 초원은 다른 대륙과 크게 다르지 않은데, 왜 이곳에는 전혀 다른 동물들이 살고 있을까'라는 점이었어요. 그는 생물의 분포가 단순히 기후나 환경만으로

설명되지 않는다는 사실을 깨닫게 됩니다.

이 경험은 다윈에게 중요한 질문을 남겼어요. 생물은 각 대륙에서 서로 독립적으로 시작된 것일까, 아니면 오랜 시간에 걸쳐 각 지역에 맞게 달라진 것일까? 이러한 의문은 훗날 그가 생물의 지리적 분포를 진화 이론의 핵심 증거로 삼는 데 중요한 밑거름이 되었어요.

⑧ 1836년 10월 2일, 영국

1836년 10월 2일, 5년간의 항해를 마친 비글호는 드디어 영국으로 돌아왔어요. 22살에 출발했던 다윈은 27살의 청년이 되어 돌아왔지요. 그는 방대한 표본과 기록을 가지고 있었고, 자연을 바라보는 시선도 완전히 달라져 있었어요. 항해를 떠나기 전 아버지는 이 여행을 탐탁지 않게 여겼지만, 귀국 후에는 아들의 성취를 인정하고 지지했어요. 다윈은 이제 성직자의 길이 아니라 자연을 연구하는 삶을 본격적으로 걷게 되었지요.

귀국 직후 다윈은 비글호 항해에서 얻은 방대한 기록과 표본, 메모를 정리하기 시작했습니다. 그리고 1839년, 자신의 탐사 내용을 정리해 『비글호 항해기』라는 책으로 출간했어요. 이 책은 단순한 여행기가 아니라, 지질학·동물학·식물학을 종합한 과학적 보고서로 주목받았어요. 이 책을 계기로 그는 본격적인 과학자의 길에 들어섰고, 이후 수십 년에 걸친 연구 끝에 진화 이론을 세우게 되었지요.

더 알아보기

캥거루와 왈라비

왈라비는 캥거루와 같은 캥거루과에 속하는 유대류입니다. 겉모습은 캥거루와 비슷하지만, 일반적으로 몸집이 더 작아요. 종에 따라 차이가 있지만, 왈라비의 몸길이는 대략 45센티미터에서 1미터 정도이며, 대형 캥거루는 1.5미터 이상 자라기도 합니다. 또한 왈라비는 다리가 비교적 짧고 몸집이 작아 큰 캥거루만큼 빠르게 달리지는 못해요. 큰 붉은캥거루는 시속 60킬로미터 이상 달릴 수 있지만, 왈라비는 그보다 느리지요.

왈라비는 주로 숲이나 바위가 많은 지역에서 생활하며, 풀과 잎을 먹는 초식성 동물입니다. 주변 환경에 맞게 민첩하게 움직이며 포식자를 피해요. 캥거루와 왈라비는 분류학적으로 가까운 친척이지만, 크기와 서식 환경, 일부 신체 비율에서 차이를 보여요. 이러한 차이는 같은 과에 속한 동물도 환경과 적응 방식에 따라 다양하게 분화할 수 있음을 보여 줍니다.

[비글호 항해, 그 후]

영국으로 돌아온 뒤, 다윈은 조용한 시골 마을에 머물며 비글호 탐험에서 가져온 수많은 표본들을 정리하기 시작했습니다. 그는 갈라파고스 제도의 거북, 남아메리카의 타조, 오스트레일리아의 유대류, 그리고 다양한 뱀과 도마뱀들을 비교하며 왜 같은 종류의 동물들이 지역마다 다른 모습으로 존재하는지 깊이 고민했어요. 표본들을 나란히 놓고 관찰하던 다윈은 같은 종이라도 환경이 다르면 조금씩 달라지고, 이런 작은 변화가 수십 세대에 걸쳐 축적되면 큰 차이를 만들 수 있다는 사실을 깨달았지요.

런던에서 그는 지질학자 찰스 라이엘과 교류했고, 조류학자 존 굴드는 갈라파고스의 새 표본을 분석했습니다. 굴드는 이 새들이 단순한 변형이 아니라 서로 다른 종에 속한다고 밝혔어요. 이 사실은 다윈에게 큰 자극이 되었지요. 가까운 섬에 살면서도 서로 다른 종이 존재한다는 점은 생물의 분화 가능성을 보여 주는 중요한 단서였어요.

1837년부터 그는 비밀 노트에 '종의 변이'에 관한 생각을 적기 시작했습니다. 그리고 1838년, 토머스 맬서스의 『인구론』을 읽던 중 결정적인 통찰을 얻게 되었지요. 모든 생물은 번식하는 수에 비해 자원이 한정되어 있기 때문에, 생존 경쟁이 일어날 수밖에 없다는 점이었어요. 그는 이 경쟁 속에서 환경에 더 잘 적응한 개체가 살아남고, 그렇지 못한 개체는 도태될 수 있다는 생각에 도달했어요. 이것이 훗날 '자연 선택'이라는 개념으로 정리되었어요.

다윈은 자신의 생각이 당시의 창조론적 세계관과 크게 충돌할 수 있다는 사실을 잘 알고 있었습니다. 그래서 그는 서두르지 않았어요. 무려 20

년 넘게 자료를 모으고, 실험하고, 관찰을 반복하며 논리를 다듬었어요. 그의 목표는 단순한 주장이나 추측이 아니라, 누구도 쉽게 부정할 수 없는 과학적 근거를 제시하는 것이었지요. 이러한 오랜 준비 끝에, 1859년 『종의 기원』이 세상에 나오게 되었어요. 비글호 항해에서 시작된 질문은 이렇게 한 편의 과학 혁명으로 이어졌어요.

다윈과 종의 기원

1839년, 다윈은 엠마 웨지우드와 결혼했습니다. 엠마는 다윈의 사촌이었는데, 서로를 잘 이해하고 신뢰하는 사이였지요. 하지만 다윈은 이 무렵부터 두통과 피로, 소화 불량 같은 건강 문제를 자주 호소했어요.

1842년, 다윈과 가족은 런던을 떠나 켄트의 다운 하우스로 옮겨 보다 조용한 환경에서 생활하기로 합니다. 그해 다윈은 자신이 오랫동안 다듬어 온 '종이 어떻게 변할 수 있는가'에 대한 생각을 약 35쪽 분량의 스케치로 정리해요. 그리고 1844년에는 그 스케치를 크게 확장해, 230쪽 분량의 원고로 만들어 두었지요.

하지만 다윈은 그 원고를 곧바로 출간하지 않았습니다. 왜냐하면 이론이 대중에게 너무 충격적일 수 있다고 걱정했기 때문이에요. 당시 많은 사람은 신이 모든 생물을 만든 것이라고 믿고 있었거든요. 그리고 그는 결론을 서둘러 발표하기보다, 더 많은 관찰과 자료로 논리를 단단히 만들고 싶어 했어요. 그래서 비글호 항해에서 가져온 표본과 기록을 계속 정리했고, 생물의 분포와 변이, 멸종과 적응을 뒷받침할 사례를 오랫동안 축적해 나갔습니다.

또한 다윈은 자신의 생각을 가까운 동료 과학자들과도 상의했어요. 지질학자 찰스 라이엘, 식물학자 조지프 후커 같은 인물들과 교류하며 원고의 방향을 점검했고, 자신이 가진 근거가 충분한지 계속 확인하려 했지요. 또한 조류학자 존 굴드가 갈라파고스의 새 표본을 분석해 "섬마다 서로 다른 종이 존재한다"라는 점을 밝혀 주었는데, 이런 분석은 다윈의 고민을 더 구체적인 질문으로 이끌어 주었어요.

그러던 1859년, 다윈은 마침내 『종의 기원』을 출간했습니다. 이 책은 1859년 11월 24일에 세상에 나왔고, 초판은 1,250부가 인쇄되었는데 나오자마자 빠르게 팔린 것으로 알려져 있어요. 『종의 기원』은 생물의 다양성이 "처음부터 완성된 모습으로 고정되어 있다"라는 생각에 정면으

맬서스의 인구론과 다윈

1838년, 다윈은 진화론에 영향을 주는 한 권의 책을 읽습니다. 그것은 경제학자인 맬서스가 쓴 『인구론』이라는 책이었지요. 맬서스는 이 책에서 인류의 역사를 가로지르는 문제, 빈곤을 수학적으로 분석했어요. 그는 "인구는 기하급수적으로 늘어나지만, 식량은 산술급수적으로밖에 늘어나지 않는다"라고 주장했어요. 즉, 인구는 2배, 4배, 8배로 불어나는데 식량은 1, 2, 3, 4처럼 느리게 증가한다는 거예요. 맬서스는 이 차이가 결국 빈곤, 기아, 전쟁, 질병 같은 자연의 제약으로 이어진다고 봤어요. 그는 인간의 생존이 인구 규모에 의해 제약받고, 식량이 늘면 인구도 늘어나며, 결국에는 자연이 잉여 인구를 조절하는 방식으로 균형을 유지한다고 설명했어요.

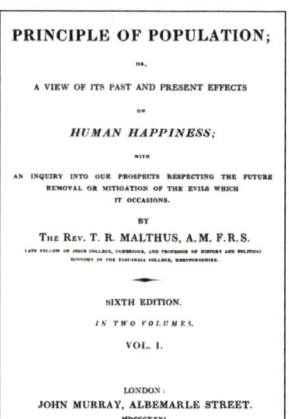

맬서스의 생각은 냉정하고 비관적으로 들릴 수 있지만, 그의 주장은 산업 혁명 시기의 유럽 사회에 큰 충격을 주었습니다. "인간의 운명은 자연의 법칙 안에 있다"라는 그의 주장은 이후 찰스 다윈의 자연 선택설에도 큰 영향을 미쳤어요.

로 도전했고, 과학계뿐 아니라 종교·철학·사회 전체에 큰 반향을 일으켰습니다.

사람들 일부는 다윈의 이론에 깊은 감명을 받았지만, 또 다른 사람들은 기존의 믿음에 도전하는 책이라며 강하게 반대하기도 했습니다. 또 다윈의 진화론을 비꼬는 글과 그림도 쏟아졌어요. 그중 유명한 예로, 〈Punch〉의 1882년 연감에 실린 'Man is but a worm' 그림이 있어요. 진화론을 과

『종의 기원』 표지

장하거나 단순화해 "인간은 결국 벌레에 지나지 않는다"라는 식으로 놀리는 방식이었지요. 이런 풍자 자체가, 당시 진화론이 사회에 얼마나 큰 파장을 일으켰는지를 보여 줘요.

『종의 기원』의 핵심 내용은 다음과 같이 정리할 수 있어요.

1. 개체 사이에는 항상 변이가 존재한다.

다윈은 먼저 "모든 생물은 조금씩 다르다"라는 점을 강조했어요. 같은 종이라도 형제끼리, 혹은 같은 나무의 잎사귀끼리도 조금씩 다른 점이 있지요. 다윈은 이런 작은 차이(변이)들이 생물의 진화에 중요한 역할을 한다고 보았어요.

2. 생물은 많은 자손을 낳는다.

생물은 보통 자신보다 훨씬 많은 수의 새끼를 낳아요. 예를 들어, 한 마리의 물고기는 수천 개의 알을 낳기도 하지요. 그런데 자연에서는 그 모

든 새끼가 다 살아남지 못해요. 이처럼 생물은 많지만, 살아남는 것은 제한되어 있어요.

3. 생존 경쟁이 일어난다.

살아남기 위해 생물들은 먹이, 공간, 짝짓기를 놓고 서로 경쟁해요. 이 과정에서 환경에 더 잘 적응한 개체들이 살아남고, 그렇지 않은 개체는 죽거나 번식하지 못해요.

4. 자연이 선택한다(자연 선택)

다윈은 이렇게 말했어요. "조금이라도 생존에 도움이 되는 특징이라면, 자연은 그 특징을 가진 개체를 살아남게 해 줄 것이고, 그 특징은 자손에게 전해질 것이다." 예를 들어, 추운 지역에서는 털이 두꺼운 동물이 더 오래 살아남고, 더 많은 새끼를 낳을 수 있어요. 그러면 그 후손도 털이 두꺼운 특징을 가질 가능성이 높아지지요. 그렇게 시간이 지나면 그 종 전체가 추위에 강한 특성을 가지게 되는 거예요. 다윈은 이 원리를 '자연 선택'이라고 불렀어요. 인간이 직접 골라주는 것이 아니라, 자연환경 자체가 생존에 유리한 변종을 선택해서, 그것이 점점 퍼지도록 만든다는 뜻이에요.

반대로, 생존에 불리한 특징을 가진 개체는 점점 줄어들게 돼요. 환경에 적응하지 못하면 먹이를 구하지 못하거나, 포식자에게 잡히거나, 짝을 찾지 못해 번식하지 못해요. 이런 개체들은 후손을 남기지 못하고 사라져요. 이것을 '자연 도태'라고 해요. 그래서 다윈은 "자연은 점점 더 환경에 적합한 생물들로 채워지게 된다"라고 설명했어요.

다윈은 자연 선택만으로는 설명하기 어려운 점에도 주목했어요. 예를 들어, 수컷 공작의 화려한 꼬리나 수컷 사자의 갈기처럼 생존에 특별히 도움이 되지 않지만 눈에 띄는 특징들이 있었어요. 오히려 커다란 꼬리나 갈기는 포식자에게 눈에 띄고 무겁기 때문에 불리할 수도 있지요. 그런데도 이런 특징이 계속 유지되는 이유는 무엇일까요? 다윈은 이런 현상을 설명하기 위해 '성 선택'이라는 개념을 제안했어요. 이는 짝짓기 경쟁과 배우자 선택에서 유리한 특징이 선택되는 과정이에요. 예를 들어, 수컷 공작은 꼬리가 화려할수록 암컷의 관심을 끌 수 있어요. 수컷 사자의 갈기나 새의 노래도 마찬가지예요. 이런 특징은 다른 수컷과의 경쟁에서 이기거나, 암컷의 선택을 받는 데 중요한 역할을 해요.

5. 모든 생물은 공통 조상에서 왔다.

다윈은 세상의 모든 생물이 각각 따로 만들어진 게 아니라, 공통 조상으로부터 시작해 갈라져 나왔다고 주장했어요. 마치 가지가 많은 나무처럼, 한 줄기에서 시작해서 점점 나뉘며 진화해 왔다는 것이지요.

6. 멸종은 자연의 일부다.

환경이 바뀌었는데 거기에 적응하지 못한 생물은 멸종하게 돼요. 반대로, 변화에 잘 적응한 생물은 살아남아 번성하지요. 멸종도 진화의 한 부분으로 본 거예요.

7. 인간도 예외는 아니다.

『종의 기원』에서는 직접적으로 "인간도 진화했다"라고 말하지 않았어요. 하지만 다윈은 책의 마지막에서 이렇게 말해요. "우리가 살펴본 이 생명의 역사 속에서, 인간의 기원과 운명에 대한 빛도 비칠 것이다." 이 말은 인간도 다른 동물처럼 진화의 과정을 거쳐 왔다는 암시였어요.

다윈 진화론의 난제 두 가지

찰스 다윈은 『종의 기원』을 쓰면서 자신의 이론이 완벽하지 않다는 사실도 솔직히 밝혔습니다. 그는 두 가지 중요한 질문을 던졌는데, 이 질문은 훗날 수많은 과학자들에게 큰 영향을 주었고, 진화론을 더욱 발전시키는 계기가 되었어요.

첫 번째 질문: 왜 중간 형태의 생물(화석)을 보기 어려울까?
⇒ "만약 생물이 천천히, 오랜 시간에 걸쳐 진화했다면, 중간 단계의 생물들도 많아야 하지 않을까? 그런데 왜 우리는 그런 생물을 보기 힘든 걸까?"

다윈은 우리가 가지고 있는 지질학적 기록(화석 기록)이 매우 불완전하기 때문이라 생각했어요. 생물이 죽는다고 모두 화석이 되는 것은 아니에요. 화석으로 남으려면 매우 특별한 조건이 필요해요. 퇴적물에 빠르게 묻히고, 오랜 시간 압력을 견디며 보존되어야 하지요. 따라서 중간 단계 생물의 대부분은 기록으로 남지 않았을 가능성이 크다고 보았습니다. 또한 새롭게 등장한 종은 기존 종과 치열하게 경쟁하게 되는데, 그 과정에서 중간 단계의 개체들이 도태될 가능성도 있다고 설명했어요.

두 번째 질문: 중간 형태는 과연 쓸모가 있었을까?
⇒ "만약 복잡한 기관이 조금씩 진화했다면, 중간 단계는 제대로 기능하지 못했을 텐데, 그런 불완전한 기관으로 생존이 가능했을까?"

다윈은 특히 '눈'을 예로 들면서 진화론의 신뢰성을 설명하려고 했어요. 어떤 사람들은 "눈처럼 정교한 기관이 우연히 만들어질 수는 없지 않은가?"라며 중간 단계의 쓸모 없음을 주장했어요. 다윈은 이 의문을 숨기지 않았어요. 오히려 만약 어떤 복잡한 기관이 '아주 많은 작은 변화들의 연속'으로는 도저히 만들어질 수 없다는 것이 입증된다면, 자신의 이론은 무너진다고까지 적었어요.

다윈은 다음과 같이 설명했어요. 바다의 무척추동물에는 아주 단순한 빛 감지 기관이 있는데, 이 단순한 눈이 빛을 감지하는 데 쓰이다가, 점점 더 초점을 맞추고 방향을 구별하며, 형태를 알아보는 복잡한 눈으로 진화해 나왔다는 거예요. 따라서 눈도 오랜 시간에 걸쳐 단계적으로 진화할 수 있다고 봤어요.

또한 그는 완전한 날개가 아니어도 생존에 도움이 될 수 있는 사례들을 들었습니다. 날다람쥐처럼 피부막을 이용해 활강하는 동물들은 완전한 비행 능력은 없지만, 나무 사이를 이동하거나 포식자를 피하는 데 유리해요. 다윈은 이런 부분적 기능도 자연 선택의 대상이 될 수 있다고 설명했어요.

다윈이 제시한 두 난제는 단순한 약점 고백이 아니었습니다. 그는 화

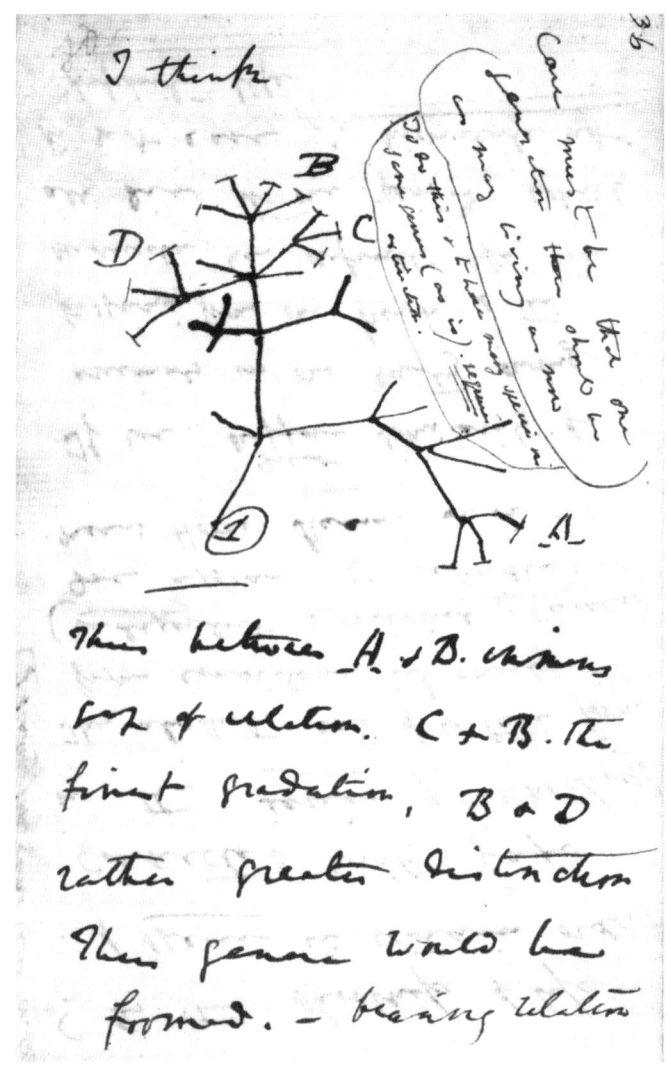

다윈이 노트에 처음 그린 생명의 나무 스케치(1837년)

석 기록의 한계를 인정하면서도 기능을 지닌 중간 단계가 충분히 존재할 수 있음을 논증하며 자신의 이론을 더욱 정밀하게 다듬으려 했어요. 그의 태도는 완벽한 설명을 주장하기보다, 증거를 통해 점진적으로 이해를 넓혀 가려는 과학자의 태도였지요.

생각의 가지

생명의 변화, 진화의 발견

고대 그리스
- 아낙시만드로스_생명은 자연 과정에서 발생했다고 설명함.
- 엠페도클레스_ 생명은 우연한 조합
- 아리스토텔레스_ 종은 불변이다.

알 자히즈
- 생존 경쟁과 생태의 관계를 설명함.

모페르튀이
- 생물 변이와 자연 선택의 가능성을 제시함.

뷔퐁
- 뷔퐁의 법칙
- 종은 환경에 따라 변화할 수 있다고 주장함.

라마르크
- 용불용설과 획득 형질 유전 이론을 제시함.

찰스 다윈
- 자연 선택에 의한 진화 이론을 확립함.

종의 기원
- 항상 변이가 존재한다, 생물은 많은 자손을 낳는다, 생존 경쟁이 일어난다, 자연이 선택한다, 모든 생물은 공통 조상에서 왔다, 멸종은 자연의 일부다, 인간도 예외는 아니다.

11장

동물의 행동을 읽는 과학

꿀벌의 먹이 탐색과 정보 전달 행동은 의사소통을 이해하는 대표적인 사례다.

정교수의 pick

◆ 동물 행동학 ◆ 본능 ◆ 각인 ◆ 결정적 시기
◆ 게스너 ◆ 틴베르헌 ◆ 프리슈
◆ 의사소통 ◆ 제인 구달

자연에서 발견한 행동의 법칙

1912년, 독일 작가 발데마르 본젤스는 『꿀벌 마야의 모험』을 발표했습니다. 이 작품은 꿀벌 한 마리의 모험담이지만, 동시에 벌집이라는 사회 속에서 살아가는 작은 생명의 세계를 보여 주는 이야기이기도 했지요. 마야의 이야기를 읽다 보면 한 가지 궁금증이 생깁니다.

"꿀벌은 왜 저마다 다른 역할을 맡고, 어떻게 서로 협력할까요?"

이 질문은 단순한 동화 속 상상이 아니었습니다. 실제 꿀벌 사회는 여왕벌, 일벌, 수벌로 역할이 나뉘어 있고, 먹이의 위치를 '춤'으로 전달해요. 또 페로몬을 통해 집단행동을 조절하지요. 이런 행동은 우연이나 감정이 아니라, 생존과 번식을 위해 선택된 적응 전략입니다.

이처럼 동물의 행동을 관찰하고 그 원인을 과학적으로 설명하려는 학문이 바로 동물 행동학입니다. 꿀벌의 춤 언어를 밝혀낸 카를 폰 프리슈는 이 연구로 1973년, 노벨 생리의학상을 받았어요. 꿀벌의 행동은 단순한 본능의 결과가 아니라, 진화 과정에서 형성된 정교한 의사소통 체계였습니다.

『꿀벌 마야의 모험』은 상상의 이야기이지만, 그 배경에는 실제 자연의 질서와 행동의 원리가 담겨 있습니다. 동물 행동학은 바로 그 원리를 밝히는 학문이에요. 그렇다면 이런 행동은 어디에서 비롯된 것일까요? 누가, 언제, 어떻게 동물의 행동을 과학적으로 연구하기 시작했을까요? 이 물음에서 동물 행동학이라는 새로운 연구 분야가 탄생하게 됩니다.

동물 행동학 연구의 탄생

우리는 동물을 떠올릴 때 흔히 "귀엽다", "영리하다", "본능이다"라고 말합니다. 하지만 동물의 행동은 단순한 습관이나 충동이 아니라, 살아남고 번식하기 위해 만들어진 적응 방식이에요. 이러한 행동을 체계적으로 관찰하고 설명하려는 학문이 바로 동물 행동학입니다.

동물의 행동을 이해하려는 시도는 생각보다 오래전부터 시작되었습니다. 기원전 4세기, 그리스의 철학자 아리스토텔레스는 동물을 단순히 움직이는 존재로 보지 않았습니다. 그는 동물의 몸 구조와 행동을 자세히 관찰했어요.

아리스토텔레스는 동물에 관한 저술들에서 수백 종의 동물을 관찰하고 해부한 내용을 바탕으로, 그들의 습성, 생식, 사회적 행동까지 빠짐없이 적어 두었어요. 그는 다양한 동물을 관찰하고, 번식 방식과 습성, 서식 환경을 비교했지요.

예를 들어, 그는 꿀벌 사회를 관찰하며 벌집 안에 역할 분화가 존재한다는 점을 기록했어요. 또한 문어의 색 변화 능력과 철새의 이동 습성, 여러 동물의 번식 행동을 묘사했습니다. 물론 오늘날 기준에서 보면 일부 설명은 정확하지 않습니다. 하지만 동물의 행동을 신화가 아니라 관찰의 대상으로 삼았다는 점은 분명히 의미가 있었어요.

아리스토텔레스는 동물의 행동 속에서 '본능'만이 아니라 자연의 질서와 목적을 읽어 내려 했습니다. 그는 자연을 혼란스러운 무리가 아니라, 조화로운 질서의 체계로 보았어요. 그래서 아리스토텔레스의 연구는 '행동을 통해 본 자연의 질서'라는 새로운 시각의 출발점으로 평가받아요.

이렇게 고대 자연사 연구는 "동물은 왜 그런 행동을 하는가?"라는 질문을 처음으로 학문의 영역으로 끌어들였습니다. 그리고 이 질문은 수 세기를 거쳐, 19세기와 20세기에 이르러 비로소 독립된 과학 분야로 발전하게 됩니다.

르네상스의 자연사, 콘라트 게스너

콘라트 게스너Conrad Gessner는 르네상스 시대를 대표하는 박식가였습니다. 그는 의사이자 철학자였고, 백과사전 편찬자이자 자연사 학자였으며, 뛰어난 삽화 제작자로도 활동했어요.

1537년, 21살의 나이에 그는 그리스어 – 라틴어 사전을 출판하며 학계의 주목을 받았습니다. 그는 재능을 인정받으며 로잔 아카데미에서 그리스어 교수로 임명되었고, 그곳에서 생계를 유지하며 학문 연구를 이어 갔어요. 이후 그는 몽펠리에서 의학을 공부했고, 바젤 대학교에서 의학 박사 학위를 받았습니다. 고향 취리히로 돌아온 뒤에는 의사로 활동했어요. 그러나 게스너에게 의학은 자연을 체계적으로 이해하기 위한 또

Ordo fecundus. 67

est Onagris, animal perniciſſimum, pelle maculofa, colore cinereo. Huius generis ſe
ræ Romæ in Theatro exhibitæ ſunt currum trahentes agente auriga, mirabili ſpecta
culo; & talis currus (Tigribus iunctus) regiam ſponſam uexit.

LATINE Panthera, Pardalis, Varia, Africana, Leopardus, Pardum Plinius à Pan
thera ſexu tantùm differre putat, quanquam dubitat.

ITALICE Leonpardo.   GALLICE Leopard.

GERMAN. Leppard. Sind klein vnd groß. Vide ſequentes duas figuras.

PARdalium duplex genus eſt, inquit Oppianus, ſunt enim alioe maiores, ſed cauda mi
nore, aliae minores, cauda maiore, robore non inferiores. Laudem coloris uarij. Si fi
guræ corporis ſpeciem ſimilitudinemig ambæ, præter caudam, gerunt, &c. Alnee
mer (inquit Andreas Bellunenſis) eſt animal minus Lynce, id eſt, Lupo ceruario.

『동물의 역사』에서 호랑이와
표범을 설명하는 부분

『동물의 역사』에 있는 고슴도치 그림

Who? Who!

콘라트 게스너
•1516년: 스위스 취리히에서 태어남.
•1537년: 바젤 대학교에서 철학 석사 학위를 받음.
•1541년: 프랑스 몽펠리에 대학교에서 의학을 공부한 뒤, 바젤 대학교에
서 의학 박사 학위를 받음.
•1551년:『동물의 역사』제1권을 출간함.
•1550~1560년대: 식물, 광물, 언어, 문헌 등을 아우르는 방대한 백과사
전 작업을 지속함.
•1565년: 흑사병에 걸려 스위스 취리히에서 사망함.

하나의 통로였습니다.

그는 환자를 돌보는 틈틈이 식물을 관찰하고 표본을 수집했습니다. 1554년 이후, 취리히의 공식 시의로 임명되었지만, 여름이면 알프스를 오르며 식물과 동물을 직접 채집했지요. 그는 자연 속에서 관찰과 기록을 반복하며, 경험을 통해 지식을 쌓아 가야 한다고 믿었습니다.

게스너의 대표작은 다섯 권으로 이루어진 『동물의 역사Historiae Animalium』입니다. 1551년부터 1558년 사이에 출간된 이 책은 르네상스 자연사 연구의 결정판이나 마찬가지예요. 그는 아리스토텔레스와 플리니우스 등의 기록을 폭넓게 인용하면서도, 직접 관찰한 동물의 형태와 습성을 자세히 기록했어요. 특히 삽화를 적극적으로 활용해 독자가 실제 모습을 이해할 수 있도록 했지요. 게스너의 도감에는 실제로 존재하는 동물뿐 아니라, 당시 전해 내려오던 전설 속 생물들도 함께 실려 있습니다. 유니콘이나 그리핀 같은 존재도 등장해요.

게스너는 자연을 단순한 상징이나 교훈의 대상으로 보지 않았습니다. 그는 관찰과 비교, 기록을 통해 자연을 이해하려 했어요. 이러한 태도는 르네상스 시대의 자연에 관한 연구가 중세의 상징 중심 사고에서 벗어나, 직접적인 관찰과 증거에 바탕을 둔 연구로 나아가는 중요한 전환점이 되었지요. 그의 작업은 아직 현대적 의미의 과학은 아니었지만, 동물과 식물을 체계적으로 정리하고 비교하는 방식은 이후 생물학과 행동 연구의 토대를 마련했습니다.

---

* 제5권은 게스너 사후, 1587년에 출간되었다.

비둘기로 동물의 행동을 연구한 휘트먼

찰스 오티스 휘트먼Charles Otis Whitman은 미국 메인주에서 태어난 생물학자입니다. 그는 19세기 말 동물의 행동을 체계적으로 연구한 인물이에요. 젊은 시절 그는 보든 대학교에서 공부한 뒤 독일의 라이프치히 대학교에서 생리학과 비교 해부학을 배웠어요. 당시 독일은 진화론적 생물학 연구가 활발하던 곳이었지요. 휘트먼은 이러한 학계의 영향을 받으며 동물의 행동을 진화의 흐름에서 이해하려는 시각을 키웠어요.

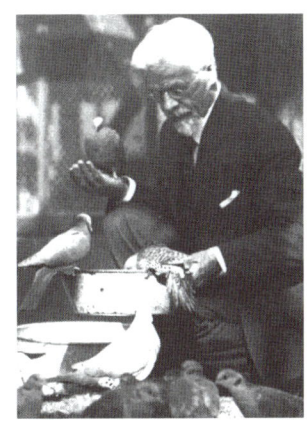

찰스 오티스 휘트먼

미국으로 돌아온 휘트먼은 클라크 대학교와 시카고 대학교에서 본격적으로 연구를 이어 갔습니다. 그는 "동물의 행동도 생물학적 형질처럼 연구할 수 있다"라는 확신을 가지고, 행동을 유전과 진화의 맥락에서 관찰했어요.

휘트먼의 대표적인 연구 대상은 비둘기였습니다. 그는 여러 종의 비둘기를 기르며 오랜 시간 관찰했어요. 비둘기가 고개를 까딱이거나 날개를 퍼덕이는 움직임, 꼬리를 펼치는 각도, 털을 세우는 타이밍까지 세세히 기록했습니다. 그 결과 그는 놀라운 사실을 깨달았어요. 비둘기의 행동은 단순한 즉흥적 움직임이 아니라, 종마다 구별되는 특징을 지니고 있다는 사실이었지요. 같은 종의 개체들은 서로의 신호를 정확히 인식하지만, 다른 종의 비둘기는 그 신호에 다르게 반응했습니다.

휘트먼은 이런 행동이 종의 정체성을 보여 주는 중요한 단서라고 보았습니다. 그때까지 많은 생물학자들은 주로 생물의 형태와 해부 구조에 관심을 두었지만, 휘트먼은 동물의 행동도 서로 비교하며 연구할 수 있는 중요한 대상이라고 보았어요. 이러한 연구는 훗날 로렌츠와 틴베르헌으로 이어지는 행동학의 토대를 마련했습니다. 행동은 단순한 본능적 반응이 아니라, 진화의 역사 속에서 형성된 생물학적 형질일 수 있다는 생각이 점차 힘을 얻게 되었어요.

콘라트 로렌츠와 각인 현상

콘라트 로렌츠Konrad Lorenz는 1903년, 오스트리아 빈 근교 알텐베르크에서 태어났습니다. 그의 아버지 아돌프 로렌츠는 저명한 정형외과 의사였고, 가정은 경제적으로 여유가 있었습니다. 어린 로렌츠가 동물을 지나치게 좋아해도 부모는 이를 말리지 않았지요. 그는 어린 시절부터 집에서 다양한 동물을 기르며 자연스럽게 관찰 습관을 들였습니다.

콘라트 로렌츠

로렌츠는 훗날 어린 시절을 회상하며, 자신이 동물과 함께 자란 경험이 과학자의 길을 결정지었다고 말했습니다. 그는 셀마 라게를뢰프의 『닐스의 모험』을 읽으며 동물과 함께 살아가는 삶을 꿈꾸었다고도 했지요. 이러한 경험은 단순한 동화적 감성이 아니라, 훗날 그의 연구 태도에 깊이 스며들게 됩니다.

로렌츠는 아버지의 뜻에 따라 의학을 공부했습니다. 그는 미국 컬럼비아 대학교에서 예과 과정을 밟은 뒤, 빈 대학교로 돌아와 학업을 이어 갔어요. 그리고 1928년에 의학 박사 학위를 받았고, 1933년에는 동물학 박사 학위를 받습니다. 이 시기부터 그는 해부학과 동물학을 넘나들며 행동과 생리의 관계에 관심을 두기 시작했어요.

[각인 현상과 동물의 본능]

1930년대 초, 로렌츠는 집 마당에서 회색기러기와 집오리를 부화시켜 연구를 진행했습니다. 그는 새끼가 태어난 후 바로 어미와 떨어뜨렸어요. 그 결과, 갓 태어난 새끼들은 처음 본 대상을 따라다닌다는 사실을 확인했지요. 이것이 이른바 각인Imprinting 현상입니다.

각인은 단순한 모방이 아니었습니다. 로렌츠는 이 현상이 일정한 시기에만 일어나며, 이후에는 동일한 반응이 쉽게 형성되지 않는다는 점을 밝혔어요. 즉, 각인은 일정한 '결정적 시기Critical period'에만 일어나며, 그 시기가 지나면 어떤 존재도 어미로 인식하지 않아요. 이 발견을 통해 로렌츠는 본능과 학습이 복합적으로 작용해 동물의 행동이 나타난다는 것을 보여 주었어요.

로렌츠는 행동을 '몸이 기억하는 유전적 언어'라고 불렀습니다. 동물의 본능을 단순한 반사 작용으로 보지 않았지요. 그는 고정 행동 패턴이라는 개념을 통해, 특정 자극이 주어지면 거의 동일한 순서로 반복되는 행동 구조가 존재한다고 설명했습니다. 예를 들어, 물고기의 공격 행동이나 새의 구애춤, 거위의 알 굴리기 행동 등은 모두 종마다 고유한 생물학적 프로그램이라는 거예요. 이 생각은 단순한 관찰이 아니라, 행동의 원리를 과학적으로 설명하는 새로운 틀을 만들었어요. 또 이러한 패턴은 종의 생존에 유리하도록 진화 과정에서 선택된 행동이라고 보았지요.

1936년, 그는 독일에서 열린 학술 모임에서 니콜라스 틴베르헌Nikolaas Tinbergen을 만났습니다. 두 사람은 이후 협력하며 본능에 관한 연구에 몰두해요. 이들의 연구는 행동을 실험과 비교 관찰을 통해 분석하는 체계를 마련했고, 동물 행동학이 독립된 학문으로 자리 잡는 데 중요한 역할을 했습니다.

1940년, 로렌츠는 쾨니히스베르크 대학교의 심리학 교수가 되었습니다. 1년 뒤, 독일 국방군에 징집되었지만 전투병이 아닌 군사 심리학자로 배치되었어요. 그는 점령지였던 폴란드의 포즈난에서 독일인과 폴란드인 혼혈의 생물학적 특성을 비교하는 인종 심리학 연구 프로젝트에 참여하게 됩니다.

1944년, 러시아 전선으로 파견된 로렌츠는 곧 소련군의 포로로 잡힙니다. 이후 1944년부터 1948년까지 아르메니아 공화국(당시 소련 영토)에 억류되었어요. 포로 생활 중에도 그는 의무병으로 일하며 러시아어를 배우고, 동료 의사들과 교류했다고 해요. 그는 새 한 마리와 원고를 지니고 귀국했고, 그 원고는 훗날 그의 책 『거울 뒤에서』로 출간되었어요.

전쟁 후 그는 연구를 재개했고, 1973년 니콜라스 틴베르헌, 카를 폰 프리슈와 함께 노벨 생리의학상을 수상했습니다. 이

소련 포로 시절의 로렌츠

수상은 동물 행동학이 정식 생물학 분야로 인정받았음을 의미해요.

로렌츠는 말년에 이르러서도 거위와 함께 생활했습니다. 그에게 동물은 단순한 연구 대상이 아니었습니다. 그는 자연을 실험실 밖에서 이해해야 한다고 믿었고 행동은 책 속의 이론이 아니라, 살아 있는 생명 속에서 드러나는 질서라고 생각했습니다.

행동학을 과학으로 만든 니콜라스 틴베르헌

니콜라스 틴베르헌은 네덜란드 헤이그에서 태어났습니다. 그는 20세기 동물 행동학을 체계적으로 정리한 핵심 인물이에요. 1973년에 콘라트 로렌츠, 카를 폰 프리슈와 함께 노벨 생리의학상을 받으며 행동학의 학문적 위상을 확립했지요.

그는 지적인 탐구를 소중히 여기는 가정에서 자랐습니다. 아버지는 중등학교 교사였고, 형 얀 틴베르헌은 훗날 제1회 노벨 경제학상(1969년)을 받았어요. 동생 루크 틴베르헌 역시 저명한 조류학자로 이름을 알렸지요.

어린 틴베르헌은 자연 속에서 시간을 보내는 것을 좋아했습니다. 자연은 교과서보다 더 흥미로운 연구실이었지요. 틴베르헌은 새의 둥지를 관찰하고 곤충을 따라다니며 행동을 유심히 살폈지요. 훗날 그는 레이던 대학교에서 생물학을 공부하며 한 가지 질문에 매료되었습니다. "동물은 왜 그런 행동을 할까?" 이 단순한 질문이 그의 평생 연구 주제가 되었어요.

제2차 세계 대전이 일어났을 때, 틴베르
헌은 독일군에 의해 인질 수용소에 억류되
었습니다. 포로 생활은 쉽지 않았지만, 고
통 가운데서도 그는 새와 곤충의 행동을
관찰하며 기록을 남겼어요. 전쟁 후, 틴베
르헌은 영국으로 건너가 옥스퍼드 대학교
에서 연구를 이어 갑니다.

그는 옥스퍼드에서 많은 제자들을 길러
냈는데, 그 가운데는 훗날 『이기적 유전자』

니콜라스 틴베르헌

로 유명해진 리처드 도킨스Richard Dawkins, 동물 행동학자 마리안 도킨스
Marian Dawkins, 동물학자이자 작가 데스몬드 모리스Desmond Morris, 그리
고 코끼리 연구로 유명한 이언 더글러스-해밀턴Iain Douglas-Hamilton 등
이 있답니다.

[행동과 본능의 연구]

1951년, 니콜라스 틴베르헌은 『본능의 연구The Study of Instinct』라는 책
을 출간했습니다. 이 책은 본능적인 행동을 과학적으로 분석한 대표적인
책이에요. 그는 '행동Behavior이란 온전한 개체가 하는 모든 움직임'이라
고 정의했어요. 그중에서도 본능적 행동Instinctive Behavior은 학습하지 않
아도, 태어날 때부터 완전한 형태로 나타나는 행동이라고 했지요. 예를
들어, 새가 알을 품는 자세를 처음부터 정확히 취하는 것, 거미가 복잡한
그물 무늬를 한 번도 배운 적 없이 짓는 것, 혹은 갓 태어난 거위 새끼가
움직이는 물체를 '엄마'라고 따라가는 것처럼요. 그는 이런 행동이 어떤

자극에 의해 시작되고, 또 어떤 내부 요인에 의해 유지되는가를 밝혀내고자 했습니다.

그는 행동이 외부 자극에 의해 일어나기도 하지만, 그보다 먼저 몸속에는 행동을 하려는 충동이 쌓여 있다고 생각했어요. 그의 동료 콘라트 로렌츠는 이 생각을 설명하기 위해 '저장소 모델(수압 모델, Hydraulic Model)'이라는 비유를 제시했어요. 마치 저울 위의 물탱크처럼, 본능적 에너지가 점점 쌓이다가 특정 자극이 밸브를 열면 한꺼번에 행동이 분출된다는 거예요. 틴베르헌은 여기에 위계적 조직 개념을 더했어요. 그는 행동이 단순한 반응이 아니라, 여러 신경 체계가 차례로 이어지며 만들어지는 결과라고 보았습니다. 즉, 본능은 단순한 반사가 아니라 동기와 자극, 반응이 체계적으로 조직된 과정이라는 뜻이에요. 이 모델은 지금 '틴베르헌의 계층적 모델Tinbergen's Hierarchical Model'이라 불립니다.

[틴베르헌의 네 가지 질문]
틴베르헌의 가장 중요한 공헌은 행동을 분석하는 틀을 제시한 것입니다. 그는 모든 행동을 네 가지 질문으로 설명해야 한다고 말했어요.

- 원인(기제): 그 행동은 어떤 자극과 신경 과정으로 일어나는가?
- 발달(개체 발생): 그 행동은 성장 과정에서 어떻게 형성되는가?
- 기능(적응적 가치): 그 행동은 생존과 번식에 어떤 이점을 주는가?
- 진화(계통 발생): 그 행동은 진화 역사 속에서 어떻게 나타났는가?

틴베르헌은 행동은 단순히 "왜 그러는가?"가 아니라, "어떻게 작동하고, 어떻게 생겨났는가?"까지 함께 물어야 한다고 생각했습니다. 이 네 가지 질문은 오늘날 행동 생태학과 진화 생물학의 기본 틀이 되었어요.

꿀벌과 카를 폰 프리슈

카를 폰 프리슈Karl von Frisch는 오스트리아 빈에서 태어났습니다. 그는 1973년 콘라트 로렌츠, 니콜라스 틴베르헌과 함께 노벨 생리의학상을 받으며 동물 행동학을 세계적인 학문으로 자리 잡게 한 인물이에요. 그의 아버지 안톤 폰 프리슈Anton von Frisch는 외과의였고, 어머니 마리 엑스너 Marie Exner는 예술과 과학 모두에 관심이 많았어요. 또 형제 넷 모두가 훗날 대학교수가 되었을 만큼 지적인 가정에서 자랐지요.

카를 폰 프리슈는 처음에는 의학을 공부했습니다. 빈 대학교에서는 한스 레오 프르지브람Hans Leo Przibram, 뮌헨 대학교로 옮긴 후에는 리하르트 폰 헤르트비히Richard von Hertwig의 지도를 받았어요. 그러나 그는 사람의 몸보다 동물의 행동과 자연 연구에 더 큰 매력을 느꼈지요.

그는 1910년에 박사 학위를 받은 뒤, 뮌헨 대학교에서 연구를 시작했고, 1919년에는 정식 교수가 되었습니다. 그리고 "꿀벌은 어떻게 세상을 인식할까?"라는 하나의 질문이 그의 평생 연구 주제가 되었지요.

[꿀벌은 색을 본다]

프리슈는 꿀벌이 단순한 본능이 아니라 색채를 구별하고, 냄새를 기억하며, 방향을 계산하는 능력을 가지고 있음을 실험으로 밝혀냈습니다.

그는 꿀벌이 냄새와 색깔을 어떻게 구별하는지를 연구했어요. 그는 꿀벌이 단순히 '향기로운 꽃'을 찾는 게 아니라, 각 꽃의 향기와 색을 기억하고 구별한다는 사실을 밝혀냈지요.

카를 폰 프리슈

20세기 초, 일부 학자들은 무척추동물은 색을 구별하지 못한다고 주장했습니다. 특히 카를 폰 헤스Carl von Hess는 곤충이 색맹이라고 보았지요. 프리슈는 이를 실험으로 검증했습니다. 그는 파란색 카드 위에 설탕물을 두고 꿀벌을 훈련시켰어요. 이후 보상이 없는 상황에서도 꿀벌은 동일한 색을 반복적으로 선택했지요. 밝기만 비슷한 회색 카드에는 거의 반응하지 않았어요. 이 실험은 꿀벌이 색을 구별한다는 사실을 명확히 보여 주었습니다.

더 나아가 그는 꿀벌이 자외선 영역까지 볼 수 있다는 사실을 밝혔습니다. 꿀벌의 색 인식은 인간과 비슷하지만, 스펙트럼의 범위가 약간 달라요. 인간은 빨강을 인식하지만, 꿀벌은 빨강을 거의 인식하지 못하는 대신 자외선을 감지합니다. 그래서 인간에게는 단색으로 보이는 꽃도 꿀벌에게는 자외선 무늬가 선명한 안내판처럼 보여요.

[꽃에 대한 충성]

프리슈는 꿀벌이 한 번 선택한 꽃 종류를 계속 찾는 경향이 있다는 점에도 주목했습니다. 이를 '꽃에 대한 충성Flower Constancy'이라 불렀어요. 꿀벌은 여러 꽃이 섞여 있어도 같은 종의 꽃만 반복적으로 찾는데,

이는 수분 효율을 높이고, 식물과 벌에게 이익이 되는 행동이에요.

그는 또한 꿀벌의 미각이 매우 민감해 '달콤함'을 인간보다 조금 더 예민하게 느낀다는 사실도 알아냈습니다. 꿀벌은 낮은 농도의 설탕물에도 반응합니다. 흥미로운 점은 꿀벌의 후각이 공간 감각과 결합되어 있다는 거예요. 프리슈는 꿀벌이 냄새를 단순히 맡는 것이 아니라, 냄새가 풍기는 위치와 방향을 함께 기억한다고 생각했어요.

[방향 감각과 내부 시계]

프리슈는 꿀벌이 어떻게 길을 잃지 않고 정확히 벌집으로 돌아오는지도 연구했습니다. 그는 꿀벌이 세 가지 방법으로 방향을 인식한다는 사실을 밝혔어요. 첫째, 태양의 위치를 기준으로 삼고, 둘째, 하늘의 편광(빛의 진동 방향) 패턴을 읽으며, 셋째, 내부 시계를 이용해 방향을 찾는다는 것입니다.

푸른 하늘의 빛은 태양의 위치에 따라 눈에 보이지 않는 편광 무늬를 만들어 냅니다. 꿀벌의 겹눈에는 자외선 감지 세포가 있어서 이 미세한 변화를 알아챌 수 있어요. 그래서 '지금 태양이 어디쯤 있구나'라고 계산할 수 있지요. 덕분에 흐린 날에도 방향을 잃지 않고 정확히 먹이 장소를 찾아갑니다.

프리슈는 꿀벌이 '내부 시계Internal Clock'를 가지고 있다는 것도 밝혔어요. 즉, 꿀벌은 아침에 본 태양의 각도를 기억해, 시간이 지나 태양이 움직여도 그 변화를 스스로 보정해요. 그래서 오후가 되어도 여전히 정확한 방향으로 벌집을 향해 날아갈 수 있는 거예요.

[꿀벌의 언어, 춤]

프리슈의 가장 놀라운 발견은 바로 꿀벌의 춤Dance Language입니다. 그
는 꿀벌이 춤을 통해 다른 벌들에게 먹이가 있는 곳을 알려 준다는 사실
을 알아냈어요. 이 춤에는 두 가지 종류가 있습니다.

- 라운드 댄스Round Dance

먹이가 벌집에서 가까운 곳(약 50~100미터)에 있을 때, 꿀벌은 제자리
에서 작은 원을 그리며 빙글빙글 돕니다. 이 춤은 '근처에 좋은 꽃이 있
어'라는 신호예요. 주변 꿀벌들은 춤을 추는 벌에게 몸을 맞대며 그 꽃의
향기를 직접 맡고 나서 날아갑니다.

- 와글 댄스Waggle Dance

먹이가 멀리 있을 때(수백 미터~수 킬로미터), 꿀벌은 '8자형' 궤적을
그리며 중심 부분에서 몸을 좌우로 흔듭니다. 이때 몸을 흔드는 방향은
태양에 대한 꽃의 위치를 나타내고, 흔드는 속도는 거리를 나타내요. 이

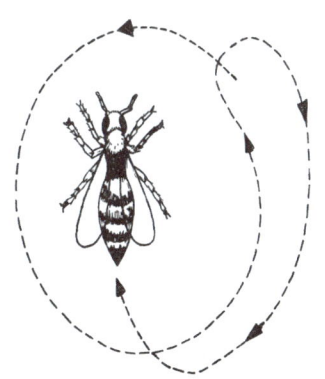
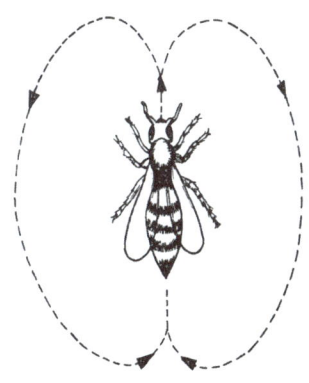

춤 하나로 꿀벌들은 방향·거리·먹이의 향기를 공유할 수 있지요. 프리슈는 이 복잡한 의사소통을 세밀히 기록하며 '꿀벌에게는 언어가 있다'라고 선언했습니다.

프리슈의 연구는 동물의 행동이 단순한 본능이 아니라 학습과 지각의 복합체라는 것을 보여 주었어요. 그의 업적은 지금도 생태학, 신경 과학, 심리학, 인공 지능 등 여러 분야의 기초가 되고 있어요.

[나치 정권, 그 후]

1930년대, 나치 독일의 인종 정책은 프리슈에게도 그림자를 드리웠습니다. 프리슈는 외할머니가 유대인이었고 무엇보다 연구실에 여성과 유대인 조수들을 고용하고 있었기 때문에 정권의 감시 대상이 되었어요. 그는 일시적으로 교수직에서 물러나야 했지만, 꿀벌의 질병인 노세마 Nosema 감염 연구가 군사적 중요성을 지닌다는 이유로 다시 연구를 허가받았습니다.

제2차 세계 대전이 끝나자, 뮌헨 대학교의 동물학 연구소는 전쟁으로 큰 피해를 입은 상태였습니다. 프리슈는 1946년, 그라츠 대학교로 옮겼다가, 1950년에 복구된 뮌헨 대학교로 돌아와 연구소 재건을 이끌었어요. 그는 1958년 공식적으로 은퇴했지만, 이후에도 꿀벌의 감각과 의사소통 연구를 이어 가며 생애 마지막까지 학문 발전에 헌신했어요.

행동의 법칙을 찾아낸 심리학자 스키너

버러스 프레더릭 스키너Burrhus Frederic Skinner는 1904년, 미국 펜실베이니아의 한 시골 마을에서 태어났습니다. 어릴 적 스키너는 기계 만들기를 좋아했어요. 새장 안의 참새가 문을 열면 스스로 먹이를 얻을 수 있도록 장치를 만들기도 했지요. 그의 이런 호기심은 훗날 "행동이 어떻게 조절되는가"를 탐구하는 자세로 발전했어요.

1930년대 후반, 스키너는 하버드 대학교의 심리학 실험실에서 쥐와 비둘기를 대상으로 수천 번의 실험을 반복합니다. 그가 집중한 내용은 간단해요. 행동은 '그 뒤에 따라오는 결과'에 의해 바뀐다는 점이었지요. 그는 동물이 어떤 행동을 했을 때 먹이처럼 좋은 결과가 뒤따르면, 그 행동이 더 자주 나타난다는 사실을 실험 조건에서 반복해 확인하고자 했습니다. 이 관점은 '조작적 조건 형성Operant Conditioning'으로 불려요.

이를 위해 스키너는 동물의 행동을 한 가지씩 분리해 측정할 수 있는

버러스 프레더릭 스키너
- 1904년: 미국 펜실베이니아주 서스쿼해나에서 태어남.
- 1926년: 해밀턴 대학교를 졸업한 뒤 작가의 꿈을 접고 심리학으로 진로를 바꿈.
- 1931년: 하버드 대학교에서 박사 학위를 받고 행동 연구를 시작함.
- 1938년: 『유기체의 행동』을 출간하여 조작적 조건 형성 이론을 체계화함.
- 1948년: 『월든 2』를 통해 행동주의 원리에 기초한 이상 사회를 제시함.
- 1950~70년대: 강화 이론과 학습 기계 연구로 교육 심리학에 큰 영향을 미침.
- 1990년: 매사추세츠 케임브리지에서 사망함.

스키너 상자

실험 장치를 사용했습니다. 오늘날 '스키너 상자Skinner Box'라고 불리는 장치예요. 상자 안에서 쥐가 레버를 누르거나, 비둘기가 특정 장치를 쪼면 먹이가 주어지도록 조건을 설정했지요. 처음에는 쥐가 상자 안을 돌아다니다가 우연히 레버를 눌렀을 때 먹이가 나오는 경험을 하게 됩니다. 이 경험이 반복되자, 쥐는 먹이를 얻기 위해 의도적으로 레버를 누르는 행동을 학습하게 되었어요. 이렇게 하면 '어떤 조건에서 행동이 늘고, 어떤 조건에서 줄어드는지'를 수치로 비교할 수 있었지요.

더 알아보기

고전적 조건 형성과 조작적 조건 형성은 무엇이 다를까?

스키너 이전에도 동물 실험은 많았습니다. 다만 스키너가 강조한 지점은 이전 실험과 달랐어요. 고전적 조건 형성이 '자극에 대한 반응'을 다루는 데 초점이 있었다면, 스키너의 조작적 조건 형성은 동물이 '스스로 하는 행동'이 결과에 의해 바뀌는 과정을 중요하게 생각했어요. 이 구분은 스키너가 1930년대에 개념을 다듬고 논문으로 정리하면서 널리 알려집니다.

그는 이 실험을 통해 동물이 단순히 자극에 반응하는 것이 아니라, 스스로 행동을 해 보고 그 결과를 통해 배우는 존재라는 것을 알아냈어요. 즉, 행동은 보상Reinforcement과 강화의 빈도와 타이밍에 따라 바뀐다는 것이었지요.

스키너의 주장은 여기서 한 걸음 더 나아갔습니다. 그는 인간이 자유 의지로 행동한다기보다, 환경이 행동을 강화하거나 약화하는 체계 속에서 살아간다고 보았어요. 이런 생각은 큰 반발도 불러왔습니다. "인간을 기계처럼 취급하는 것 아니냐"라는 비판이 뒤따랐고, 그 논쟁은 지금도 심리학사에서 중요한 장면으로 남아 있어요. 스키너는 이런 관점을 1971년에 출간한 『자유와 존엄을 넘어서Beyond Freedom and Dignity』에서 자세히 설명했어요.

스키너의 연구가 남긴 영향은 분명합니다. 교육 장면에서의 강화 원리, 임상·상담에서의 행동치료, 동물 훈련, 그리고 '보상에 따라 학습하는' 알고리즘의 기초 논리로 연결되었어요. 이처럼 스키너는 마음을 직접 들여다보지 않고도, 행동의 규칙을 실험으로 확인하려 했어요.

침팬지의 숲, 제인 구달

제인 구달Jane Goodall은 1934년, 영국 런던에서 태어났습니다. 어릴 적부터 동물을 유난히 사랑했던 그녀는 아홉 살 무렵 『타잔Tarzan』을 읽으며 "아프리카에 가서 동물과 함께 살고 싶다"라고 꿈꾸었다고 해요.

당시 여성이 과학자의 길을 걷는 것은 쉽지 않았습니다. 그녀의 부모

님은 그런 딸을 걱정하기보다 "궁금한 건 직접 가서 보라"며 응원했어요.

그녀는 정식 대학에서 생물학을 전공한 연구자가 아니었습니다. 대신 비서 학교에서 공부하며, 동물에 대한 관심을 품은 채 기회를 기다렸지요. 23살이 되던 1957년, 그녀는 친구의 초청으로 케냐를 방문합니다. 그리고 그곳에서 인류학자이자 고인류학자인 루이스 리키Louis Leakey를 만나게 돼요.

리키는 인간의 기원을 이해하려면 가장 가까운 친척인 유인원을 장기간 관찰해야 한다고 생각했습니다. 그는 제인의 관찰력과 인내심을 높이 평가했고, 1960년, 탄자니아 곰베 지역(당시 곰베 스트림 침팬지 보호 구역)으로 보내 침팬지 연구를 시작하게 했습니다.

[숲에서 시작된 연구]

"인간과 가장 가까운 동물인 침팬지의 진짜 삶을 직접 보고 싶어."

그녀는 연구소가 아니라 숲속에 천막을 치고, 매일 망원경을 들고 숲을 관찰했습니다. 모기를 쫓으며, 비에 젖으며, 조용히 숨을 죽이고 침팬

제인 구달
- •1934년: 영국 런던에서 태어남.
- •1957년: 케냐로 건너가 인류학자 루이스 리키의 조수가 됨.
- •1960년: 탄자니아 곰베 국립 공원에서 침팬지 연구를 시작함. 침팬지가 나뭇가지를 도구로 사용한다는 사실을 발견함.
- •1965년: 케임브리지대학교에서 박사 학위를 받음.
- •1977년: 제인 구달 연구소Jane Goodall Institute 설립함.

지들의 하루를 기록했지요. 그녀가 한 일은 침팬지들을 장기간 가까이에서 관찰하며 개체별 행동과 관계를 기록하는 현장 연구에 가까웠어요.

처음에는 침팬지들이 낯선 인간을 경계했지만, 시간이 지나자 서서히 마음을 열었습니다. 그녀는 침팬지 한 마리 한 마리에게 이름을 붙였어요. 데이비드 그레이비어드, 플로, 플린트 같은 이름들이었지요. 번호로만 불리던 동물들이 처음으로 '개성 있는 존재'로 기록되기 시작한 순간이었어요.

제인 구달의 가장 중요한 발견은 침팬지가 도구를 사용한다는 사실이었습니다. 그녀는 침팬지가 나뭇가지를 다듬어 흰개미를 꺼내 먹는 장면을 관찰했어요. 이는 단순히 물건을 집어 드는 것이 아니라, 도구를 만들어 사용하는 행동이었지요.

당시 많은 학자는 도구 사용을 인간만의 특징으로 보았습니다. 그래서 이 발견은 큰 파장을 일으킵니다. 루이스 리키는 이 소식을 듣고 "이제 우리는 인간의 정의를 다시 써야 한다"라고 말했다고 해요. 이 연구는 인간과 다른 동물 사이의 경계를 다시 생각하게 만들었습니다. 그리고 제인은 인간 중심의 과학에 '공감과 관찰'이라는 새로운 시선을 더했어요.

제인은 침팬지들이 단순히 생존만을 위해 행동하지 않는다는 것을 보았습니다. 그들은 서로를 위로하고, 슬퍼하고, 질투하고, 웃는 존재였어요. 어미를 잃은 새끼가 울부짖을 때, 다른 침팬지가 다가와 품어주는 장면, 친구가 싸움에서 다치면 함께 털을 골라주는 모습, 이런 행동들은 '감정은 인간만의 것'이라는 오랜 편견을 무너뜨렸어요. 그녀의 연구는 과학을 넘어 "동물도 감정과 지능을 지닌 존재이며, 그들의 삶을 존중해야 한다"라는 윤리적 전환점을 만들어 냈어요.

1977년, 제인 구달은 '제인 구달 연구소Jane Goodall Institute'를 설립했습니다. 연구는 보호 활동으로 확장되며 제인은 행동하는 과학자가 되었어요. 침팬지의 서식지 보전과 밀렵 방지, 지역 공동체 교육이 연구소의 주요 활동이었지요. 또한 전 세계 청소년들에게 '자연과 더불어 살아가는 법'을 가르치는 '루츠 앤 슛츠Roots & Shoots' 프로그램을 시작했어요.

휘트먼이 행동을 종의 특징으로 보았고 로렌츠와 틴베르헌이 본능의 구조를 분석했으며, 프리슈가 감각과 의사소통을 밝혀냈다면, 제인 구달은 야생에서 살아 있는 동물의 삶을 통째로 관찰했습니다. 그녀의 연구는 행동을 실험실 밖으로 끌어냈어요. 숲은 연구실이 되었고, 개체는 데이터가 아니라 관계 속에서 살아가는 존재가 되었지요. 행동학은 이때부터 숫자와 그래프만이 아니라, 장기 관찰과 윤리적 책임을 함께 고민하는 학문으로 발전합니다.

도덕은 인간만의 것이 아니다, 프란스 드 발

프란스 드 발Frans de Waal은 1948년, 네덜란드 스헤르토헨보스에서 태어났습니다. 그는 유인원의 사회 행동을 연구하며 인간의 도덕과 감정이 어디에서 비롯되었는지를 탐구한 학자예요. 어린 시절 그는 동물원에서 시간을 보내는 걸 가장 좋아했다고 해요. 다른 아이들이 축구를 할 때, 그는 원숭이 우리 앞에서 "저 녀석들은 지금 무슨 생각을 할까?"라며 한참을 서 있곤 했지요. 이러한 그의 호기심은 자라서 유인원 행동학의 평생 연구로 이어졌어요.

[화해, 공정성 실험, 공감]

1970~80년대, 드 발은 네덜란드의 아르나험 동물원에서 수년 동안 침팬지들의 사회생활을 관찰했습니다. 그는 침팬지들이 단순히 싸우고 서열을 세우는 존재가 아니라, 서로 협력하고 화해하고 위로하는 존재임을 발견했어요. 그의 대표 연구 중 하나는 '화해Reconciliation' 행동이에요. 싸움이 끝난 뒤, 침팬지 두 마리가 다가와 서로 팔을 두르고 안아주는 장면, 이것은 마치 인간이 싸운 뒤 '미안해'라고 말하는 모습과 닮았지요. 드 발은 이를 우연이 아니라 관계를 회복하려는 의미 있는 행동으로 해석했습니다.

또한, 그는 침팬지들이 불공정한 상황에 분노한다는 사실도 실험으로 보여 주었습니다. 같은 일을 했는데 한쪽에게는 맛있는 포도를, 다른 쪽에게는 오이를 주면, 오이를 받은 침팬지는 분노하며 돌을 던지거나 먹이를 거부했어요. 이 행동은 인간이 느끼는 공정함Fairness과 정의감의 원

프란스 드 발
•1948년: 네덜란드 스헤르토헨보스에서 태어남.
•1970년대: 위트레흐트 대학교에서 동물 행동학과 생물학을 공부.
•1975년: 위트레흐트 대학교에서 생물학 박사 학위를 받음.
•1982년: 저서 『침팬지 폴리틱스』를 출간하며 침팬지 사회의 권력 구조를 분석함.
•1990~2000년대: 공감, 협력, 정의감 등 인간 도덕의 생물학적 기원을 연구함.
•2013년: 『The Bonobo and the Atheist』에서 보노보를 통해 도덕성과 종교의 진화적 뿌리를 탐구함.
•2024년: 미국에서 사망함.

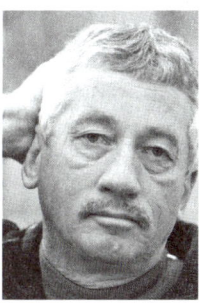

형으로 해석되었지요.

드 발은 또 다른 연구에서 '공감Empathy'의 생물학적 뿌리를 밝혔습니다. 그는 어떤 침팬지가 다치거나 슬퍼할 때, 다른 개체가 다가와 부드럽게 만져주거나 털을 골라주는 행동을 관찰했어요. 드 발은 이를 단순한 흉내가 아니라, 타인의 감정을 느끼고 반응하는 능력, 즉 공감의 표현으로 보았어요. 드 발은 인간의 윤리와 감정이 단순히 문화적 산물이 아니라, 유인원 사회 속에서 이미 발달한 생물학적 본능이라는 사실을 강조했습니다.

[보노보와 평화 전략]

드 발은 침팬지뿐 아니라, 보노보 연구에서도 중요한 발견을 합니다. 보노보는 침팬지보다 훨씬 온화하고 평화로운 성격을 가진 유인원으로 알려져 있어요. 그들은 갈등을 싸움이 아니라 스킨십과 유대 행동으로 해결하지요. 그는 보노보 사회에서 '협력과 평화의 본능이 경쟁보다 더 강력한 생존 전략이 될 수 있다'라는 사실을 보았어요.

드 발의 연구는 인간의 도덕성과 윤리를 초월적 기원으로만 설명하는 시각에 질문을 던졌습니다. 그는 도덕이 단순히 사람이 만든 규칙이 아니라, 사회적 동물로서 진화해 온 과정 속에서 자연스럽게 생겨난 것일 수도 있다고 생각했어요.

개미의 눈으로 본 세상, 에드워드 윌슨

에드워드 오스본 윌슨Edward Osborne Wilson은 1929년, 미국 남부 앨라배마주 버밍엄에서 태어났습니다. 그는 20세기 후반 진화 생물학과 사회 생물학을 이끈 대표적 학자예요.

어릴 적 그는 바다낚시를 하다 바늘에 눈을 다쳐 한쪽 시력을 거의 잃었어요. 하지만 그 덕분에 세상을 더 가까이 들여다보게 되었다고 해요. 그의 시선은 거대한 하늘이 아니라, 땅 위를 바삐 오가는 작은 생명들로 향했습니다. 그때부터 그는 평생 개미, 벌, 흰개미 같은 곤충을 연구하게 되었어요.

윌슨은 하버드 대학교 생물학 교수가 된 뒤, 수십 년 동안 전 세계를 다니며 개미의 삶을 관찰했습니다. 그는 개미의 사회가 작지만 완벽한 문명이라는 사실에 흠뻑 빠졌어요. 개미들은 지도자 없이도 분업, 협력, 의사소통, 전쟁을 합니다. 일개미는 먹이를 찾고, 병정개미는 집을 지키며, 여왕개미는 생명을 이어 가요. 그는 개미와 벌, 흰개미의 '이타적 행동

에드워드 오스본 윌슨
- 1929년: 미국 앨라배마주 버밍엄에서 태어남.
- 1955년: 하버드 대학교에서 박사 학위를 받고 곤충학 연구를 시작함.
- 1967년: 로버트 맥아더와 함께 『섬 생물지리학 이론』을 발표함.
- 1960~70년대: 개미 사회 조직 및 사회 진화 연구를 수행함.
- 1975년: 『사회 생물학』을 출간하여 인간 행동의 진화적 기반을 제시함.
- 1979년: 『인간 본성에 대하여』로 퓰리처상을 수상함.
- 1980~90년대: 섬 생물 지리학과 생물 다양성 보전 운동을 이끎.
- 2021년: 미국 매사추세츠주에서 사망함.

Altruism'이 개인의 희생이 아니라, 집단 전체의 생존 전략이라는 사실을 밝혔어요. 그리고 이 복잡한 행동들이 어떻게 유전되고, 진화했는지를 끝없이 탐구했습니다.

[사회 생물학과 논쟁]

1975년, 윌슨은 곤충 행동에 대한 그의 이론을 척추동물에게, 그리고 마지막 장에서는 인간에게 적용해 세계를 뒤흔든 책, 『사회 생물학 Sociobiology: The New Synthesis』을 출간했습니다. 윌슨은 이 책에서 곤충에서 포유류, 그리고 인간까지 행동을 진화론적으로 설명하려 했어요. 윌슨은 인간의 사회적 행동 역시 진화적 관점에서 설명될 수 있다고 보았지요. 이후 그는 『인간 본성에 대하여On Human Nature』를 펴내며, 인간의 도덕과 종교, 사회 제도가 진화적 토대 위에 형성되었을 가능성을 제시했습니다.

윌슨은 1981년에 동료 찰스 럼스덴과 함께 유전자와 문화가 서로 영향을 주고받는 '유전자-문화 공진화' 이론을 발표했고, 1990년에는 개미 연구의 결정판 『The Ants』로 두 번째 퓰리처상을 수상합니다.

그는 과학과 인문학을 하나로 잇는 데에도 열정을 쏟았어요. 『생명의 다양성The Diversity of Life』, 『자연주의자Naturalist』, 『통섭Consilience: The Unity of Knowledge』 같은 책에서 자연과 인간 지식의 통합을 이야기했지요.

[도킨스와의 논쟁]

젊은 진화생물학자 리처드 도킨스Richard Dawkins는 윌슨의 '이타심도 유전자의 산물일 수 있다'라는 말을 지지했습니다. 그는 『이기적 유전자

The Selfish Gene』에서 "유전자는 이기적이지만, 그 이기심이 협력을 낳는다"라고 말했어요. 두 사람은 마치 다른 언어로 같은 세계를 설명하는 것처럼 보였어요.

하지만 시간이 흐르며 두 사람은 '친족 선택Kin Selection'과 '집단 선택Group Selection' 문제를 두고 입장이 달라졌습니다. 윌슨은 개별 유전자가 아니라, 집단 전체가 서로 협력하는 과정이 진화를 이끈다고 보는 '집단 선택설'을 강하게 주장했어요. 그리고 이 생각을 두고 도킨스와 치열한 논쟁을 벌이기도 했지요.

이 두 사람의 논쟁은 서로의 자존심을 겨눈 싸움처럼 보이기도 했지만, 그 밑바탕에는 진화를 바라보는 깊은 철학적 차이가 있었습니다. 윌슨은 '협력의 힘'을, 도킨스는 '유전자의 논리'를 믿었어요. 두 사람은 결국 서로 다른 길을 걸었지만, 그들의 논쟁은 생명과 인간을 어떻게 이해해야 하는지를 생각하게 하는 중요한 대화였어요. 비록 생각은 달랐지

리처드 도킨스

•1941년: 케냐 나이로비에서 태어남.

•1954년: 가족과 함께 영국으로 돌아옴.

•1962년: 옥스퍼드 대학교에서 동물학 학사 학위를 받음.

•1966년: 옥스퍼드에서 니콜라스 틴베르헌의 지도 아래 동물 행동학 박사 학위를 받음.

•1976년: 『이기적 유전자』를 출간함.

•1982년: 『확장된 표현형』을 출간함.

•1995년: 과학 대중화 공로로 영국 왕립 학회 마이클 패러데이 상을 받음.

•2006년: 종교 비판서 『만들어진 신』을 출간함.

•현재: 옥스퍼드 대학교 명예 교수로, 과학적 사고와 세속 인문주의를 옹호하며 활동하고 있음.

만, 그 치열한 논쟁 덕분에 사람들은 진화 속에 숨겨진 생명의 복잡한 모습과 아름다움을 더 깊이 이해하게 되었지요.

동물의 도덕과 공감의 생태학, 마크 베코프

마크 베코프Marc Bekoff는 미국의 동물 행동학자입니다. 그는 오랫동안 콜로라도 대학교에서 연구하며, 동물의 감정과 윤리 문제를 과학적으로 탐구해 온 학자예요. 그는 늑대, 개, 여우, 까마귀, 코끼리 같은 사회적 동물들의 행동을 오랜 세월 관찰하며 그들이 단순히 먹고 사는 존재가 아니라, 도덕적 감정Moral Emotions을 지닌 생명체임을 보여 주었어요.

베코프는 특히 '동물의 놀이'를 중요한 단서로 삼았습니다. 그는 늑대들이 장난을 칠 때 서로의 행동 규칙을 지킨다는 사실을 발견했어요. 예를 들어, 상대를 세게 물면 즉시 몸을 숙이며 '미안하다'라는 몸짓을 하

마크 베코프
- 1945년: 미국에서 태어남.
- 1972년: 콜로라도 대학교에서 동물 행동학 박사 학위를 받음.
- 1970~1980년대: 코요테, 늑대, 개의 사회적 행동과 놀이 행동을 연구함.
- 1990년대: 동물의 공감·놀이·윤리적 행동을 진화된 사회 지능으로 해석함.
- 2000년대 이후: 다수의 저서를 통해 '동물도 도덕적 존재다'라는 개념을 확산시킴.
- 현재: 콜로라도 대학교 명예교수로, 동물의 감정과 도덕성 연구를 이어가고 있음.

고, 놀 때는 약한 개체를 배려하며 역할을 바꾸기도 해요. 베코프는 이런 행동이 단순한 반사가 아니라, 사회적 관계를 유지하기 위한 조정 과정이라고 보았습니다. 놀이 속에서 공정함과 배려의 요소가 드러난다고 해석했지요. 그는 또한 까마귀가 서로에게 장난감을 나누거나, 개가 다친 친구 옆에 가만히 눕는 행동을 분석하며, 동물의 공감이 단순한 반사가 아니라 감정 이입의 생물학적 기능임을 보여 주었어요.

베코프의 연구는 한 가지 중요한 진리를 일깨워 줍니다. 공감과 애정, 슬픔과 기쁨은 단순한 감정이 아니라 사회적 유대를 강화하고, 협력을 유도하며, 집단의 생존 확률을 높이는 진화적 적응이라는 거예요. 예를 들어, 코끼리는 상처 입은 동료를 돌보며, 까마귀는 위험을 경고하고, 돌고래는 지친 개체를 밀어 올려 숨을 쉬게 해 줍니다. 이 모든 행동은 이타심이 아니라, 집단 전체를 위한 생명 전략이에요.

인공 지능과 뇌 과학의 만남

2010년대 초, 미국의 신경 과학자 그레고리 번스Gregory Berns는 주목할 만한 연구를 발표했습니다. 그는 마취하지 않은 개를 대상으로 기능적 자기공명영상(fMRI) 촬영을 성공시켰어요. 당시로서는 매우 이례적인 시도였지요.

MRI 기계는 소음이 크고, 좁은 공간에서 오랜 시간 움직이지 않아야 합니다. 그래서 대부분의 동물 연구는 마취 상태에서 이루어져요. 그러나 번스는 개를 훈련시켜 스스로 기계 안에 들어가 가만히 있도록 만들었습니다. 이 방식은 개의 자연스러운 뇌 반응을 관찰할 수 있게 해 주었어요.

그리고 드디어, 개의 뇌가 사랑하는 주인의 냄새를 맡을 때 보상 관련 영역, 특히 선조체Striatum가 활발하게 반응한다는 사실을 포착합니다. 이 연구는 단순한 감정 해석이 아니라, 개가 사회적 보상을 얻을 때, 보상 관련 뇌 영역이 반응한다는 점을 보여 주었고, 개의 사회적 애착을 신경 과학적으로 탐구하는 길을 열었어요. 이후 비슷한 연구가 고양이, 말, 돌고래, 까마귀 등 다양한 동물에게로 확장되었어요.

[인공 지능과 뇌 영상 연구의 확장]

한편, 인공 지능 기술은 동물 행동학의 새로운 눈이 되었습니다. 과거에는 과학자들이 영상을 보며 동물의 행동을 일일이 분류하고 기록해야 했어요. 하지만 이제는 인공 지능 기반 영상 분석 시스템이 수천 시간의 영상을 학습해 행동 패턴과 의사 결정 규칙을 찾아내요. 예를 들어, 딥러

그레고리 번스
•1962년: 미국에서 태어남.
•1980년대: 프린스턴 대학교에서 물리학을 전공하고, 후에 하버드 의과 대학에서 의학 박사 학위를 받음.
•1990년대: 인간의 보상·의사 결정·도덕 판단 연구를 수행하며 신경 경제학Neuroeconomics 분야 발전에 기여함.
•2000년대: fMRI(기능적 자기공명영상)를 이용해 인간과 동물의 뇌 활동을 분석하는 선구적 실험을 진행함. 특히 마취하지 않은 개의 뇌를 fMRI로 촬영하는 프로젝트를 진행하여, 개의 감정과 보상 반응을 과학적으로 분석함.
•현재: 미국 에모리 대학교 교수로, 뇌와 마음의 진화적 기원을 탐구하는 신경 과학자로 활동 중임.

닝 알고리즘은 쥐가 불안할 때 꼬리와 수염을 어떻게 움직이는지, 침팬지가 싸움을 시작하기 전 어떤 시선 교환을 하는지, 새가 날기 전 어떤 근육 긴장을 보이는지를 0.01초 단위로 분석해 냅니다. 이러한 기술의 발달은 행동을 더 정확하고 객관적으로 측정하게 해 주었어요. 또 인간 관찰자의 편견을 줄이고, 미세한 신호를 포착할 수 있게 되었지요.

최근에는 fMRI, EEG(뇌파 검사), 유전자 분석, 인공 지능 영상 분석을 통합하는 연구도 늘어나고 있습니다. 이러한 접근은 '신경-행동 통합 모델Neuro-Behavioral Model'로 불려요. 이 모델은 동물이 어떤 선택을 할 때 그 결정이 뇌의 어느 영역에서 시작되고, 어떤 감정 회로를 거쳐, 결국 어떤 행동으로 이어지는지를 실시간으로 보여 줍니다.

인공 지능과 뇌 영상 기술의 결합은 이제 동물 행동학을 완전히 새로운 차원으로 이끌고 있습니다. 더 이상 '동물은 이런 행동을 한다'에 머무르지 않고, '그 행동은 어떤 감정과 의식의 흐름에서 비롯되었는가'를 실시간으로 분석할 수 있는 시대가 된 거예요. 이런 연구는 단지 과학적인 의미만이 아니라, 윤리적 의미도 커요. 동물의 감정과 의사 결정을 실제로 관찰할 수 있다는 것은, '그들도 생각하고 느끼는 존재'임을 증명하는 일이기 때문이에요. 그래서 최근 과학자들은 인공 지능과 신경 영상 데이터를 활용해 동물 복지, 감정 보호, 공감 기반 교육까지 연구를 확장하고 있답니다.

초음파와 동물의 언어

우리가 들을 수 있는 소리의 범위는 대략 20헤르츠에서 20,000헤르츠
입니다. 이보다 높은 주파수의 소리를 '초음파Ultrasound'라고 하고 이보
다 낮은 주파수를 '초저주파Infrasound'라고 해요. 초음파와 초저주파는
사람에게는 들리지 않지만, 많은 동물들에게는 의사소통, 탐색, 감정 표
현의 언어가 되지요.

동물 행동학은 눈에 보이는 몸짓뿐 아니라, 들리지 않는 소리까지 연구
대상으로 삼았습니다. 그 과정에서 과학자들은 우리가 알지 못했던 또 하
나의 '언어 세계'를 밝혀냈어요.

[박쥐와 반향 정위]

박쥐가 어둠 속에서도 정확하게 날 수 있다는 사실은 오래전부터 알
려져 있었습니다. 그러나 그 원리를 과학적으로 증명한 인물은 하버드
대학교의 동물학자 도널드 그리
핀Donald R. Griffin이에요. 1938년,
그는 동료 로버트 갤럼버스Robert
Galambos와 함께 박쥐가 내는 고주
파 신호를 감지해 초음파를 이용한
반향 정위Echolocation 원리를 밝혔
어요. 박쥐는 초당 수백 번의 소리
를 내고, 그 반사음의 시간차로 거
리, 크기, 질감, 속도를 판단해요.

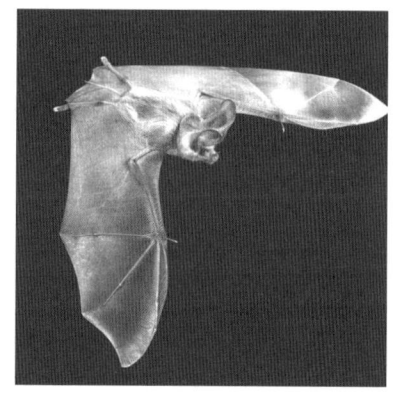

반향 정위를 이용해 먹잇감을 찾는 박쥐

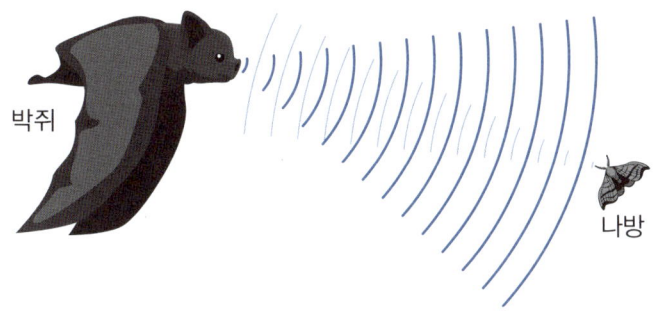

박쥐

나방

||| 박쥐가 발사한 초음파 ||| 반사되어 돌아온 초음파

즉, 박쥐는 눈이 아니라 귀로 공간을 '본다'라는 것이지요. 그리핀의 연구는 단순한 동물 실험을 넘어, 소리의 인식이 어떻게 '뇌의 지도'로 바뀌는지 설명한 신경 행동학Neuroethology의 출발점이 되었어요.

[돌고래의 음성 서명]

1950~60년대, 하버드의 해양생물학자 윌리엄 쉐빌William E. Schevill과 음향학자 멜바 로이 클라크Melba Roy Clark는 돌고래와 향유고래가 내는 '클릭' 초음파를 기록했습니다. 그들은 이 신호가 단순한 반향 탐색용이 아니라, 서로의 위치와 감정, 심지어 이름까지 전달하는 언어 체계임을 알아냈어요. 이후 데이비드 콜드웰과 멜바 콜드웰의 연구를 통해, 돌고래는 각각 고유한 휘슬 패턴, 즉 '시그니처 휘슬Signature Whistle'을 가진다는 사실이 밝혀졌지요. 즉, 돌고래는 소리를 통해 서로를 인식하고 사회적 관계를 유지하는 복잡한 의사소통 체계를 가지고 있는 셈이에요.

[들리지 않는 감정, 쥐의 초음파]

후기 20세기 연구에서는 쥐가 사람 귀에 들리지 않는 초음파로 감정

상태를 표현한다는 사실이 밝혀졌습니다. 신경 과학자 야크 팽크셉Jaak Panksepp과 후속 연구자들은 쥐가 스트레스나 기쁨을 느낄 때 50킬로헤르츠의 초음파 신호를 낸다는 사실을 발견했습니다. 새끼 쥐는 어미를 찾을 때 고주파로 울고, 수컷은 암컷을 유혹할 때 '초음파 노래Ultrasonic Song'를 부른다는 것도 밝혀졌어요. 이런 신호는 감정 상태에 따라 달라지는데, 공포를 느끼거나 스트레스를 받을 때는 짧고 날카롭게, 즐겁고 기쁠 때는 길고 리듬감 있게 들려요. 이 연구는 '감정은 뇌뿐 아니라, 몸 전체의 진동으로 표현된다'라는 신경정서학적 증거로 평가받았어요.

[코끼리의 초저주파]

초음파와는 반대 방향, 즉 20헤르츠 미만의 초저주파의 비밀을 밝혀낸 과학자는 미국의 음향 생물학자 케이티 페인Katy Payne입니다. 1980년대, 그녀는 아프리카 사바나에서 코끼리들이 서로 아무 소리도 내지 않는 것처럼 보이는데도 집단적으로 동시에 움직이는 현상을 관찰했어요. 그녀는 초저주파 감지기를 이용해 코끼리들이 10~20헤르츠의 낮은 음파로 멀리 떨어진 동료와 소통한다는 사실을 발견합니다. 그 진동은 공기뿐 아니라 땅을 타고 퍼져, 다른 코끼리가 발바닥의 진동 감각으로 느낄 수 있었어요.

생각의 가지

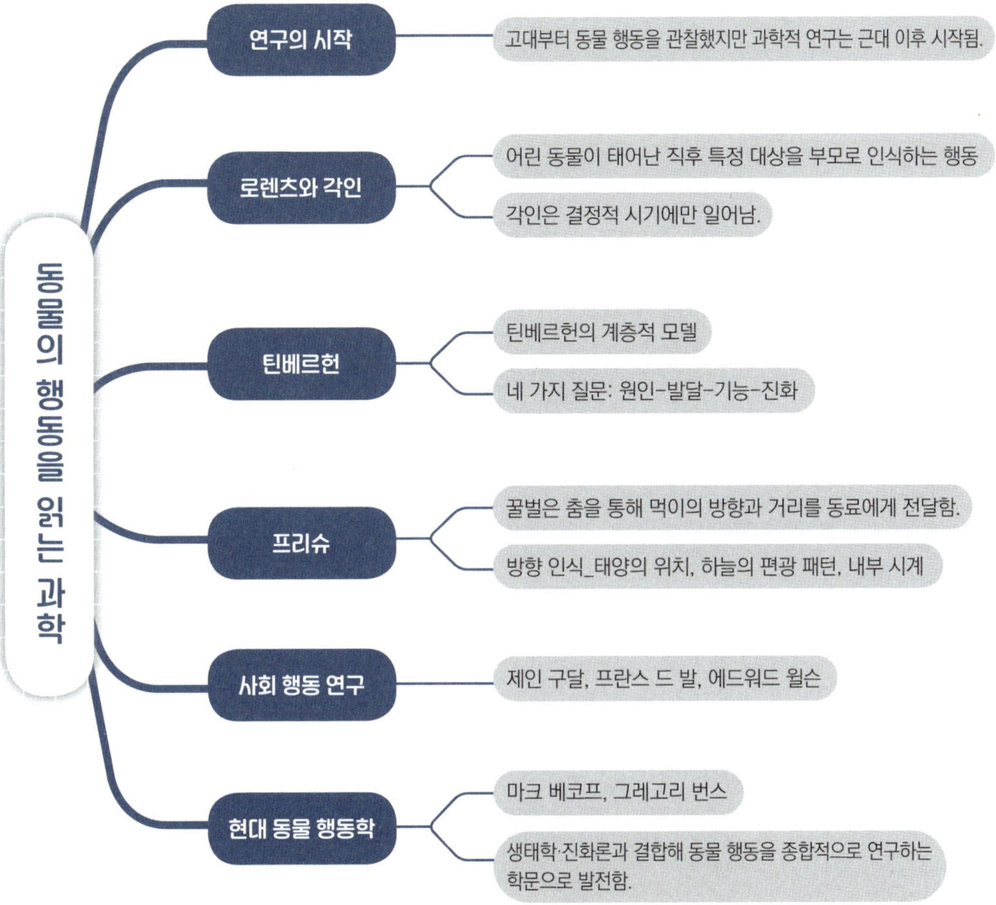

동물의 행동을 읽는 과학

연구의 시작 — 고대부터 동물 행동을 관찰했지만 과학적 연구는 근대 이후 시작됨.

로렌츠와 각인
- 어린 동물이 태어난 직후 특정 대상을 부모로 인식하는 행동
- 각인은 결정적 시기에만 일어남.

틴베르헌
- 틴베르헌의 계층적 모델
- 네 가지 질문: 원인-발달-기능-진화

프리슈
- 꿀벌은 춤을 통해 먹이의 방향과 거리를 동료에게 전달함.
- 방향 인식_태양의 위치, 하늘의 편광 패턴, 내부 시계

사회 행동 연구 — 제인 구달, 프란스 드 발, 에드워드 윌슨

현대 동물 행동학
- 마크 베코프, 그레고리 번스
- 생태학·진화론과 결합해 동물 행동을 종합적으로 연구하는 학문으로 발전함.

12장

미생물의 세계를 열다

보이지 않는 미생물의 작용이 우유를 요거트로 바꾸어 놓았다.

정교수의 pick

◆ 세균 ◆ 원생생물 ◆ 곰팡이 ◆ 바이러스
◆ 자연 발생설 ◆ 생물 속생설 ◆ 존 니덤 ◆ 스팔란차니
◆ 파스퇴르 ◆ 페니실린 ◆ 플레밍

보이지 않는 세계의 발견

미생물Microorganism은 말 그대로 눈으로는 보이지 않을 정도로 작은 생명체를 말합니다. 미생물은 세포 하나로 이루어진 단세포 생물이 대부분이지만, 곰팡이처럼 여러 세포가 모여 균사체를 이루는 경우도 있어요.

미생물에는 다양한 종류가 있습니다.

- 세균Bacteria은 핵이 없는 원핵생물이에요. 대장균이나 유산균처럼 우리 몸속에도 살고 있지요. 지구에서 가장 오래된 생명체로, 수십억 년 동안 살아남았어요.

- 원생생물Protist은 아메바나 짚신벌레처럼 세포 속에 핵이 있는 단세포 생물이에요. 스스로 움직이고 먹이를 잡아먹는 등, 작지만 놀라운 행동을 보여 주지요.

- 곰팡이Fungi는 효모처럼 작기도 하고, 푸른곰팡이처럼 균사를 뻗어 균사체를 이루기도 해요. 이들은 균사나 포자로 번식하며, 음식 발효나 약 생산에도 쓰여요.

- 바이러스Virus는 스스로 살아갈 수 없고, 꼭 다른 생물의 세포 속에 들어가야 활동할 수 있어요. 그래서 지금도 "바이러스는 생물인가?"라는 논쟁이 계속되고 있어요.

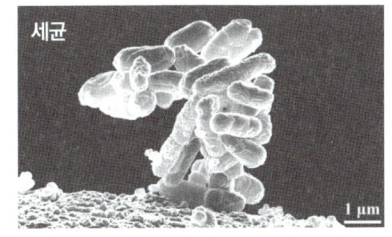

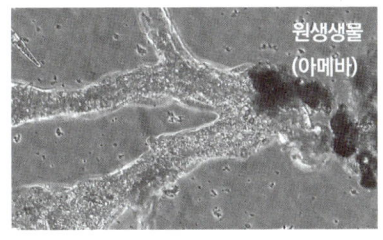

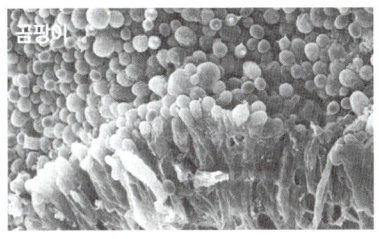

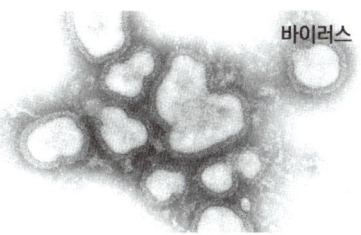

보이지 않는 곳에서 미생물들은 놀라운 일꾼이 되어 움직이고 있습니다. 자연 속에서는 썩은 낙엽이나 동물의 사체를 분해해서 영양분을 다시 흙으로 돌려보내요. 우리 생활에서도 미생물은 빠질 수 없어요. 김치, 된장, 요구르트 같은 음식이 바로 그들의 작품이지요.

의학에서도 미생물은 빼놓을 수 없어요. 페니실린 같은 항생제의 발견도, 백신의 개발도 결국은 미생물을 이해하려는 노력에서 시작되었지요. 하지만 모든 미생물이 우리 편인 것은 아닙니다. 결핵균이나 인플루엔자 바이러스처럼 질병을 일으키는 존재도 있습니다. 그렇다면 우리는 언제부터 이 작은 생명들의 세계를 알게 되었을까요? 눈에 보이지도 않는 이 존재를, 인간은 어떻게 발견하고 이해하게 되었을까요?

보이지 않는 생명에 대한 가장 오래된 직관들

[자이나교, 모든 곳에 생명이 깃들어 있다]

기원전 6세기 무렵, 인도의 사상가 마하비라Mahavira는 자이나교Jainism
의 24번째이자 마지막 티르틴카라로 알려져 있습니다. '자이나Jaina'라는
말은 산스크리트어 '지나Jina', 즉 '정복자'에서 온 말이에요. 여기서 '정
복'은 남을 이기는 게 아니라 욕망과 집착, 폭력을 이겨내는 정신적 승리
를 뜻하지요. 그리고 티르틴카라는 자이나교에서 '깨달음을 얻은 스승'
을 말해요.

마하비라의 가르침 속에는 놀랍게도 '보이지 않는 생명체', 즉 오늘날
우리가 '미생물'이라 부르는 존재를 떠올리게 하는 개념이 담겨 있습니
다. 전통에 따르면 자이나교는 세상을 구성하는 모든 요소 속에 수많은
생명체가 깃들어 있다고 보았어요. 이들은 눈에 보이지 않지만, 움직이
고, 먹고, 번식하며, 서로 무리를 지어 살아간다고 했지요. 자이나교 경전
에서는 이런 존재들을 '니고다Nigoda'라고
부릅니다.

니고다는 자이나교 우주론에서 가장 낮
은 단계에 속하는, 감각(촉각)을 지닌 가
장 미세한 생명 단위를 뜻합니다. 이들은
한순간에 태어나고 사라지는 매우 짧은
생을 살지만, 그 수는 무한에 가깝고, 우주
의 모든 공간, 심지어 식물의 조직과 동물
의 살, 그리고 우리가 들이마시는 공기 속

인도의 사상가 마하비라

에도 퍼져 있다고 해요. 이들은 고통을 느끼며, 윤회의 사슬 속에서 계속 태어나고 죽는 존재로 여겨졌지요. 자이나교는 이를 통해 "모든 생명은 서로 연결되어 있으며, 눈에 보이지 않아도 존재한다"라는 보편적 생명관을 제시했습니다. 이런 생각 때문에 자이나교 전통에서는 작은 생명을 해치지 않으려는 실천이 강조되어 왔어요. 물을 걸러 마시거나 걸음을 조심하는 관습도 이런 맥락에서 이해할 수 있지요.

[로마의 바로, 보이지 않는 작은 생물]

기원전 1세기, 로마의 정치가이자 학자였던 마르쿠스 테렌티우스 바로 Marcus Terentius Varro는 의사도 과학자도 아니었습니다. 하지만 그는 놀랍게도, 오늘날의 세균설Germ Theory을 떠올리게 하는 말을 남겼어요.

바로는 로마의 리에티에서 태어났습니다. 젊은 시절 정치의 세계에 발을 들였고, 내전기 로마의 격변 속에서 여러 활동을 했어요. 하지만 카이사르가 암살되고, 아우구스투스 시대가 열리자 그는 고향 리에티로 돌아가 학문과 사색에 몰두합니다.

그의 대표작 중 하나인 『아홉 학문론 Disciplinarum libri IX』에서는 문법, 수사, 논리, 산술, 기하, 천문, 음악, 의학, 건축의 아홉 영역을 체계적으로 묶어 설명했습니다. 이 목록은 훗날 중세의 '7 자유 학과 Trivium and Quadrivium' 체계가 자리 잡는데에도 영향을 주었지요.

바로의 학문은 책 속의 이론에만 머물

마르쿠스 테렌티우스 바로

지 않았습니다. 그는 사람들의 삶을 움직이는 시간과 계절, 그리고 농업과 생활의 리듬 같은 아주 구체적인 질서에도 관심을 기울였지요. 그 대표작이 바로 『농업론De Re Rustica』입니다. 이 책에서 그는 농사를 단순한 노동이 아니라, 자연을 이해하고 삶을 꾸려 가는 지식으로 보았습니다. 그런데 이 책에서 그는 뜻밖의 구절을 남깁니다. 그는 늪지 근처에 집을 짓는 일을 경계하면서, 그 이유를 이렇게 설명했어요. 늪 주변에는 눈에 보이지 않을 만큼 작은 생물들이 공기 중에 떠다녀서, 사람의 몸속으로 들어와 병을 일으킬 수 있다는 거예요.

이 말은 지금 우리가 알고 있는 세균이나 바이러스의 감염 경로와 비슷합니다. 물론 그가 세균과 바이러스에 대해 알았던 것은 아니지만, 오직 관찰과 추론만으로 '보이지 않는 병의 원인'을 생각해 낸 거라 할 수 있어요. 특히 그는 주변에서 말라리아나 전염병이 늪 주변에서 자주 발생하는 것을 보고, 단순히 공기의 냄새나 신의 징벌 때문이 아니라, 무언가 실제로 존재하는 미세한 생물이 원인일지도 모른다고 추측했어요. 당시에는 '나쁜 공기'가 병을 옮긴다고 믿었는데, 바로는 공기 속 어딘가에 병을 일으키는 원인이 있을지도 모른다고 본 셈이지요.

이슬람 황금기의 과학자들

8세기부터 13세기까지 이어진 이슬람 문명의 황금기에는 바그다드, 코르도바, 부하라 같은 도시들이 학문의 중심이 되었습니다. 이곳의 학자들은 별을 관찰하고, 약초를 연구하며, 질병의 원인을 자연 속에서 찾으려 했어요. 병을 단순히 신의 뜻으로만 설명하지 않고, 관찰과 이성으로 이해하려는 태도가 자라나고 있었지요.

[알 라지, 질병을 구별하다]

알 라지는 『알-하위Kitāb al-Hawi』라는 의학 백과사전을 남긴 의학자입니다. 그는 『천연두와 홍역에 대하여』라는 책에서 천연두와 홍역을 체계적으로 구분한 것으로도 유명해요. 당시 사람들은 이 두 질병을 같은 것으로 여겼지만, 알 라지는 발진의 형태, 발열의 시기, 회복 과정의 차이를 세밀히 관찰해 독립된 질환임을 밝혔지요.

알 라지

[이븐주르, 옴의 원인을 관찰하다]

알-안달루스 출신의 의사 이븐주르Ibn Zuhr는 질병의 원인을 실제 관찰을 통해 설명하려 했습니다. 그는 피부병 환자를 세밀히 연구하면서, 옴이 피부 속에 사는 작은 기생 생물 때문에 생긴다고 기록했어요. 비록 오늘날처럼 현미경을 사용한 것은 아니었지만, 질병의 원인을 구체적인 생물과 연결하려 했다는 점에서 중요한 의미를 지녀요.

[이븐시나, 전염에 대한 설명]

이븐시나는 『의학 정전』에서 질병의 전파에 대해 깊이 있게 다루었습니다. 그는 전염병이 사람 사이에서 퍼질 수 있다고 말했어요. 오염된 물과 공기, 부패한 환경이 질병 확산과 관련이 있다고 보았고, 환자의 격리와 위생 관리의 중요성을 강조했지요.

그는 질병의 원인을 환경 속 어떤 오염 요소가 병을 옮기는 데에 있다고 설명했습니다. 이러한 관점은 훗날 전염 개념이 발전하는 데 중요한 밑바탕이 돼요. 또한 그는 장내 기생충이 소화기 질환과 관련이 있다는 점을 기록했는데, 이는 중세 의학에서 비교적 정확한 기생충 관찰 사례로 평가된답니다.

17세기의 미생물 연구

17세기는 사람들이 처음으로 눈에 보이지 않던 생명체의 세계를 직접 확인한 시대였습니다. 오랫동안 사람들은 질병이나 부패가 저절로 생겨난다고 믿었지만, 이 시기부터 그 생각이 조금씩 흔들리기 시작했어요.

네덜란드의 레이우엔훅은 자신이 직접 만든 단렌즈 현미경으로 물방울 속 세계를 들여다보았습니다. 그는 비에 젖은 흙, 연못물, 사람의 침, 그리고 치아 사이에서 긁어낸 찌꺼기까지 관찰했지요. 그 순간, 이전까지 아무도 본 적 없는 세계가 그의 눈앞에 펼쳐졌습니다. 물방울 속에는 작은 생명체들이 헤엄치고, 돌고, 꿈틀거리며 움직이고 있었어요. 그는 이 존재를 애니멀큘, 곧 '작은 동물들'이라고 불렀습니다.

레이우엔훅은 자신이 본 것을 자세히 기록하고 그림으로 남겼습니다. 그리고 그 내용을 영국 왕립 학회에 보냅니다. 그의 편지는 학자들에게 큰 충격을 주었어요. 눈에 보이지 않던 생명체가 실제로 존재한다는 사실이 공식적으로 보고된 것이었기 때문이에요. 그가 관찰한 것에는 오늘날 우리가 박테리아라고 부르는 세균, 원생생물, 정자 세포, 적혈구 등이 포함되어 있었어요.

이렇게 보이지 않는 세계가 실제로 존재한다는 사실이 확인되면서, "생명은 어디에서 오는가?"라는 질문은 이전과는 전혀 다른 차원에서 논의되기 시작합니다.

18세기 자연 발생설과 생물 속생설의 대결

18세기, 미생물이 질병의 원인이라는 사실은 아직 아무도 증명하지 못했습니다. 이 시기의 사람들은 전염병이 돌면 여전히 '공기 탓'이라고 믿었어요. 그것이 바로 미아즈마 이론이에요. 미아즈마는 그리스어로 '더러운 증기'나 '오염된 공기'를 뜻해요. 사람들은 썩은 시체나 오물, 늪지대에서 나는 냄새가 질병을 옮긴다고 생각했지요. 예를 들어, 말라리아

존 니덤
• 1713년: 영국 런던에서 태어남.
• 1745년: 육즙을 가열한 뒤 밀봉했는데도 미생물이 생기는 현상을 관찰하고, 이를 근거로 자연 발생설을 지지함.
• 1748년: 현미경 관찰을 통해 미세 생물의 존재를 주장하는 논문을 발표함.
• 1760년대: 살아 있는 생명은 어디서 오는가를 두고 이탈리아의 라차로 스팔란차니와 논쟁을 벌임.
• 1770년: 프랑스 학사원 회원으로 선출, 당시 유럽 과학계의 주목을 받음.
• 1781년: 런던에서 사망함.

Malaria라는 이름도 '나쁜 공기'를 뜻하는 이탈리아어 mala aria에서 유래했어요. 당시 의사들은 늪 근처나 환기가 잘 안 되는 곳에 살면 병이 생긴다고 여겼어요. 그래서 도시마다 향이 강한 허브를 피우거나, 코에 향주머니를 매달고 다니는 풍습이 유행했지요. 공기 중의 '악취'를 막으면 병도 막을 수 있다고 믿었던 거예요.

사람들은 현미경으로 물방울 속의 미생물을 보면서도, 그것들이 인간의 몸속에서 병을 일으킨다는 생각은 하지 못했습니다. 레이우엔훅 이후에도 한동안 사람들은 '그 생물들은 그냥 자연 속에 존재하는 작은 생명체일 뿐'이라고 여겼지요. 그래서 18세기의 과학은 '보았지만 이해하지 못한 시대'였다고 할 수 있어요. 미생물의 존재는 사실로 받아들여졌지만, 그들이 인간의 건강과 어떤 관계를 맺는지는 여전히 수수께끼였지요.

시간이 흘러도 사람들은 여전히 "미생물은 어디서 오는가?"라는 수수께끼를 풀지 못하고 있었어요. 현미경으로 미생물을 볼 수 있게 되었지

라차로 스팔란차니
•1729년: 이탈리아 스칸디아노에서 태어남.
•1754년: 대학 교수가 되어 생물의 발생과 미생물 연구를 시작함.
•1768년: 육즙을 끓인 뒤 밀봉하면 미생물이 생기지 않는다는 실험으로 자연 발생설을 반박함.
•1770년대: 소화 과정이 단순한 기계적 작용이 아니라 화학적 작용임을 밝힘.
•1770년대 후반: 개구리 등의 수정 실험을 통해 인공 수정 개념을 발전시킴.
•1794년: 눈먼 박쥐의 비행 실험을 통해 박쥐의 방향 감각 연구를 발전시킴.
•1799년: 이탈리아 파비아에서 사망함.

만, 그 작은 생명들이 자연스럽게 저절로 생겨나는 것인지, 아니면 이미 존재하던 생명체가 번식한 것인지는 논쟁의 중심이었지요. 이 논쟁은 과학사에서 자연 발생설Spontaneous Generation과 생물 속생설Biogenesis의 대결로 유명해요.

1745년, 영국의 신부이자 과학자인 존 니덤John Needham은 흥미로운 실험을 합니다. 그는 육즙을 끓여서 병에 담은 뒤, 코르크 마개를 닫고 며칠 동안 그대로 두었어요. 그리고 며칠이 지나자 병 안에 다시 미생물이 나타나는 것을 보고 자연 발생설을 주장합니다. 당시 사람들은 부패한 고기에서 구더기가 생기고, 썩은 흙에서 벌레가 나오던 모습을 떠올리며 그의 주장에 공감했어요.

하지만 1768년, 이탈리아의 생리학자 라차로 스팔란차니Lazzaro Spallanzani가 이 주장에 의문을 제기합니다. 그도 같은 방식으로 육즙을 끓였지만, 니덤과 달리 유리병을 단단히 밀봉한 상태에서 실험을 했어요. 그 결과 며칠이 지나도, 병 속에서는 미생물이 전혀 생기지 않았지요. 이를 통해 스팔란차니는 미생물이 외부에서 들어오지 않으면 새로 생겨나지 않는다고 주장합니다.

그의 실험은 니덤의 자연 발생설을 반박하는 결과를 보여 주었습니다. 하지만 니덤은 "스팔란차니는 병을 너무 꽉 막아 공기의 생명력이 들어가지 못한다"라고 맞섰어요. 이렇게 두 사람의 논쟁은 세기를 넘어 이어졌고, 결국 19세기 파스퇴르가 등장하면서 결론이 나게 됩니다.

발효와 미생물, 파스퇴르

19세기 중반, 프랑스의 과학자 루이 파스퇴르는 미생물의 존재를 단순한 '신기한 현상'이 아니라, 생명의 근본 원리를 이해하는 중요한 열쇠로 보았습니다.

루이 파스퇴르

파스퇴르는 1822년, 프랑스의 돌Dôle에서 태어났어요. 그의 집안은 대대로 무두질 일을 해왔고, 아버지도 무두장이였습니다. 그러나 아버지는 아들이 더 넓은 세상에서 많은 것을 배우기를 바랐어요. 어린 시절의 파스퇴르는 놀랍게도 공부보다는 그림과 낚시를 좋아하는 평범한 소년이었습니다.

1831년, 학교에 입학한 그는 아르부아의 콜레주Collège d'Arbois에서 중등 교육을 받았습니다. 그리고 1838년, 파리로 유학을 떠났지만 향수병에 걸려 고향으로 돌아와요. 그는 1840년에 문학 학사를, 1842년에는 수학 학사 학위를 받고 1843년, 에콜 노르말 쉬페리외르École Normale Supérieure에 입학합니다. 그곳에서 그는 프랑스 화학계를 이끌던 학자들의 영향을 받으며 본격적인 과학자의 길로 들어서게 됩니다.

[발효의 비밀을 밝히다]

1854년, 파스퇴르는 릴 대학교의 새로 창설된 과학 학부의 학장이 되었습니다. 이곳에서 그는 발효 현상에 대해 연구하기 시작했어요. 1857

실험하는 파스퇴르의 모습

년, 그는 젖산 발효에 관한 연구를 발표합니다. 파스퇴르는 우유가 시큼해지는 것은 현미경으로만 보이는 아주 작은 생물의 활동 때문이라는 사실을 밝혀요. 발효가 단순한 화학 반응이 아니라, 살아 있는 미생물의 생명 활동이라는 사실이었지요. 하지만 당시 많은 과학자는 여전히 미생물은 단지 발효를 돕는 조력자일 뿐, 발효를 일으키는 주체는 아니라고 생각했지요. 이 논문은 큰 논란을 불러일으켰습니다. 그는 반박 대신 실험으로 증명하기로 했고, 우유를 시큼하게 만드는 젖산 발효 미생물, 즉 오늘날의 젖산균을 찾아냈습니다. 그리고 젖산균을 분리해 실험한 결과, 이 미생물 자체가 직접 발효를 일으킨다는 사실을 밝혀냈어요.

[와인과 맥주를 살린 저온 살균]

파스퇴르는 여기서 멈추지 않았어요. 그는 사람들이 매일 마시는 와인과 맥주의 세계로 눈을 돌립니다. 프랑스 전역의 양조업자와 포도주 생산자들은 오랜 세월 동안 '좋은 와인이 상하는 이유'를 알지 못해 속을 태우고 있었습니다. 그들은 더운 날씨나 나쁜 저장 조건을 탓했지만, 파스퇴르는 그 원인이 공기 중에 떠다니는 미생물의 침입이라는 사실을 밝혀냈어요.

그는 오염된 와인과 맥주를 현미경으로 관찰하며 정상적인 발효에서 자라는 효모와는 전혀 다른 이상한 모양의 미생물들이 자라나고 있음을 확인했습니다. 그것이 바로 와인을 상하게 하고, 맥주를 썩게 만드는 보이지 않는 적이었지요. 이 연구를 통해 파스퇴르는 "모든 부패에는 원인이 있다. 그 원인은 바로 살아 있는 미생물이다"라는 확신을 얻게 되었습니다.

파스퇴르는 실험을 통해, 미생물이 열에 약하다는 사실을 발견했어요. 그러나 너무 높은 온도에서 가열하면 음식의 맛과 향이 손상되기 때문에, 그는 미생물을 죽이되 내용물의 품질을 유지할 수 있는 '적당한 온도'를 찾아냈지요. 그는 와인을 약 57~60도 정도의 온도에서 몇 분간 가열하면 해로운 세균이 죽고, 와인이 상하지 않는다는 것을 알아냈습니다. 이 간단한 조치 하나로 프랑스 와인 산업은 큰 위기에서 벗어났어요. 이후 이 원리는 우유·맥주·과일 주스 등 여러 식품에도 적용되었고, 특히 우유 저온 살균Pasteurization은 오늘날에도 전 세계적으로 활용되고 있습니다.

[누에병을 해결하다]

그 후 파스퇴르는 과학 아카데미의 의뢰를 받아 와인뿐 아니라 누에의 전염병 연구에도 뛰어들었습니다. 당시 프랑스는 중국에서 전해진 비단 산업으로 큰 부를 얻고 있었어요. 비단을 만들려면 건강한 누에가 필요했지만, 1865년 무렵 알 수 없는 전염병이 누에 농장을 덮치면서 프랑스의 비단 산업은 큰 위기에 처했습니다. 누에의 알이 부화하지 않거나,

누에가 자라다 죽어버리는 일이 속출했지요. 농부들은 수십 년간 일궈온 밭을 잃고 절망했고, 과학자들조차 그 원인을 알지 못한 채 손을 놓고 있었습니다.

파스퇴르는 정부의 요청을 받고 연구에 착수했습니다. 비록 그는 곤충학자가 아니었지만, 현미경을 들고 수천 마리의 누에를 관찰하며 원인을 찾아 나섰어요. 그는 병든 누에와 건강한 누에를 비교하며 세심한 실험을 반복해, 누에병이 하나가 아니라 서로 다른 양상과 원인을 지닌 질환이라는 점을 밝혀냈습니다. 특히 일부 질병은 미세한 병원체가 알을 통해 다음 세대로 이어질 수 있다는 점에 주목했고, 현미경으로 감염된 알을 선별해 제거하면 병의 확산을 막을 수 있다고 제안했지요. 이렇게 파스퇴르는 누에의 질병이 단순한 환경 문제나 기후 때문이 아니라, 전염되는 미생물에 의해 발생한다는 것을 증명했어요.

이 간단하지만 과학적인 방법 덕분에 프랑스의 비단 산업은 다시 활기를 되찾게 됩니다.

[자연 발생설을 무너뜨리다]

파스퇴르가 연구를 하던 당시에는 대부분의 학자가 '자연 발생설', 즉 "살아 있는 생물이 죽으면서 생긴 물질 속에서 새로운 생명체가 저절로 생긴다"라는 믿음을 가지고 있었습니다. 썩은 고기에서 구더기가 생기고, 오래된 국물에서 미생물이 생기는 것을 보며 그들은 "생명은 스스로 생겨난다"라고 생각했던 것입니다. 하지만 파스퇴르는 이 생각에 의문을 품었어요.

이에 파스퇴르는 백조목 플라스크 실험을 고안했습니다. 긴 S자 모양

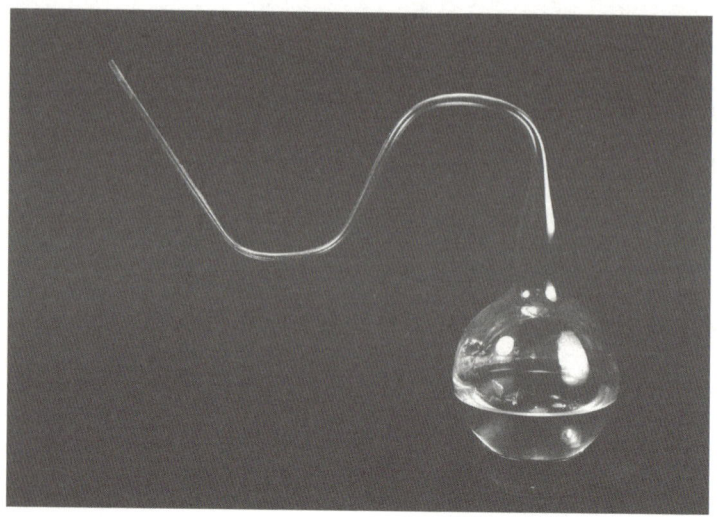

파스퇴르의 백조목 플라스크

의 유리관을 달아 만든 이 플라스크는 공기는 들어오지만 먼지나 미생물은 들어올 수 없게 설계된 것이에요. 파스퇴르는 그 안에 영양액을 넣고 끓인 뒤, 공기만 드나들게 두었습니다. 몇 주가 지나도 플라스크 안의 액체는 맑은 상태를 유지했어요. 그러나 플라스크를 기울여 목에 쌓인 먼지가 액체에 닿게 하자, 곧 미생물이 번식했습니다.

　이 실험은 미생물이 저절로 생기는 것이 아니라, 외부에서 들어온다는 사실을 보여 주었어요. 생명이 저절로 생겨나는 것이 아니라, 기존의 생명에서 비롯된다는 점을 분명히 했지요. 이는 자연 발생설과 정반대의 결과였으며, 생명은 기존 생명으로부터 생긴다는 생물 속생설의 원리를 보여 주었습니다.

로베르트 코흐와 세균의 발견

19세기 후반, 루이 파스퇴르가 세균이 발효와 부패에 관여한다는 사실을 밝혀냈다면, 독일의 의사 로베르트 코흐Robert Koch는 그 생각을 엄밀한 증거와 실험으로 증명했어요. 그는 세균학을 본격적인 실험 과학의 단계로 끌어올렸지요.

[탄저병의 비밀을 밝히다]

1876년, 코흐는 가축을 괴롭히던 병인 탄저병의 비밀을 밝히기 위한 실험을 시작했습니다. 탄저병은 주로 소나 양 같은 초식 동물에게서 생기는 전염병이에요. 병에 걸린 동물은 고열이 나고, 숨을 가쁘게 쉬며, 피가 스며 나오는 종기 같은 상처가 생겼지요. 이 병이 사람에게 전염되면 피부에 검은 딱지가 생겼는데, 이 때문에 '그을음처럼 검다'라는 뜻의 '탄저'라는 이름이 붙었어요.

로베르트 코흐
- 1843년: 독일 하르츠 산맥의 클라우스탈에서 태어남.
- 1866년: 괴팅겐 대학교에서 의학 박사 학위를 받음.
- 1876년: 탄저병의 원인균 탄저균을 규명하여 특정 세균이 특정 질병을 일으킨다는 사실을 실험으로 입증함.
- 1882년: 결핵균의 발견으로 전염병 연구의 새로운 시대를 엶.
- 1884년: 콜레라균을 규명하며 세균학의 기초를 완성함.
- 1890년: 결핵 진단 물질인 투베르쿨린을 개발함.
- 1905년: 결핵 연구의 공로로 노벨 생리의학상을 받음.
- 1910년: 독일 바덴바덴에서 사망함.

사람들은 이 병이 나쁜 공기나 저주의 땅에서 생긴다고 믿었습니다. 하지만 코흐의 생각은 달랐어요. 그는 병든 소의 혈액을 현미경으로 관찰했어요. 그리고 그 안에서 긴 막대기 모양의 미세한 생물을 발견했지요. 이 생물이 바로 탄저균Bacillus anthracis이었어요.

코흐는 핏속에서 이 세균을 채취해 시험관에 옮기고, 온도와 조건을 맞춰 배양했습니다. 얼마 지나지 않아 투명한 액체 안에서 수많은 세균이 자라나는 것을 볼 수 있었어요. 그리고 그 균을 건강한 동물에게 주입했을 때 같은 병이 재현되는 것을 확인했습니다. 이어서 다시 그 동물의 몸에서 동일한 세균을 분리해 냈지요. 코흐는 이 실험을 여러 번 반복하며 확인했고, '병든 동물의 핏속에 있던 미생물이 바로 그 병의 원인'이라고 확신합니다. 이는 인류 역사상 처음으로 하나의 세균이 하나의 질병을 일으킨다는 사실을 실험으로 증명한 사건이었어요.

그날 이후, 사람들은 질병을 더 이상 저주나 운명의 탓으로만 생각하지 않게 되었습니다. 코흐의 현미경 아래에서 인류는 처음으로, 죽음의 그림자 속에 숨어 있는 보이지 않는 생명의 존재를 보게 되었어요.

[결핵균과 콜레라균을 규명하다]

1882년, 코흐는 또 하나의 위대한 발견을 발표합니다. 당시 유럽 인구의 7분의 1이 목숨을 잃을 만큼 무서운 병, 결핵Tuberculosis의 원인을 알아낸 거예요. 그는 환자의 조직에서 매우 가느다란 막대 모양의 세균을 발견했고, 특수 염색법을 이용해 현미경으로 선명히 관찰하는 데 성공했어요. 이렇게 해서 결핵균Mycobacterium tuberculosis이 세상에 알려졌지요.

이어서 1884년, 그는 또 다른 악명 높은 전염병의 원인을 밝혀냅니다.

바로 콜레라예요. 그는 인도의 환자들로부터 시료를 채취해 곡선 모양의 세균을 발견했고, 이를 비브리오 콜레라균Vibrio cholerae이라 이름 붙였어요. 이 발견으로 인류는 드디어 콜레라의 공포에서 벗어날 단서를 얻습니다.

[코흐의 4원칙]

이러한 연구를 통해 코흐는 병원균이 질병의 원인임을 증명하기 위한 기준을 정리했습니다. 이것이 바로 유명한 '코흐의 4원칙Koch's Postulates'이에요.

1. 특정 질병에는 항상 동일한 미생물이 존재해야 한다.
2. 그 미생물을 환자로부터 분리해 순수 배양할 수 있어야 한다.
3. 배양된 미생물을 건강한 숙주에 감염시키면 같은 질병이 재현되어야 한다.
4. 새로 병에 걸린 숙주에서 동일한 미생물이 다시 분리되어야 한다.

이 네 가지 원칙은 오늘날에도 전염병 연구의 기본 규칙으로 남아 있습니다. 코흐의 방법은 세균학뿐 아니라 바이러스학, 면역학, 현대 의학 실험의 토대가 되었어요.

루이 파스퇴르가 세균의 존재와 역할을 밝혀냈다면, 로베르트 코흐는 '어떤 세균이 어떤 병을 일으키는가'를 실험으로 증명하는 방법을 제시했습니다. 이 두 사람의 연구는 현대 의학의 기초를 이루는 두 축이 되었어요.

바이러스의 발견

　　1892년, 러시아의 미생물학자 드미트리 이바노프스키Dmitri Ivanovsky는 담뱃잎이 이상하게 얼룩지는 병을 조사하고 있었습니다. 그는 병든 잎을 으깨 그 즙을 도자기 재질의 체임벌린 여과기로 걸러냈어요. 이 여과기는 당시 알려진 가장 작은 생명체인 세균조차 통과하지 못할 만큼 촘촘한 장치였지요.

　　그런데 놀라운 일이 벌어졌습니다. 여과된 맑은 액체를 건강한 담뱃잎

드미트리 이바노프스키

- •1864년: 러시아 타우로그에서 태어남.
- •1887년: 상트페테르부르크 대학교에서 자연과학을 전공하며 식물 병리 연구를 시작함.
- •1892년: 담배 모자이크병을 연구하던 중, 세균 여과기를 통과해도 남아 있는 감염 물질을 발견함. 이는 바이러스의 존재를 암시한 최초의 실험 적 결과로 평가됨.
- •1920년: 러시아 로스토프 근처에서 사망함.

마르티누스 베이제린크

- •1851년: 네덜란드 암스테르담에서 태어남.
- •1870년대: 레이던 대학교에서 식물학과 화학을 공부하고, 이후 델프트 공과 대학에서 연구 활동을 시작함.
- •1898년: 드미트리 이바노프스키의 연구를 이어, 담배 모자이크병의 원 인이 세균보다 작은 새로운 형태의 감염체임을 밝혀내고 현대적 의미의 바이러스 개념을 정립함. 또한 질소 고정 세균과 세포 배양 기법을 연구 하여 미생물 생태학의 기초를 세움.
- •1905년: 미생물학을 연구하며 후학 양성에 힘씀.
- •1931년: 네덜란드 헤이그에서 사망함.

에 바르자, 병이 다시 나타난 거예요. 세균은 걸러졌는데도 감염은 계속되었습니다. 보이지도 않고, 세균보다 더 작으며, 여과기마저 통과한 그 무언가가 병을 일으키고 있었던 것이지요. 그는 그 정체를 알 수 없는 존재를 '여과기를 통과하는 감염성 인자'라고 불렀습니다. 이것이 무엇인지 정확하게 규정하진 못했지만, 세균보다 작은 새로운 병원체의 존재를 암시했어요.

1898년, 네덜란드의 미생물학자 마르티누스 베이제린크Martinus Beijerinck는 이 연구를 발전시켰습니다. 그는 같은 실험을 반복하고 한 걸음 더 나아가, 여과기를 통과한 그 병원체가 세균처럼 번식하지 않고, 살아 있는 세포 안에서만 증식한다는 사실을 밝혔어요. 그는 그 존재를 '콘타기움 비붐 플루이둠Contagium vivum fluidum', 즉 '살아 있는 감염성 액체'라고 불렀습니다. 그리고 이 존재를 설명하기 위해 라틴어로 '독'을 뜻하는 단어, Virus를 사용했어요. 이때부터 '바이러스'는 세균과는 다른 새로운 병원체를 가리키는 이름이 되었습니다.

이제 인류는 세균보다 더 작은, 완전히 새로운 존재가 있음을 알게 되었습니다. 그들은 세포 밖에서는 살아 있지 않지만, 세포 안에 들어가면 스스로 복제하며 살아 움직였지요. 눈으로도, 일반 현미경으로도 볼 수 없던 그 미세한 존재들을 훗날 우리는 바이러스라 부르게 되었어요. 그리고 세월이 흐르며 밝혀졌지요. 인플루엔자, 소아마비, 홍역, 코로나 같은 수많은 병들이 바로 이 보이지 않는 존재에 의해 일어난다는 사실이요.

화학 요법의 시작, 살바르산

1910년, 독일의 화학자 파울 에를리히Paul Ehrlich와 일본의 세균학자 하타 사하치로Sahachiro Hata가 역사적인 치료제를 개발했습니다. 그들은 당시 불치병으로 두려움의 대상이던 매독Syphilis을 치료하기 위해 무려 600가지가 넘는 화합물을 하나씩 시험했어요. 그리고 마침내, 606번째 화합물에서 놀라운 효과를 확인합니다. 그 약의 이름은 살바르산Salvarsan이라 불렸는데, 라틴어로 '구원하는 비소'라는 뜻을 담고 있어요.

살바르산은 체계적인 화학 합성을 통해 만들어진 최초의 항매독 치료제였습니다. 이 약의 개발은 마법의 탄환Magic Bullet이라는 개념을 낳았고, 특정 병원체만을 선택적으로 공격하는 화학 요법의 시대를 열었습니다.

페니실린의 발견

1928년, 영국 런던의 세인트 메리 병원에서 한 연구자가 인류 의학의 흐름을 바꾸는 발견을 했습니다. 바로 스코틀랜드 출신의 세균학자 알렉산더 플레밍Alexander Fleming이었어요. 그가 발견한 물질의 이름은 '페니실린'이었지요.

플레밍은 1881년, 영국 스코틀랜드의 조용한 시골 마을에서 태어났습니다. 어린 시절 플레밍은 양을 돌보고, 강에서 물고기를 잡고, 친구들과 들판을 뛰놀며 자랐어요. 자연은 그의 첫 번째 교실이었지요. 토끼를 맨손으로 잡고, 물새의 알을 찾아다니며 그는 세상을 세심하게 관찰하는 눈을 길렀어요.

알렉산더 플레밍

플레밍은 열세 살 무렵 스코틀랜드의 고향을 떠나 런던으로 이주합니다. 넓은 들판과 강가에서 자라난 소년에게 런던은 낯설고도 분주한 공간이었어요. 그는 전문 기술 학교에서 공부한 뒤, 한동안 해운회사에서 사무원으로 일합니다. 장부를 정리하고 항로를 관리하는 일이었지요. 하지만 그 일은 그의 마음을 붙잡아두지 못했어요.

1900년 무렵, 그는 런던 스코틀랜드 연대에 가입했습니다. 정규 직업 군인은 아니었지만, 훈련을 받으며 규율과 책임감을 배웠어요. 동시에 그는 사격 실력이 뛰어나 연대 대표 선수로 활약하기도 해요. 훗날 이 사격 실력은 그의 인생 진로에 뜻밖의 영향을 주게 됩니다.

플레밍이 의사의 길을 걷기로 한 것은 20살 무렵이었습니다. 삼촌의 유산과 장학금 덕분에 그는 1901년, 세인트 메리 병원 의과 대학에 입학해요. 비교적 늦은 출발이었지만, 그는 성실하게 공부했고, 1906년에 의사 자격을 얻지요. 졸업 후 그는 병원을 떠나지 않고 세인트 메리 병원에 남았습니다. 당시 병원에는 면역학자 앰로스 라이트Almroth Wright가 있었는데, 그는 백신 연구와 면역 반응 이론으로 이름을 알리던 과학자였어요. 플레밍은 그의 연구실에서 세균과 면역 반응을 연구하기 시작했지요. 이 선택이 훗날 항생제 연구로 이어지는 중요한 출발점이 됩니다.

플레밍이 연구를 계속할 수 있었던 배경에는 사격도 한몫했습니다. 그는 학교 사격팀의 핵심 선수였던 탓에, 학교는 그가 팀에 남아 주길 바랐어요. 그래서 학교에 남아 조교로 활동하게 되었지요. 이렇게 플레밍은 뜻밖에도 '사격 덕분에' 연구의 길에 남게 되었답니다.

1914년, 제1차 세계 대전이 발발하자 플레밍은 스승 앰로스 라이트와 함께 영국 왕립군사의무단에 배속되었습니다. 그는 군 병원에서 수많은 부상병을 치료하며 전쟁의 참혹한 현실을 마주했어요. 많은 병사가 총상 자체보다 감염으로 목숨을 잃었습니다. 패혈증과 파상풍, 가스 괴저 같은 감염병이 병동을 휩쓸었지요. 당시에는 효과적인 항생제가 없었고, 감염이 심해지면 절단이 유일한 선택이 되는 경우도 많았습니다.

플레밍은 상처에 페놀이나 붕산, 과산화 수소수 같은 소독제를 사용했습니다. 그러나 곧 중요한 사실을 깨달아요. 강한 소독제는 세균뿐 아니라 감염과 싸우는 백혈구까지 손상시킨다는 점이었어요. 그는 라이트와 함께 이 문제를 연구했고, 화학적 소독제가 오히려 치료를 방해할 수 있

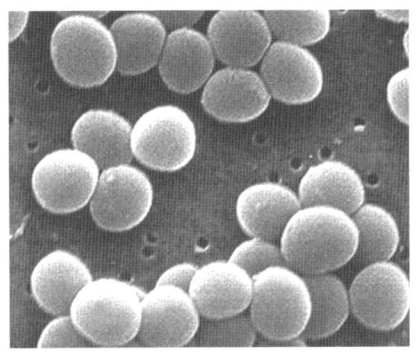

포도상구균

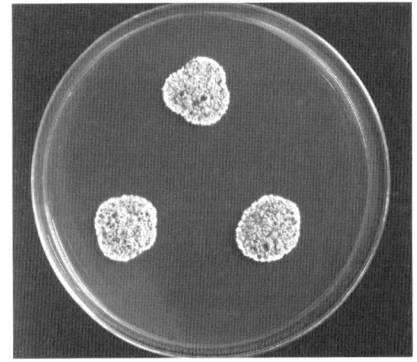

페니실린을 만드는 곰팡이

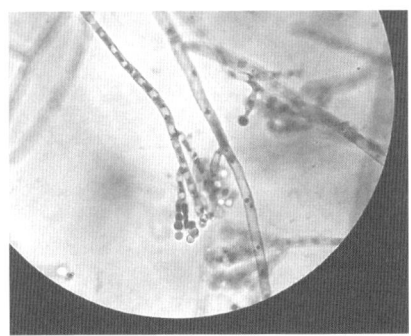

페니실리움 곰팡이를
현미경으로 본 모습

다는 결과를 발표해요.

이 경험은 그의 연구 방향에 깊은 영향을 주었습니다. 그는 무차별적으로 세균을 없애는 방법이 아니라, 인체를 해치지 않으면서 세균을 선택적으로 억제할 수 있는 물질을 찾아야 한다고 생각했어요. 이렇게 전장의 병상에서 시작된 이 문제의식은 훗날 항생제 연구의 토대가 되었지요.

[우연한 발견]

플레밍은 연구자로서는 조금 엉뚱한 사람이었다고 해요. 성격이 꼼꼼하기보다는 다소 게으르고 어수선한 편이었지요. 세균을 배양하던 페트리 접시를 제때 치우지 않아 실험대 위에는 늘 수십 개의 접시가 쌓여 있었고, 그중에는 오염된 것들도 적지 않았어요. 하지만 바로 그 '게으름'이 인류 역사에 남을 의학 혁명을 불러왔어요.

1928년 어느 날, 그는 평소처럼 세균을 배양하던 접시들을 정리하다가 이상한 점을 발견했습니다. 그가 연구 중이던 세균은 포도상구균 Staphylococcus으로, 이름처럼 포도송이 모양으로 둥글게 모여 사는 세균이에요. 사람의 몸속에 들어가면 피부염이나 종기, 폐렴 등을 일으키는 매우 해로운 세균이었지요.

그런데 그 많은 배양 접시 중 하나에서, 플레밍은 믿기 힘든 광경을 보았습니다. 접시 한쪽 구석에 푸른곰팡이가 피어 있었는데, 그 곰팡이 주변으로는 신기하게도 포도상구균이 자라지 못하고 투명한 띠가 형성되어 있었어요.

플레밍은 왜 이런 일이 일어났는지 궁금했어요. 그리고 푸른곰팡이에 포도상구균을 죽일 수 있는 어떤 물질이 들어 있을지 모른다고 생각했어요. 그는 이 사실을 다른 동료들에게 보여 주며 설명했지만 아무도 그의 가설에 관심을 두지 않았어요. 하지만 그는 자신의 가설을 믿었습니다. 플레밍은 이 푸른곰팡이가 포도상구균의 성장을 억제하는 물질을 만든

페니실린의 치료 효과를 홍보하는 광고(1940년대)

다고 보고, 그 물질에 페니실린이라는 이름을 붙였지요.

플레밍은 그 신비한 푸른곰팡이의 정체를 더 자세히 알아보기로 했어요. "이 곰팡이가 내놓은 물질이 세균을 죽인다면, 더 많이 만들어낼 수 있지 않을까?" 그는 실험실에서 일부러 그 곰팡이를 배양하기 시작했습니다. 며칠 동안 그는 접시마다 푸른곰팡이를 조심스레 길렀어요. 그리고 곰팡이가 자란 곳에서 얻은 물질을 여러 종류의 세균에 시험해 보았지요.

결과는 놀라웠습니다. 어떤 세균들은 순식간에 사라졌지만, 어떤 세균들은 아무런 영향을 받지 않았던 거예요. 플레밍은 이 물질이 모든 세균을 죽이는 만능 약은 아니라는 사실을 알게 되었어요. 하지만 특정 세균에는 매우 강력하게 작용한다는 사실을 알아냈지요.

이 발견은 인류에게 커다란 희망이 되었습니다. 비록 완벽한 만병통치약은 아니었지만, 세균을 '선택적으로' 공격할 수 있는 약, 즉 현대적 항생제의 개념이 바로 이때 등장한 거예요.

플레밍은 페니실린이 살아 있는 동물에게 나쁜 영향을 주는지 알아보기 위해 페니실린을 쥐와 토끼에게 주사해 보았어요. 물론 실험 결과 토끼와 쥐는 아무 이상이 없었지요. 그러나 문제는 따로 있었습니다. 페니실린은 매우 불안정해서 정제와 농축이 어려웠고, 충분한 양을 얻는 것도 쉽지 않았어요. 그는 꾸준히 이 연구를 이어 갔지만 계속 실패했지요. 더군다나 다른 과학자들은 페니실린의 효과를 잘 믿으려 하지 않았어요. 그는 페니실린의 가능성을 알아보았지만, 정제와 대량 생산의 한계, 사람들의 박한 평가를 넘지 못해 연구를 크게 진전시키지는 못했습니다.

[옥스퍼드의 플로리와 체인]

1940년, 옥스퍼드 대학교에 근무하던 플로리와 체인은 플레밍이 1929년에 발표했던 논문을 다시 꺼내 들었습니다. 그들은 푸른곰팡이에서 페니실린을 순수하게 분리하는 데 성공했어요. 그리고 50마리의 쥐에게 치사량의 세균을 주입한 다음, 대조군인 25마리의 쥐는 그대로 놔두고 25마리의 쥐에게는 페니실린을 주사했어요. 결과는 페니실린을 주사한 쥐만 살아남았지요. 이 소식을 들은 플레밍은 당장 옥스퍼드 대학교로 달려가 그들의 성과를 축하해 주고, 페니실린에 관한 많은 정보를 나누었어요. 플레밍의 연구가 옥스퍼드 연구팀의 개발로 이어지면서 페니실린은 비로소 실용적인 약으로 발전하게 돼요.

페니실린이 세균에 감염된 부위를 치료할 수 있다는 사실이 알려지면서 페니실린은 전쟁 중 부상자의 치료에 많이 쓰이게 되었습니다. 특히 제2차 세계 대전이 한창이던 시기, 페니실린은 전쟁 중 부상자의 감염 치료에 큰 희망이 되었어요. 하지만 처음에는 생산량이 매우 적어 충분한 치료에 사용하기 어려웠지요. 이 문제를 해결하기 위해 옥스퍼드 연구팀과 미국 일리노이주의 농업 연구소가 협력해 페니실린을 대량 추출하는

하워드 월터 플로리

- •1898년: 오스트레일리아 애들레이드에서 태어남.
- •1920년: 애들레이드 대학교를 졸업하고 옥스퍼드 대학교에서 의학 연구를 이어감.
- •1938년: 어니스트 체인과 함께 페니실린의 분리·정제 연구를 이끎.
- •1941년: 페니실린의 임상적 효과를 입증하는 데 중요한 역할을 함. 특히 제2차 세계 대전 중 대규모 생산 체계를 확립하여 수많은 생명을 구함.
- •1945년: 플레밍, 체인과 함께 노벨 생리의학상을 공동 수상함.
- •1968년: 옥스퍼드에서 사망함.

어니스트 보리스 체인

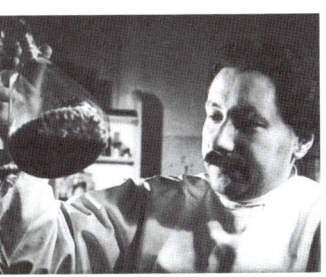

- •1906년: 독일 베를린에서 태어남.
- •1930년: 베를린 대학교에서 생화학 박사 학위를 받음.
- •1933년: 나치의 유대인 박해를 피해 영국으로 이주, 옥스퍼드 대학교에서 연구를 계속함.
- •1938년: 하워드 플로리와 함께 페니실린의 분리·정제와 작용 연구를 진행함.
- •1941년: 페니실린의 치료 가능성을 입증하는 데 기여함.
- •1945년: 플레밍, 플로리와 함께 노벨 생리의학상을 공동 수상함.
- •1979년: 아일랜드 멀린가에서 사망함.

방법을 개발합니다. 덕분에 1944년에는 페니실린의 생산량이 급격히 늘어났고, 연합군 병사들의 치료에 본격적으로 사용되었어요. 페니실린은 수많은 생명을 구하며 '기적의 약'으로 불리게 됩니다.

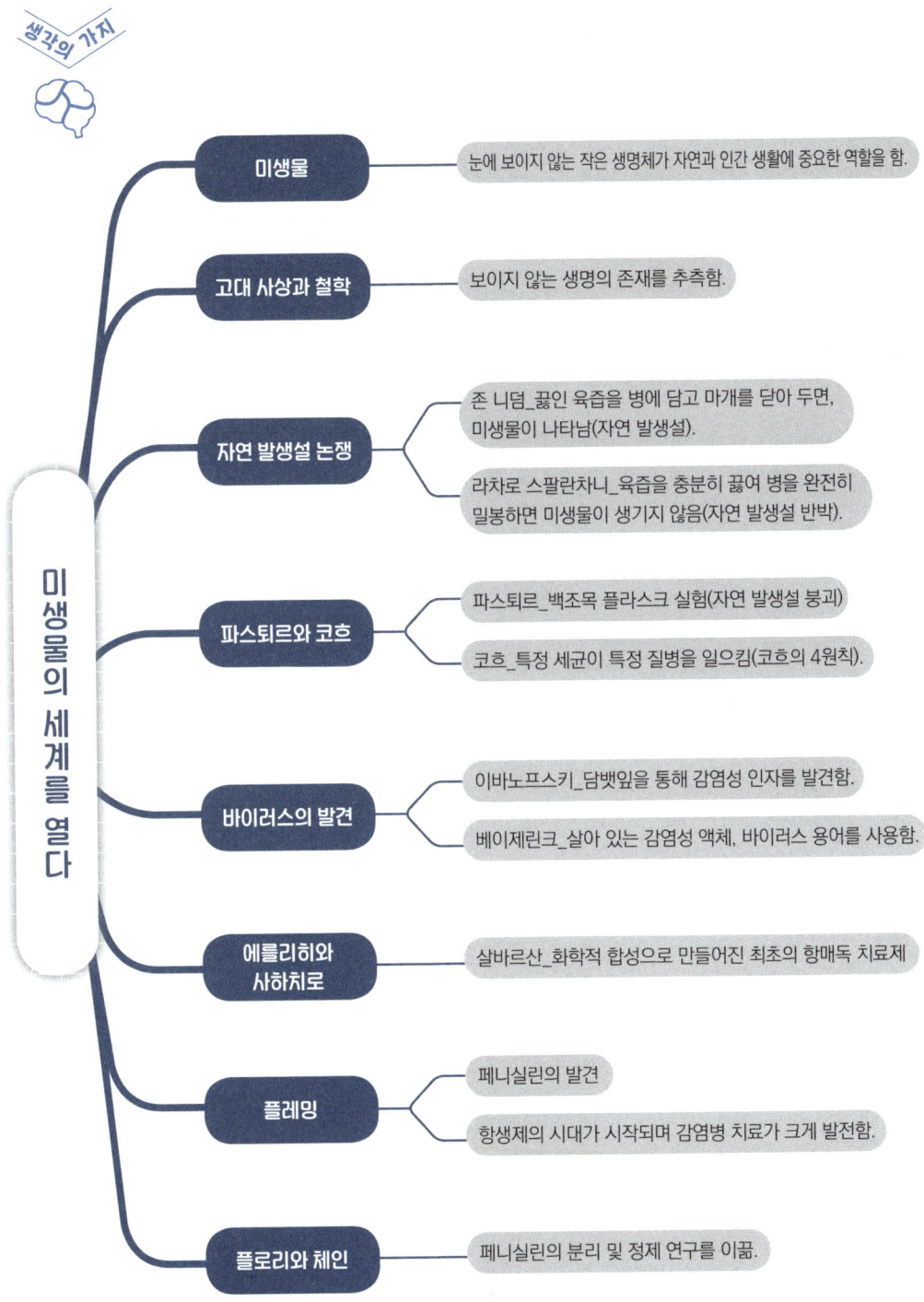

생각의 가지

미생물의 세계를 열다

| 미생물 | 눈에 보이지 않는 작은 생명체가 자연과 인간 생활에 중요한 역할을 함. |

| 고대 사상과 철학 | 보이지 않는 생명의 존재를 추측함. |

| 자연 발생설 논쟁 | 존 니덤_끓인 육즙을 병에 담고 마개를 닫아 두면, 미생물이 나타남(자연 발생설). |
| | 라차로 스팔란차니_육즙을 충분히 끓여 병을 완전히 밀봉하면 미생물이 생기지 않음(자연 발생설 반박). |

| 파스퇴르와 코흐 | 파스퇴르_백조목 플라스크 실험(자연 발생설 붕괴) |
| | 코흐_특정 세균이 특정 질병을 일으킴(코흐의 4원칙). |

| 바이러스의 발견 | 이바노프스키_담뱃잎을 통해 감염성 인자를 발견함. |
| | 베이제린크_살아 있는 감염성 액체, 바이러스 용어를 사용함. |

| 에를리히와 사하치로 | 살바르산_화학적 합성으로 만들어진 최초의 항매독 치료제 |

| 플레밍 | 페니실린의 발견 |
| | 항생제의 시대가 시작되며 감염병 치료가 크게 발전함. |

| 플로리와 체인 | 페니실린의 분리 및 정제 연구를 이끎. |

AI 시대를 여는 / Classic Insight ④

[생각하는 청소년을 위한]

생물학의 역사

© 정완상, 2026

초판 1쇄 인쇄 2026년 4월 10일
초판 1쇄 발행 2026년 4월 20일

지은이   정완상
펴낸이   이성림
펴낸곳   성림북스

책임편집 신대리라
디자인   노영현

출판등록 2014년 9월 3일 제25100-2014-000054호
주소   제주특별자치도 제주시 한경면 고산서3길 135
대표전화 064-772-5762 팩스 064-773-5762
이메일   sunglimonebooks@naver.com

ISBN   979-11-24072-23-3 (03470)